◆会计学"国家级一流专业"建设系列教材

◆经济统计学"江西省一流专业"建设系列教材

◆江西省教育科学"十四五"规划项目"教育匹配与收入回报：农户高等教育投资效率研究"（项目编号：21YB055）

◆国家社会科学基金项目"乡村振兴战略下农村居民获得感的分异特征评价与提升策略优化"（项目编号：19BTJ048）

◆国家社会科学基金项目"社会流动视角下农户高等教育获得分层评价与政策优化研究"（项目编号：21BTJ062）

华东交通大学教材（专著）资金资助项目

多元统计
基础分析

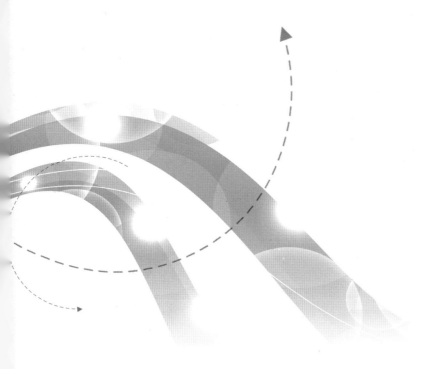

王志平 ◎ 著

江西人民出版社
Jiangxi People's Publishing House
全国百佳出版社

图书在版编目(CIP)数据

多元统计基础分析 / 王志平著. —南昌:江西人民出版社,2021.10

ISBN 978 - 7 - 210 - 13457 - 2

Ⅰ. ①多… Ⅱ. ①王… Ⅲ. ①多元分析 - 统计分析 Ⅳ. ①O212.4

中国版本图书馆 CIP 数据核字(2021)第 212101 号

多元统计基础分析

DUOYUAN TONGJI JICHU FENXI

王志平　著

责任编辑:徐　旻

经　　销:各地新华书店

出版发行:江西人民出版社

地　　址:江西省南昌市三经路 47 号附 1 号(邮编:330006)

编辑部电话:0791 - 88629871

发行部电话:0791 - 86898815

网　　址:www. jxpph. com

E - mail:jxpph@ tom. com　web@ jxpph. com

2021 年 10 月第 1 版　2021 年 10 月第 1 次印刷

开　　本:787 毫米 × 1092 毫米　1/16

印　　张:13.25

字　　数:228 千字

ISBN 978 - 7 - 210 - 13457 - 2

定　　价:50.00 元

赣版权登字—01—2021—701

承 印 厂:南昌市红星印刷有限公司

赣人版图书凡属印刷、装订错误,请随时向江西人民出版社调换

服务电话:0791 - 86898820

前 言

　　SPSS 是多元统计分析广泛使用的软件,但 SPSS 软件与多元统计分析课程体系并非完美融合。比如距离判别是判别分析的基础内容,但 SPSS 并未专门设置距离判别对话栏,而是把距离判别作为 Bayes 判别的特例处理;SPSS 所提供 Bayes 判别的先验概率,仅仅局限于各组先验概率相同或者根据组的大小自动计算,先验概率若异于这两种情况则无法进行 Bayes 判别;有序样品的聚类是聚类分析重要内容,但 SPSS 没有相关处理模块;再有,SPSS 把主成分分析纳入因子分析范畴,以主成分因子的形式出现,可能使学生混淆主成分分析与因子分析的界限,误以为主成分因子才是标准的主成分模型。

　　尽管 SPSS、SAS 等综合统计软件已为多元统计分析提供了整套解决方案,但它们都是以应用市场为目标,并非为多元统计课程量身定制。若能基于多元统计分析理论使用常用统计软件进行步骤化分析,并与综合软件的运算结果进行对照验证,则不仅能对复杂的理论公式提供异常丰富的感性认识,使得相关综合软件的方案思路一目了然地呈现,还能有效解决个性化分析需求,本教材对此进行了尝试。

　　矩阵是多元统计分析使用的基本数学方法,本书第 1 章讲述 Excel 中矩阵运算的函数。比如,矩阵的命名,使用字母(或字符)可以代表数据集,矩阵加、减法的简单实现,矩阵的乘(MMULT)、逆(MINVERSE)、转置(TRANSPOSE)、行列式(MDETERM)等运算。对称矩阵的特征值与特征向量在多元统计分析中有广泛的应用,比如 Fisher 判别、主成分分析、因子分析、多维标度法等。本书主要使用 SAS 软件的 IML 模块来求特征值与特征向量。在附录 A 中也提供了 R 软件求特征值与特征向量的案例与程序。结合 Excel 的矩阵运算函数及 SAS 求解矩阵特征值、特征向量 IML 程序,可进行多元统计后续各章的基本分析,把运算结果与 SPSS 解决方案相互对照,不仅有利于夯实学生的数学基础,也有利于明晰多元统计分析软件实现思路,从而加深对多元统计相关理论方法的理解,更有效地利用多元统计方法解决实际问题。对第1章的讲解,可侧重软件应用与对比,而多元统计所涉及重要的矩阵概念与性质在这一章基本都齐备,可作为查阅使用。

受个人学识和能力局限,本书仍然存有不足之处和一定的改善空间,肯请读者批评指正,提出中肯意见。作者电子邮箱:chipingwang036@163.com。

目 录

第 2 章

多元正态分布的参数估计

第 3 章

多元正态总体参数检验

第 8 章

多维标度法

参考文献

附　录

第1章

矩阵理论及基本软件操作

矩阵是多元统计分析的基本工具。本章所列矩阵的相关概念及性质,是后续展开多元统计分析所涉的基础知识。并提供了有关矩阵基本运算的 Excel 操作,比如矩阵的乘、逆、转置、行列式等,结合求解矩阵特征值与特征向量的 SAS 程序,便于与 SPSS 结果比照。

1.1 矩阵的基本概念

1.1.1 矩阵概念

定义 1.1.1 实数域 R 上 $m \times n$ 个数排列成如下 m 行 n 列的形式

$$
\begin{bmatrix}
a_{11} & a_{12} & \cdots & a_{1n} \\
a_{21} & a_{22} & \cdots & a_{2n} \\
\vdots & \vdots & \ddots & \vdots \\
a_{m1} & a_{m2} & \cdots & a_{mn}
\end{bmatrix}
$$

称为实数域 R 上的 m 行 n 列矩阵,简称 $m \times n$ 阶矩阵,记为 $A_{m \times n}$ 或 $A = (a_{ij})_{m \times n}$。$a_{ij}$ 表示矩阵 A 中第 i 行第 j 列位置上的元素,简称 (i,j) 元素。

（Ⅰ）当 $m = 1$ 时,$(a_{11}, a_{12}, \cdots, a_{1n})$ 称为 n 维行向量;当 $n = 1$ 时,称 $\begin{bmatrix} a_{11} \\ \vdots \\ a_{m1} \end{bmatrix}$ 为 m 维列向量。

（Ⅱ）当 $m = n$ 时,矩阵 $A_{n \times n}$ 称为 n 阶方阵。此时,称 $a_{11}, a_{22}, \cdots, a_{mn}$ 为主对角线上元素,称 $a_{ij}(i \neq j)$ 为非主对角线上元素。对方阵 A,当非主对角线上元素全为零时,称为对角矩阵,记为 $A = diag(a_{11}, a_{22}, \cdots, a_{mn})$;对于对角矩阵 A,当主对角线上元素都相等时,称为数量矩阵;对于对角矩阵 A,当主对角线上元素都等于 1 时,称为单位矩阵,记为 I。

（Ⅲ）对方阵 $A_{n×n}$，当 $a_{ij}=0,(i>j)$ 时，称为上三角矩阵；当 $a_{ij}=0,(i<j)$ 时，称为下三角矩阵。

$$上三角矩阵：\begin{pmatrix} a_{11} & a_{12} & \cdots & a_{1n} \\ 0 & a_{22} & \cdots & a_{2n} \\ \vdots & \vdots & \ddots & \vdots \\ 0 & 0 & \cdots & a_{mn} \end{pmatrix} \qquad 下三角矩阵：\begin{pmatrix} a_{11} & 0 & \cdots & 0 \\ a_{21} & a_{22} & \cdots & 0 \\ \vdots & \vdots & \ddots & \vdots \\ a_{m1} & a_{m2} & \cdots & a_{mn} \end{pmatrix}$$

（Ⅳ）当矩阵 A 与 B 不仅行数相等、列数相等，并且对应元素也都相等，则称矩阵 A 与 B 相等，记为 $A=B$；当矩阵 $A=(a_{ij})_{m×n}$ 中所有的元素都等于零时，称为零矩阵，记为 $0_{m×n}$。

（Ⅴ）把矩阵 A 的行与列互换，得到的矩阵称为 A 的转置，记为 A'。显然，当 A 为 $m×n$ 阶矩阵时，A' 为 $n×m$ 阶矩阵。

$$A=\begin{pmatrix} a_{11} & a_{12} & \cdots & a_{1n} \\ a_{21} & a_{22} & \cdots & a_{2n} \\ \vdots & \vdots & \ddots & \vdots \\ a_{m1} & a_{m2} & \cdots & a_{mn} \end{pmatrix} \qquad A'=\begin{pmatrix} a_{11} & a_{21} & \cdots & a_{m1} \\ a_{12} & a_{22} & \cdots & a_{m2} \\ \vdots & \vdots & \ddots & \vdots \\ a_{1n} & a_{2n} & \cdots & a_{mn} \end{pmatrix}$$

◆使用 Excel 中的 TRANSPOSE 命令求矩阵的转置

【例 1.1.1】矩阵 $A=\begin{pmatrix} 1 & 3 & 5 \\ 2 & 4 & 6 \end{pmatrix}$，在 Excel 中求其转置矩阵 A'。

①给矩阵命名。在图 1.1.1a 中，首先用鼠标框住区域 B2:D3，再把鼠标置于左上角的名称框，输入字母 A，再按 Enter 键，A 从名称框左边移到名称框中间。这样，在该 Excel 文件中，字母 A 便是指该特定矩阵。②求矩阵 A 的转置。因为 A 是 $2×3$ 阶矩阵，所以 A 的转置应该为 $3×2$ 阶矩阵。在 Excel 中框住 3 行 2 列的某区域，比如 F2:G4，在函数框 f_x 中输入"＝TRANSPOSE(A)"，再同时按"Ctrl""Shift""Enter"键，得到 A 的转置矩阵 A'，如图 1.1.1b 所示。

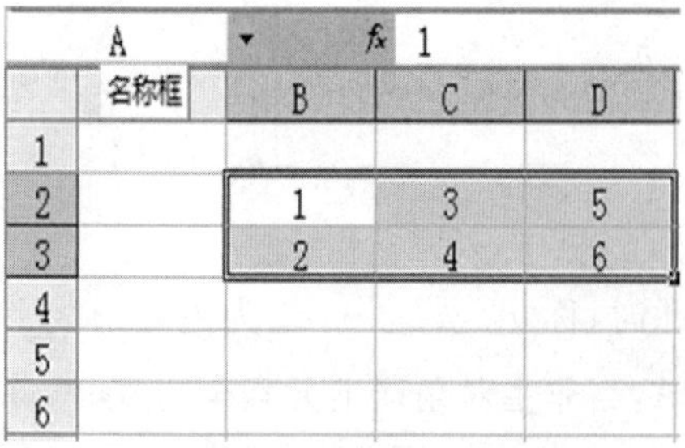

图 1.1.1a　矩阵 A 的命名 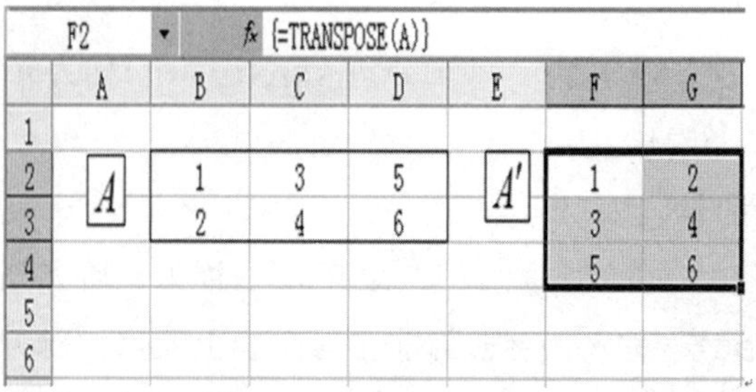　　　　图 1.1.1b　求矩阵 A 的转置

1.1.2　矩阵的运算

(1)矩阵的加(减)法

设 $A=(a_{ij})_{m\times n}$，$B=(b_{ij})_{m\times n}$，定义 $A+B=(a_{ij})_{m\times n}+(b_{ij})_{m\times n}=(a_{ij}+b_{ij})_{m\times n}$

矩阵的加法即把同阶矩阵的对应元素分别相加。类似地，矩阵的减法即把同阶矩阵的对应元素分别相减。

◆Excel 中矩阵的加(减)法的简便计算

按照矩阵运算法则，矩阵 A 与 B 要进行加减法，要求 A 与 B 必须是同阶的。但在 Excel 表格中，可简单处理实现相同的效果。①在图 1.1.2a 中，要对矩阵 A 的各列进行中心化处理，应该通过矩阵 $A-B$ 来实现，但在 Excel 中，简单地把 A 直接减去均值行向量即可，如图 1.1.2b 所示。②在图 1.1.3a 中，把矩阵 A 加一个列向量，实际效果等同于图 1.1.3b 中矩阵 A 加矩阵 B。③在图 1.1.4 a 中，把矩阵 A 加一个数，实际效果等同于图 1.1.4b 中矩阵 A 加矩阵 B。注意，Excel 中有关矩阵的运算程序的运行，都是同时按“Ctrl”“Shift”“Enter”键来实现的，而不是只按“Enter”键。

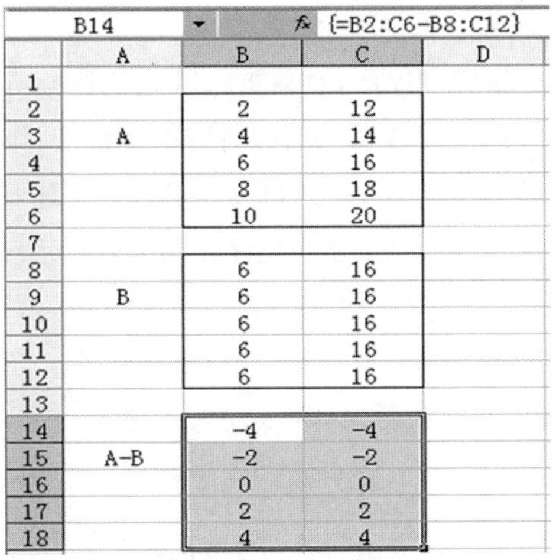

B14　{=B2:C6-B8:C12}

	A	B	C	D
1				
2		2	12	
3	A	4	14	
4		6	16	
5		8	18	
6		10	20	
7				
8		6	16	
9	B	6	16	
10		6	16	
11		6	16	
12		6	16	
13				
14		-4	-4	
15	A-B	-2	-2	
16		0	0	
17		2	2	
18		4	4	

图 1.1.2a　按照法则的减法

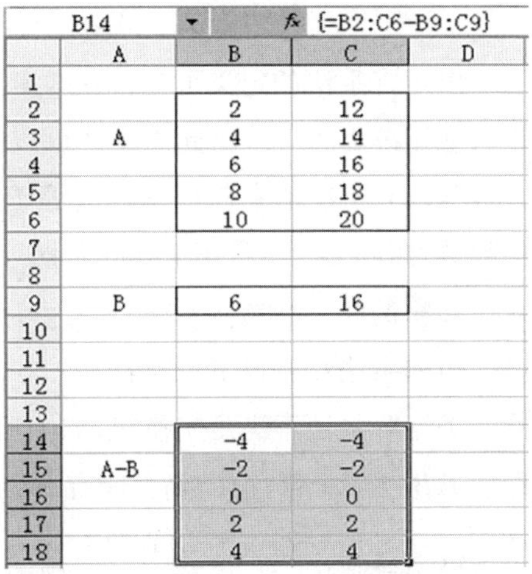

B14　{=B2:C6-B9:C9}

	A	B	C	D
1				
2		2	12	
3	A	4	14	
4		6	16	
5		8	18	
6		10	20	
7				
8				
9	B	6	16	
10				
11				
12				
13				
14		-4	-4	
15	A-B	-2	-2	
16		0	0	
17		2	2	
18		4	4	

图 1.1.2b　Excel 简化的减法

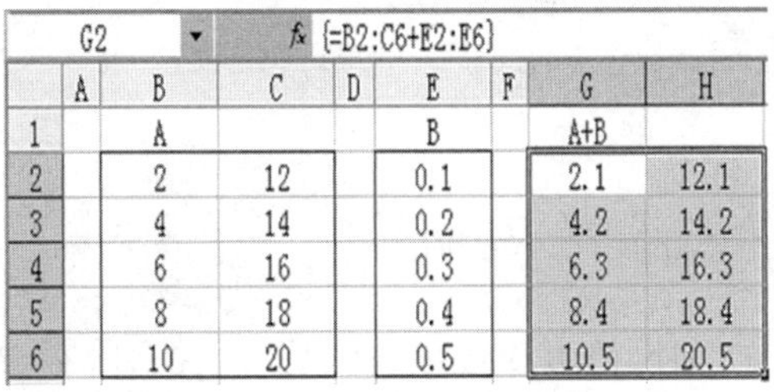

G2　{=B2:C6+E2:E6}

	A	B	C	D	E	F	G	H
1		A			B		A+B	
2		2	12		0.1		2.1	12.1
3		4	14		0.2		4.2	14.2
4		6	16		0.3		6.3	16.3
5		8	18		0.4		8.4	18.4
6		10	20		0.5		10.5	20.5

图 1.1.3a　Excel 简化的加法

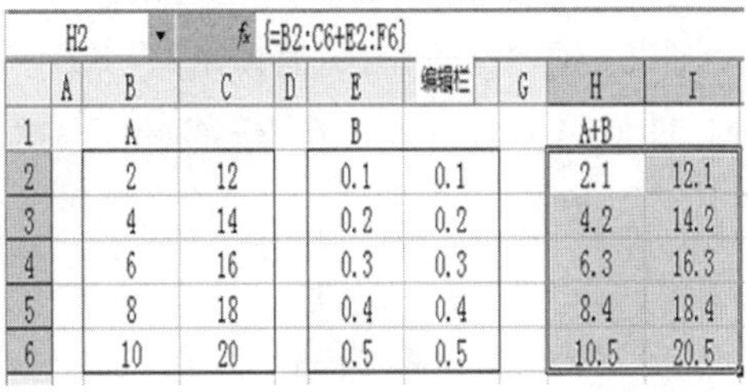

H2　{=B2:C6+E2:F6}

	A	B	C	D	E	编辑栏	G	H	I
1		A			B			A+B	
2		2	12		0.1	0.1		2.1	12.1
3		4	14		0.2	0.2		4.2	14.2
4		6	16		0.3	0.3		6.3	16.3
5		8	18		0.4	0.4		8.4	18.4
6		10	20		0.5	0.5		10.5	20.5

图 1.1.3b　按照法则的加法

	A	B	C	D	E	F	G	H
		A			B		A+B	
1		A			B		A+B	
2	2	12		0.5		2.5	12.5	
3	4	14				4.5	14.5	
4	6	16				6.5	16.5	
5	8	18				8.5	18.5	
6	10	20				10.5	20.5	

图 1.1.4a　Excel 简化的加法

图 1.1.4b　按照法则的加法

（2）矩阵的数乘

设 $A=(a_{ij})_{m\times n}$，$k\in R$，定义

$$kA=k(a_{ij})_{m\times n}=(ka_{ij})_{m\times n}$$

一个数乘以一个矩阵，即把这个数乘以矩阵的每一个元素。

（3）矩阵的乘法

设 $A=(a_{ik})_{m\times n}$，$B=(b_{kj})_{n\times r}$，定义

$$AB=(c_{ij})_{m\times r}=(\sum_{j=1}^{n}a_{ik}b_{kj})_{m\times r}$$

由矩阵乘法的定义可知：第一，矩阵乘法是讲究顺序的，左乘矩阵 A 的列必须等于右乘矩阵 B 的行，因此当 AB 可以进行矩阵乘法，BA 未必可以进行矩阵乘法；第二，矩阵 A 与 B 的乘积 C 的行数等于左乘矩阵 A 的行数，C 的列数等于右乘矩阵 B 的列数，矩阵 C 第 i 行第 j 列的元素等于矩阵 A 第 i 行的元素与矩阵 B 第 j 列的元素对应乘积的和。

矩阵乘法具有以下特点：

①矩阵乘法不满足交换律，如上所述，矩阵 A 与 B 可乘，矩阵 B 与 A 未必可乘。即使 AB 与 BA 都存在，仍可能有 $AB\neq BA$。

设 $A=\begin{pmatrix}1 & 2\\3 & 4\end{pmatrix}$，$B=\begin{pmatrix}1 & 1\\1 & 1\end{pmatrix}$ 则 $BA=\begin{pmatrix}1 & 1\\1 & 1\end{pmatrix}\begin{pmatrix}1 & 2\\3 & 4\end{pmatrix}=\begin{pmatrix}4 & 6\\4 & 6\end{pmatrix}\neq AB=\begin{pmatrix}3 & 3\\7 & 7\end{pmatrix}$

因此，$A_{m\times n}I_n=A_{m\times n}$ 与 $I_mA_{m\times n}=A_{m\times n}$，两个单位矩阵有差异。

②矩阵乘法不满足消去律，当 $AB=AC$ 时，未必有 $B=C$。也即，当 $A(B-C)=0$ 时，即使 $A\neq 0$，也未必有 $B-C=0$。

设 $A=\begin{pmatrix}1 & 1\\-1 & -1\end{pmatrix}$，$B-C=\begin{pmatrix}1 & -1\\-1 & 1\end{pmatrix}$，此时有 $A(B-C)=\begin{pmatrix}0 & 0\\0 & 0\end{pmatrix}$

但对于方阵 A，当 A^{-1} 存在，也即 $|A|\neq 0$ 时，消去律成立，即 $AB=AC$ 时，有 $B=C$。

③矩阵乘法满足结合律，设矩阵 $A_{m\times n}$、$B_{n\times s}$、$C_{s\times k}$，则有 $(AB)C=A(BC)$。

④矩阵乘法满足分配律，即 $A(B+C)=AB+AC$ 或者 $(B+C)A=BA+CA$。

⑤矩阵转置的转置等于本身,即$(A')'=A$。

⑥$(AB)'=B'A'$,简单推广有$(ABC)'=C'B'A'$。

◆使用 Excel 中的 MMULT 命令做矩阵的乘法

A 与 B 相乘使用命令为 MMULT(A,B),第一个字母 M 代表矩阵 Matrix,MULT 表示乘法。

【例 1.1.2】设矩阵 $A=\begin{bmatrix} 1 & 3 & 5 \\ 2 & 4 & 6 \end{bmatrix}$, $B=\begin{bmatrix} 2 & 1 \\ 2 & 1 \\ 2 & 1 \end{bmatrix}$,求 AB。

①矩阵命名。框住区域 B2:D3,在名称框输入 A,按"Enter"键,则 A 代表 B2:D3 区域的矩阵。类似地命名矩阵 B。②乘法运算。因为 A 是 2×3 阶矩阵,B 是 3×2 阶矩阵,所以 AB 是 2×2 阶矩阵,框一个 2 行 2 列的区域,比如 G4:H5,在函数框 f_x 中输入"=MMULT(A,B)",再同时按"Ctrl""Shift""Enter"键,得到 AB,如图 1.1.5 所示。

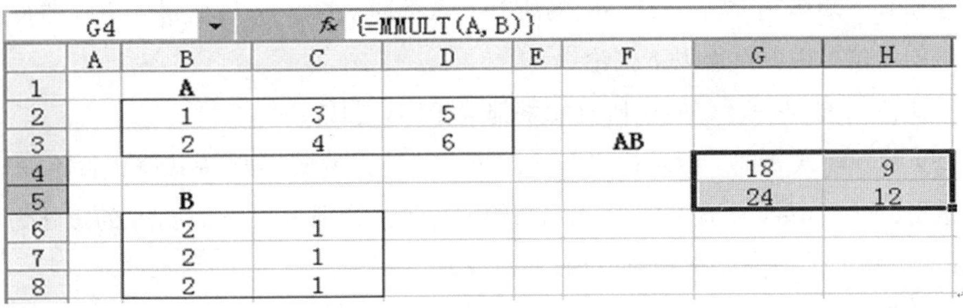

图 1.1.5　矩阵乘法的 Excel 实现

1.1.3　矩阵的行列式

定义 1.1.2　设 $A=(a_{ij})_{n\times n}$,记 A 的行列式为 $|A|=\begin{vmatrix} a_{11} & a_{12} & \cdots & a_{1n} \\ a_{21} & a_{22} & \cdots & a_{2n} \\ \vdots & \vdots & \ddots & \vdots \\ a_{n1} & a_{n1} & \cdots & a_{nn} \end{vmatrix}$,

$|A|$ 为一个 n 阶行列式,等于所有不同行不同列的 n 个元素乘积的代数和,即

$$|A|=\sum_{j_1 j_2 \cdots j_n}(-1)^{\tau(j_1 j_2 \cdots j_n)}a_{1j_1}a_{2j_2}\cdots a_{nj_n}$$

其中,$j_1 j_2 \cdots j_n$ 是 $1,2,\cdots,n$ 的一个排列。当把 $a_{1j_1}a_{2j_2}\cdots a_{nj_n}$ 的行下标按自然顺序排列后,其符号由列下标排列 $j_1 j_2 \cdots j_n$ 的逆序数 τ 决定。当 $\tau(j_1 j_2 \cdots j_n)$ 为奇数,排列 $j_1 j_2 \cdots j_n$ 为奇排列,取负号;当 $\tau(j_1 j_2 \cdots j_n)$ 为偶数,排列 $j_1 j_2 \cdots j_n$ 为偶排列,取正号。

由定义可知,对于单位矩阵 I,$|I|=1$;对于对角矩阵 $\Lambda=diag(d_1,d_2,\cdots,d_n)$,$|\Lambda|=\prod_{i=1}^{n}d_i$。行列式还具有如下性质:

性质Ⅰ　矩阵 A 的转置与 A 具有相同的行列式,即 $|A'|=|A|$。

性质Ⅱ　设 A、B 都是 n 阶方阵,则 $|AB|=|A|\cdot|B|$。而 $A\cdot A^{-1}=I$,因此有 $|A^{-1}|=\dfrac{1}{|A|}$。

性质Ⅲ　矩阵 A 的某两行(列)元素对应相同,则 $|A|=0$。

定义 1.1.3　对 n 阶方阵 A,划去元素 a_{ij} 所在的行与列,剩余元素按照原来的顺序构成的 $n-1$ 阶矩阵的行列式,称为元素 a_{ij} 的余子式,记为 M_{ij}。元素 a_{ij} 的余子式乘以 $(-1)^{i+j}$,称为元素 a_{ij} 的代数余子式,记为 $A_{ij}=(-1)^{i+j}M_{ij}$。

定理 1.1.1　设 A 是 n 阶方阵,则 A 的行列式等于它的任意一行(列)中所有元素与其代数余子式乘积的和。$|A|$ 按第 i 行展开为

$$|A|=a_{i1}A_{i1}+a_{i2}A_{i2}+\cdots+a_{in}A_{in}\quad 1\leqslant i\leqslant n$$

$|A|$ 按第 j 列展开为

$$|A|=a_{1j}A_{1j}+a_{2j}A_{2j}+\cdots+a_{nj}A_{nj}\quad 1\leqslant j\leqslant n$$

性质Ⅳ　矩阵 A 的某一行(列)的所有元素都同乘以常数 k,所得新矩阵的行列式是 $|A|$ 的 k 倍。由此可得以下推论:

①矩阵 A 的某一行(列)中所有元素都等于零,则 $|A|=0$。

②n 阶方阵 A 的第 i 行若拆成 $b_1+c_1,b_2+c_2,\cdots,b_n+c_n$,保持其他各行不变,第 i 行元素分别为 $b_1,b_2,\cdots,b_n$ 的矩阵为 A_1;第 i 行元素分别为 $c_1,c_2,\cdots,c_n$ 的矩阵为 A_2,则 $|A|=|A_1|+|A_2|$。把行换成列,亦成立。

③方阵 A 中某一行(列)中所有元素同乘以常数 k 再加到另一行(列)上去,所得到矩阵 B,则有 $|A|=|B|$,这也叫作行列式的消去变换。

若方阵 A 的某一行(列)向量能被其他行(列)向量线性表出,那么通过消去变换可把这一行(列)变成零,因而有 $|A|=0$。也即,方阵 A 的行(列)向量组线性相关,则 $|A|=0$。

④对矩阵 $A_{n\times n}$ 的数乘 kA 有 $|kA|=k^n|A|$。

⑤对 n 阶方阵 A,当 A 为上三角矩阵,或者下三角矩阵,或者对角阵时,$|A|$ 都会等于主对角线上元素的乘积。

定理 1.1.2　在 n 阶行列式 $|A|$ 中,某一行(列)中所有元素与另一行(列)中对应元素的代数余子式乘积之和等于零。即有

$$a_{i1}A_{j1}+a_{i2}A_{j2}+\cdots+a_{in}A_{jn}=0\quad i\neq j$$

或者

$$a_{1s}A_{1t}+a_{2s}A_{2t}+\cdots+a_{ns}A_{nt}=0\quad s\neq t$$

◆使用 Excel 中的 MDETERM 命令求矩阵的行列式

求 $|A|$ 的使用命令为 MDETERM(A),第一个字母 M 代表矩阵 Matrix,DE-TERM 表示行列式。

【例 1.1.3】 设矩阵 $D = \begin{bmatrix} 1 & 2 \\ 3 & 4 \end{bmatrix}$,求 $|D|$。

①矩阵命名。框住区域 B3:C4,在名称框输入"矩阵 D",按"Enter"键。则"矩阵 D"代表 B3:C4 区域的矩阵。②行列式运算。因为 $|D|$ 是一个数,任意框一个 1 行 1 列的区域,比如 D6,在函数框 f_x 中输入"= MDETERM(矩阵 D)",再同时按"Ctrl""Shift""Enter"键,得到 $|D| = -2$,如图 1.1.6 所示。

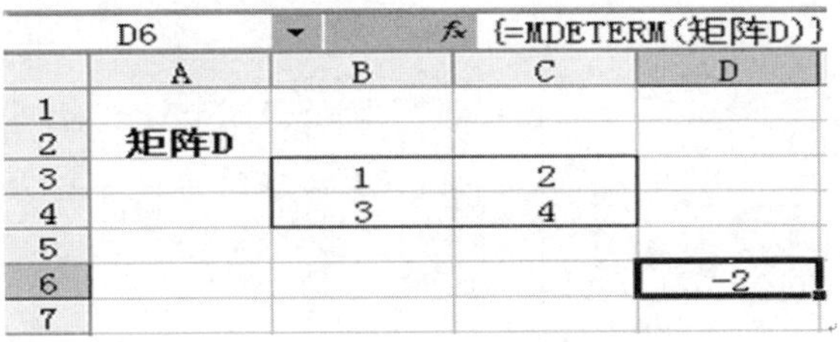

图 1.1.6　矩阵行列式的 Excel 实现

1.1.4　可逆矩阵

定义 1.1.4　设 A 是 n 阶方阵,若存在 n 阶方阵 B,使得

$$AB = BA = I$$

其中,I 是 n 阶单位矩阵,则称 A 是可逆矩阵,B 是 A 的逆矩阵。或者称 A 与 B 互为逆矩阵。其中,$AB = I \Leftrightarrow BA = I$。

可逆矩阵具有如下性质:

性质Ⅰ　若 A 是可逆矩阵,则 A 的逆矩阵唯一,记为 A^{-1}。

性质Ⅱ　若 A 是可逆矩阵,则 A^{-1} 也可逆。由 $A \cdot A^{-1} = I \Rightarrow (A^{-1})^{-1} = A$。

性质Ⅲ　若 A 是可逆矩阵,由 $A \cdot A^{-1} = I \Rightarrow |A| \cdot |A^{-1}| = 1 \Rightarrow |A| \neq 0$ 及 $|A^{-1}| = \dfrac{1}{|A|}$。

性质Ⅳ　若 A 是可逆矩阵,则满足消去律,由 $AX = 0 \Rightarrow X = 0$。

性质Ⅴ　若 A 是可逆矩阵,则 A' 也可逆,$(A')^{-1} = (A^{-1})'$。

性质Ⅵ　若 A、B 可逆,则 AB 也可逆,$(AB)^{-1} = B^{-1}A^{-1}$。

定义 1.1.5　设 A_{ij} 是矩阵 A 中元素 a_{ij} 的代数余子式,则称矩阵 A^* 为矩阵 A 的伴随矩阵。

$$A = \begin{bmatrix} a_{11} & a_{12} & \cdots & a_{1n} \\ a_{21} & a_{22} & \cdots & a_{2n} \\ \vdots & \vdots & \ddots & \vdots \\ a_{n1} & a_{n2} & \cdots & a_{nn} \end{bmatrix} \qquad A^* = \begin{bmatrix} A_{11} & A_{21} & \cdots & A_{n1} \\ A_{12} & A_{22} & \cdots & A_{n2} \\ \vdots & \vdots & \ddots & \vdots \\ A_{1n} & A_{2n} & \cdots & A_{nn} \end{bmatrix}$$

定理 1.1.3 设 A 是可逆矩阵，A^* 为矩阵 A 的伴随矩阵，则有

$$A^{-1} = \frac{1}{|A|} A^*$$

证明：

$|A|$ 按第 i 行展开为

$$|A| = a_{i1}A_{i1} + a_{i2}A_{i2} + \cdots + a_{in}A_{in} \quad 1 \leqslant i \leqslant n$$

再根据定理 1.1.2 有

$$a_{i1}A_{j1} + a_{i2}A_{j2} + \cdots + a_{in}A_{jn} = 0 \quad i \neq j$$

由以上两式可得

$$AA^* = \begin{bmatrix} |A| & 0 & \cdots & 0 \\ 0 & |A| & \cdots & 0 \\ \vdots & \vdots & \ddots & \vdots \\ 0 & 0 & \cdots & |A| \end{bmatrix} = |A| \cdot I \Rightarrow A^{-1} = \frac{1}{|A|} A^* \text{及} |A^*| = |A|^{n-1}$$

当矩阵 A 可逆时，必然有 $|A| \neq 0$；再由定理 1.1.3，当 $|A| \neq 0$，必可求得 A 的逆矩阵，因此，矩阵 A 可逆 $\Leftrightarrow |A| \neq 0$。

特别地，当 2 阶方阵 A 可逆时，设 $A = \begin{bmatrix} a & b \\ c & d \end{bmatrix}$，则有 $A^{-1} = \frac{1}{ad-bc} \begin{bmatrix} d & -b \\ -c & a \end{bmatrix}$。

◆使用 Excel 中的 MINVERSE 命令求逆矩阵

求矩阵 A 的逆矩阵 A^{-1} 命令为 MINVERSE(A)，第一个字母 M 代表矩阵 Matrix，INVERSE 表示求逆。

【例 1.1.4】设矩阵 $A = \begin{bmatrix} 1 & 2 & 3 \\ 4 & 5 & 6 \\ 1 & 9 & 2 \end{bmatrix}$，求 A^{-1}。

①矩阵命名。框住区域 B2:D4，在名称框输入"A"，按"Enter"键。则"A"代表 B2:D4 区域的矩阵。②求逆矩阵。因为 A^{-1} 是 3×3 阶方阵，框住某个 3 行 3 列的区域，比如 F2:H4，在函数框 f_x 中输入"=MINVERSE(A)"，再同时按"Ctrl""Shift""Enter"键，得到 A^{-1}，如图 1.1.7 所示。

	A	B	C	D	E	F	G	H
1								
2	A	1	2	3	A^{-1}	-0.97778	0.511111	-0.06667
3		4	5	6		-0.04444	-0.02222	0.133333
4		1	9	2		0.688889	-0.15556	-0.06667

图 1.1.7 求逆矩阵的 Excel 实现

1.2　正交矩阵

1.2.1　向量组的线性关系

定义 1.2.1　设 $\alpha_1,\alpha_2,\cdots,\alpha_r$ 都是 R^p 中的向量,若在 R 中存在不全为零的数 k_1,$k_2,\cdots,k_r$,使得 $k_1\alpha_1+k_2\alpha_2+\cdots+k_r\alpha_r=0$,则称 $\alpha_1,\alpha_2,\cdots,\alpha_r$ 线性相关,否则称 $\alpha_1,\alpha_2,\cdots,\alpha_r$ 线性无关。

定义 1.2.2　设 $\alpha_1,\alpha_2,\cdots,\alpha_r,\beta$ 都是 R^p 中的向量,若在 R 中存在 r 个数 $k_1,k_2,\cdots,k_r$,使得 $\beta=k_1\alpha_1+k_2\alpha_2+\cdots+k_r\alpha_r$,则称 β 是 $\alpha_1,\alpha_2,\cdots,\alpha_r$ 的线性组合,或称向量 β 可由 $\alpha_1,\alpha_2,\cdots,\alpha_r$ 线性表出。

由定义可得结论:

（Ⅰ）在一组向量 $\alpha_1,\alpha_2,\cdots,\alpha_r$ 中,若存在某一向量能被其他向量线性表出,则 $\alpha_1,\alpha_2,\cdots,\alpha_r$ 线性相关;若任意向量不能被剩余向量线性表出,则 $\alpha_1,\alpha_2,\cdots,\alpha_r$ 线性无关。

（Ⅱ）若有 p 阶方阵 A,设 $A=(\alpha_1,\alpha_2,\cdots,\alpha_p)$,当 $|A|\neq0\Leftrightarrow\alpha_1,\alpha_2,\cdots,\alpha_p$ 线性无关;$|A|=0\Leftrightarrow\alpha_1,\alpha_2,\cdots,\alpha_p$ 线性相关。

设有 p 个数 $x_1,x_2,\cdots,x_p$,使得 $x_1\alpha_1+x_2\alpha_2+\cdots+x_p\alpha_p=0$,即 $(\alpha_1,\alpha_2,\cdots,\alpha_p)X=0$,其中 $X=(x_1,x_2,\cdots,x_p)'$,即 $AX=0$。当 $|A|\neq0$ 时,A 可逆,因此 $X=0$,即 $\alpha_1,\alpha_2,\cdots,\alpha_p$ 线性无关。

若方阵 A 的某一行(列)向量能被其他行(列)向量线性表出,那么通过消去变换可把这一行(列)变成零,因而有 $|A|=0$。也即,方阵 A 的行(列)向量组线性相关,则 $|A|=0$。当 $\alpha_1,\alpha_2,\cdots,\alpha_p$ 线性无关时,必有 $|A|\neq0$。因为如果 $|A|=0$,向量组 $\alpha_1,\alpha_2,\cdots,\alpha_p$ 中,若存在某一向量能被其他向量线性表出,这与 $\alpha_1,\alpha_2,\cdots,\alpha_p$ 线性无关矛盾。

（Ⅲ）向量组 $\alpha_1,\alpha_2,\cdots,\alpha_r$ 线性无关,则它的任意一部分组也线性无关。

1.2.2　向量的正交

定义 1.2.3　设 $\alpha=(a_1,a_2,\cdots,a_p)'$,$\beta=(b_1,b_2,\cdots,b_p)'$,则 α 与 β 的内积定义为 $(\alpha,\beta)=\alpha'\beta=a_1b_1+a_2b_2+\cdots+a_pb_p$。当 $(\alpha,\beta)=\alpha'\beta=0$ 时,称 α 与 β 正交。向量 α 的长度定义为 $|\alpha|=\sqrt{\alpha'\alpha}$,当 $|\alpha|=1$ 时,称 α 为单位化向量;当 $\alpha\neq0$,$\frac{\alpha}{|\alpha|}$ 是一个单位向量,通常称为把 α 单位化。若向量组 $\alpha_1,\alpha_2,\cdots,\alpha_r$ 两两正交,则称 $\alpha_1,\alpha_2,\cdots,\alpha_r$ 为正交向量组。若每个向量的长度都等于1,则称为标准正交组。

（Ⅰ）若 $\alpha_1,\alpha_2,\cdots,\alpha_r$ 为正交向量组,则 $\alpha_1,\alpha_2,\cdots,\alpha_r$ 线性无关。反之不成立。

证明:若 $\alpha_1,\alpha_2,\cdots,\alpha_r$ 为正交向量组,把 $\alpha_1,\alpha_2,\cdots,\alpha_r$ 分别单位化得

$$(\alpha_i, \alpha_j) = \begin{cases} 0 & i \neq j \\ 1 & i = j \end{cases}$$

对 $k_1\alpha_1 + k_2\alpha_2 + \cdots + k_r\alpha_r = 0$, $\Rightarrow (k_1\alpha_1 + k_2\alpha_2 + \cdots + k_r\alpha_r, \alpha_i) = (0, \alpha_i) = 0, i = 1, 2, \cdots, r \Rightarrow k_1(\alpha_1, \alpha_i) + k_2(\alpha_2, \alpha_i) + \cdots + k_r(\alpha_r, \alpha_i) = 0 \Rightarrow k_i(\alpha_i, \alpha_i) = k_i = 0 \Rightarrow \alpha_1, \alpha_2, \cdots, \alpha_r$ 线性无关。反之,设 $\alpha_1 = (1, 0)'$, $\alpha_2 = (1, 1)'$, 则 α_1, α_2 线性无关,但 $(\alpha_1, \alpha_2) = 1 \neq 0$。

（Ⅱ）若 α 与 $\beta_1, \beta_2, \cdots, \beta_l$ 分别正交,则 α 与 $k_1\beta_1 + k_2\beta_2 + \cdots + k_l\beta_l$ 正交。

1.2.3　正交矩阵

定义 1.2.4　若 p 阶实矩阵 U 满足 $U'U = I$, 则称 U 是正交矩阵。

（Ⅰ）设正交矩阵 $U = (u_{ij})_{p \times p}$ 的 p 个列向量分别为 $u_1, u_2, \cdots, u_p$, 则 $u_1, u_2, \cdots, u_p$ 为标准正交组。

$$U = \begin{pmatrix} u_{11} & u_{21} & \cdots & u_{p1} \\ u_{12} & u_{22} & \cdots & u_{p2} \\ \vdots & \vdots & \ddots & \vdots \\ u_{1p} & u_{2p} & \cdots & u_{pp} \end{pmatrix} = (u_1 \quad u_2 \quad \cdots \quad u_p)$$

$$U'U = \begin{pmatrix} u'_1 \\ u'_2 \\ \vdots \\ u'_p \end{pmatrix} (u_1 \quad u_2 \quad \cdots \quad u_p) = \begin{pmatrix} u'_1 u_1 & u'_1 u_2 & \cdots & u'_1 u_p \\ u'_2 u_1 & u'_2 u_2 & \cdots & u'_2 u_p \\ \vdots & \vdots & \ddots & \vdots \\ u'_p u_1 & u'_p u_2 & \cdots & u'_p u_p \end{pmatrix} = \begin{pmatrix} 1 & 0 & \cdots & 0 \\ 0 & 1 & \cdots & 0 \\ 0 & 0 & \ddots & 0 \\ 0 & 0 & 0 & 1 \end{pmatrix}$$

则有

$$u'_i u_j = \begin{cases} 1 & i = j \\ 0 & i \neq j \end{cases}$$

由 $(u_i, u_j) = u'_i u_j$, 这表明构建正交矩阵的任意一个列向量都是单位化向量,任意两个不同的列向量都是正交的,也即, $u_1, u_2, \cdots, u_p$ 为标准正交组。

（Ⅱ）设正交矩阵 $U = (u_{ij})_{p \times p}$ 的 p 个行向量分别为 $\alpha'_1, \alpha'_2, \cdots, \alpha'_p$, 则 $\alpha'_1, \alpha'_2, \cdots, \alpha'_p$ 为标准正交组。

因为 $U'U = I \Leftrightarrow UU' = I$, 因此两个结论的推导过程相同。正交矩阵 U 显然可逆,并且 $U^{-1} = U'$。由于 $|UU'| = |U| \cdot |U'| = 1$, 即有 $|U|^2 = 1 \Rightarrow |U| = \pm 1$。

1.3　矩阵的特征值与特征向量

特征值与特征向量的概念在 Fisher 判别分析、主成分分析、因子分析、典型相关分析、多维标度分析中都有应用,在多元统计分析中极为重要。

1.3.1　基本概念

定义 1.3.1　设 A 是 n 阶方阵,若存在数 λ 和 n 维非零向量 α, 使 $A\alpha = \lambda\alpha$, 则称 λ

是 A 的一个特征值，α 是 A 的属于特征值 λ 的特征向量。

（Ⅰ）属于特征值 λ 的特征向量不是唯一的。若 $\alpha \neq 0$ 是 A 的属于特征值 λ 的特征向量，对 $\forall k \neq 0, k\alpha$ 也是属于特征值 λ 的特征向量。

$A\alpha = \lambda\alpha \Rightarrow A \cdot k\alpha = \lambda \cdot k\alpha \Rightarrow k\alpha$ 也是属于特征值 λ 的特征向量。

（Ⅱ）特征值由特征向量唯一确定。若 $\alpha \neq 0$ 是 A 的属于特征值 λ_1 的特征向量，又是 A 的属于特征值 λ_2 的特征向量，则有 $\lambda_1 = \lambda_2$。

$A\alpha = \lambda_1\alpha, A\alpha = \lambda_2\alpha \Rightarrow \lambda_1\alpha = \lambda_2\alpha \Rightarrow (\lambda_1 - \lambda_2)\alpha = 0$。$\alpha \neq 0$，设 $\alpha = (a_1, \cdots, a_n)'$，必然存在 $a_i \neq 0, 1 \leqslant i \leqslant n$，因此由 $(\lambda_1 - \lambda_2)a_i = 0 \Rightarrow \lambda_1 = \lambda_2$。

◆矩阵 A 的特征值与特征向量的求法

（Ⅰ）由 $|\lambda I - A| = 0$，求出 A 的所有特征值 $\lambda_1, \lambda_2, \cdots, \lambda_n$。

（Ⅱ）把每个 λ_i 代入齐次线性方程组 $(\lambda I - A)X = 0$，求出其基础解系，即属于 λ_i 的特征向量。

$A\alpha = \lambda\alpha \Rightarrow (A - \lambda I)\alpha = 0$，因为 $\alpha \neq 0$，所以矩阵 $A - \lambda I$ 必然不可逆，（若 $A - \lambda I$ 的逆存在，则 $\alpha = (A - \lambda I)^{-1} \cdot 0 = 0$，与 $\alpha \neq 0$ 矛盾），即有 $|\lambda I - A| = 0$。

令 $f(\lambda) = |\lambda I - A|$，称 $f(\lambda)$ 为矩阵 A 的特征多项式。

1.3.2　相关性质

性质 1.3.1　若 A 是 n 阶实对称矩阵，则属于不同特征值的特征向量正交。

证明：设 λ_1 和 λ_2 是 A 的特征值，且 $\lambda_1 \neq \lambda_2$，α 和 β 分别属于特征值 λ_1 和 λ_2 的特征向量，于是有

$$A\alpha = \lambda_1\alpha \ , A\beta = \lambda_2\beta$$

两式分别左乘 β'、α' 得

$$\beta'A\alpha = \lambda_1\beta'\alpha \ , \alpha'A\beta = \lambda_2\alpha'\beta$$

由于

$$\beta'A\alpha = (\beta'A\alpha)' = \alpha'A'\beta = \alpha'A\beta$$

所以

$$\lambda_1\beta'\alpha = \lambda_2\alpha'\beta$$

即

$$(\lambda_1 - \lambda_2)\alpha'\beta = 0$$

由于 $\lambda_1 \neq \lambda_2$，所以 $\alpha'\beta = 0$。

性质 1.3.2　若 A 是 n 阶实对称矩阵，则 A 的特征值全是实数。

证明：设 λ 是 A 的任意特征值，α 是属于特征值 λ 的特征向量，于是有 $A\alpha = \lambda\alpha$。

设 $\alpha = X + iY = (x_1 + iy_1, \cdots, x_n + iy_n)'$，其中 X 与 Y 为实数向量，由于 $\alpha \neq 0$，即 $x_1, x_2, \cdots, x_n$ 与 $y_1, y_2, \cdots, y_n$ 两组实数中必然有一个不等于 0，所以

$$X'X + Y'Y = \sum_{i=1}^{n}(x_i^2 + y_i^2) \neq 0$$

设 $\lambda = \eta + i\mu$，其中 η 与 μ 为实数，$A' = A$，于是有

$$A(X + iY) = (\eta + i\mu)(X + iY)$$

比较两边的实部与虚部得

$$AX = \eta X - \mu Y, AY = \mu X + \eta Y$$

两等式分别左乘 Y' 与 X'，得

$$Y'AX = \eta Y'X - \mu Y'Y, X'AY = \mu X'X + \eta X'Y$$

两式因为左边相等，因此

$$\eta Y'X - \mu Y'Y = \mu X'X + \eta X'Y$$

因此有

$$\mu(X'X + Y'Y) = 0$$

即

$$\mu = 0$$

也即 λ 为实数。属于特征值的特征向量不唯一，由 $AX = \eta X, AY = \eta Y$ 可取实数向量。这个结论保证 n 阶实对称矩阵 A 有 n 个实数特征值。

性质 1.3.3　方阵 A 与 A' 有相同的特征值。

因为对方阵 P，有 $|P| = |P'|$。设 $P = \lambda I - A$，$P' = \lambda I - A'$，因此有 $|\lambda I - A| = |\lambda I - A'|$，由特征值的求法可知，$A$ 与 A' 有相同的特征值。

性质 1.3.4　设 A 是 $m \times n$ 阶矩阵，B 是 $n \times m$ 阶矩阵，则 AB 与 BA 有相同的非零特征值。当 A 与 B 是同阶方阵时，AB 与 BA 特征值相同。

证明：根据分块矩阵的行列式计算方法

$$\begin{vmatrix} \lambda I_m & A \\ B & I_n \end{vmatrix} = |\lambda I_m| \cdot \left| I_n - \frac{1}{\lambda} BA \right| = |I_n| |\lambda I_m - AB|$$

所以

$$\lambda^{m-n} \cdot |\lambda I_n - BA| = |\lambda I_m - AB|$$

当 $\lambda \neq 0$ 时，$|\lambda I_m - AB| = 0 \Leftrightarrow |\lambda I_n - BA| = 0$，即 AB 与 BA 有相同的非零特征值。

当 $m = n$ 时，$|\lambda I_n - BA| = |\lambda I_m - AB|$，即 AB 与 BA 有相同的特征值。

性质 1.3.5　特别地，当 A 是 n 阶对角阵，设 $A = diag(a_1, a_2, \cdots, a_n)$，则 $a_1, a_2, \cdots, a_n$ 是 A 的 n 个特征值，$e_1 = (1, 0, \cdots, 0)'$，$e_2 = (0, 1, 0, \cdots, 0)'$，$\cdots$，$e_n = (0, \cdots, 0, 1)'$ 是分属 $a_1, a_2, \cdots, a_n$ 的特征向量。

1.3.3　特征多项式

定义 1.3.2　设 $A = (a_{ij})_{n \times n}$ 是数域 R 上的 n 阶方阵，λ 是一个文字，称矩阵

$$\lambda I - A = \begin{bmatrix} \lambda - a_{11} & -a_{12} & \cdots & -a_{1n} \\ -a_{21} & \lambda - a_{22} & \cdots & -a_{2n} \\ \vdots & \vdots & \ddots & \vdots \\ -a_{n1} & -a_{n2} & \cdots & \lambda - a_{nn} \end{bmatrix}$$

为 A 的特征矩阵，$f(\lambda) = |\lambda I - A|$ 为矩阵 A 的特征多项式。设把 $|\lambda I - A|$ 展开为

$$f(\lambda) = \lambda^n + k_1 \lambda^{n-1} + \cdots + k_n$$

则有 $k_1 = -(a_{11} + a_{22} + \cdots + a_{nn})$，$k_n = (-1)^n |A|$。这是因为在 $|\lambda I - A|$ 的展开式中，主对角线上的连乘积是 $(\lambda - a_{11})(\lambda - a_{22}) \cdots (\lambda - a_{nn})$，展开式的其他项至多包含 $n-2$ 个主对角线上的元素，也即其他项 λ 的次数至多为 $n-2$。因此多项式中包含 λ 的 n 次与 $n-1$ 次项只能在主对角线上元素的连乘积上出现。它们是 $\lambda^n - (a_{11} + a_{22} + \cdots + a_{nn}) \lambda^{n-1}$。在特征多项式中令 $\lambda = 0$，得 $|-A| = (-1)^n |A|$，这即为常数项。因此上式即

$$f(\lambda) = \lambda^n - (a_{11} + a_{22} + \cdots + a_{nn}) \lambda^{n-1} + \cdots + (-1)^n |A|$$

设 $f(\lambda) = 0$ 在复数域上的根为 $\lambda_1, \lambda_2, \cdots, \lambda_n$，把 $f(\lambda) = (\lambda - \lambda_1)(\lambda - \lambda_2) \cdots (\lambda - \lambda_n)$ 与上式对比，得

$$\lambda_1 + \lambda_2 + \cdots + \lambda_n = a_{11} + a_{22} + \cdots + a_{nn}$$

$$\lambda_1 \lambda_2 \cdots \lambda_n = |A|$$

定理 1.3.1　设 A 是 n 阶方阵，则 A 的行列式等于其所有特征值的连乘积，A 的迹等于其所有特征值的和。即

$$|A| = \prod_{i=1}^{n} \lambda_i, \quad tr(A) = \sum_{i=1}^{n} \lambda_i$$

1.3.4　对称矩阵的谱分解

定理 1.3.2　设 A 是 n 阶实对称矩阵，一定存在一个正交阵 P，使

$$P'AP = \begin{bmatrix} \lambda_1 & & 0 \\ & \ddots & \\ 0 & & \lambda_n \end{bmatrix}$$

其中，$\lambda_1, \lambda_2, \cdots, \lambda_n$ 是 A 的特征值，$P = (e_1, e_2, \cdots, e_n)$，$e_1, e_2, \cdots, e_n$ 是分别属于 λ_1，$\lambda_2, \cdots, \lambda_n$ 的相互正交的单位特征向量。实对称矩阵的谱分解定理也称为对称阵的对角化定理。由于 P 是正交矩阵，由上式可得

$$A = P \begin{bmatrix} \lambda_1 & & 0 \\ & \ddots & \\ 0 & & \lambda_n \end{bmatrix} P' = (e_1, \cdots, e_n) \begin{bmatrix} \lambda_1 & & 0 \\ & \ddots & \\ 0 & & \lambda_n \end{bmatrix} \begin{bmatrix} e_1 \\ \vdots \\ e_n \end{bmatrix} = \sum_{i=1}^{n} \lambda_i e_i e'_i$$

1.3.5　矩阵的迹及其性质

定义 1.3.3　设 $A = (a_{ij})_{n \times n}$ 是 n 阶方阵，A 的对角线上元素之和称为 A 的迹，

记为

$$tr(A) = a_{11} + a_{22} + \cdots + a_{nn} = \sum_{i=1}^{n} a_{ii}$$

方阵 A 的迹有以下性质：

（Ⅰ）若方阵 A 的特征值为 $\lambda_1, \lambda_2, \cdots, \lambda_n$，则有 $tr(A) = \lambda_1 + \lambda_2 + \cdots + \lambda_n = \sum_{i=1}^{n} \lambda_i$。

（Ⅱ）$tr(A) = tr(A')$

（Ⅲ）$tr(AB) = tr(BA)$

（Ⅳ）$tr(A+B) = tr(A) + tr(B)$

1.3.6 求特征值与特征向量的 SAS 程序

SAS 的 IML 过程是以矩阵运算为中心形成的一套内嵌编程语言。当已知方阵 A 时，可使用 IML 过程直接求 A 的特征值及特征向量；当仅有原始数据时，可把原始数据转化为矩阵，再求其特征矩阵（比如协差阵 Σ 或相关阵 R）的特征值及特征向量。

【例 1.3.1】设 $A = \begin{bmatrix} 1 & -2 & 0 \\ -2 & 5 & 0 \\ 0 & 0 & 2 \end{bmatrix}$，求 A 的特征值及特征向量。

解： $|A - \lambda I| = 0 \Rightarrow \begin{vmatrix} 1-\lambda & -2 & 0 \\ -2 & 5-\lambda & 0 \\ 0 & 0 & 2-\lambda \end{vmatrix} = 0 \Rightarrow \begin{cases} \lambda_1 = 3+\sqrt{8} \\ \lambda_2 = 2 \\ \lambda_3 = 3-\sqrt{8} \end{cases}$

设 λ_1 的特征向量为 $\alpha_1 = (a_1, a_2, a_3)'$，则有

$$A\alpha_1 = \lambda_1 \alpha_1 \Rightarrow \begin{bmatrix} -2-\sqrt{8} & -2 & 0 \\ -2 & 2-\sqrt{8} & 0 \\ 0 & 0 & -1-\sqrt{8} \end{bmatrix} \begin{bmatrix} a_1 \\ a_2 \\ a_3 \end{bmatrix} = 0 \Rightarrow \begin{cases} a_1 = 1 \\ a_2 = -1-\sqrt{2} \\ a_3 = 0 \end{cases}$$

设 λ_2 的特征向量为 $\alpha_2 = (b_1, b_2, b_3)'$，则有

$$A\alpha_2 = \lambda_2 \alpha_2 \Rightarrow \begin{bmatrix} -1 & -2 & 0 \\ -2 & 3 & 0 \\ 0 & 0 & 0 \end{bmatrix} \begin{bmatrix} b_1 \\ b_2 \\ b_3 \end{bmatrix} = 0 \Rightarrow \begin{cases} b_1 = 0 \\ b_2 = 0 \\ b_3 = 1 \end{cases}$$

设 λ_3 的特征向量为 $\alpha_3 = (c_1, c_2, c_3)'$，则有

$$A\alpha_3 = \lambda_3 \alpha_3 \Rightarrow \begin{bmatrix} -2+\sqrt{8} & -2 & 0 \\ -2 & 2+\sqrt{8} & 0 \\ 0 & 0 & -1+\sqrt{8} \end{bmatrix} \begin{bmatrix} c_1 \\ c_2 \\ c_3 \end{bmatrix} = 0 \Rightarrow \begin{cases} c_1 = 1 \\ c_2 = \sqrt{2}-1 \\ c_3 = 0 \end{cases}$$

综上可得

$$\alpha_1 = (1, -1-\sqrt{2}, 0)' \quad \alpha_2 = (0, 0, 1)' \quad \alpha_3 = (1, \sqrt{2}-1, 0)'$$

由于不同特征值的特征向量正交,把 $\alpha_1,\alpha_2,\alpha_3$ 单位化:

$$(\alpha_1,\alpha_1)=\sqrt{4+2\sqrt{2}}\doteq2.61,(\alpha_2,\alpha_2)=\sqrt{1}=1,(\alpha_3,\alpha_3)=\sqrt{4-2\sqrt{2}}\doteq1.08$$

$$\eta_1=\frac{\alpha_1}{\sqrt{(\alpha_1,\alpha_1)}}\doteq(0.383,-0.924,0)'$$

$$\eta_2=\frac{\alpha_2}{\sqrt{(\alpha_2,\alpha_2)}}=(0,0,1)'$$

$$\eta_3=\frac{\alpha_3}{\sqrt{(\alpha_3,\alpha_3)}}\doteq(0.924,0.383,0)'$$

使用 SAS 程序为:

```
proc iml;                    ♯调用 iml 程序,SAS 程序的每一行使用分号结束
  reset print;
  a={                        ♯输入矩阵 A,矩阵的每一行用逗号结束
  1    -2   0,
  -2   5    0,
  0    0    2                ♯矩阵的最后一行停用逗号
  };
b1=eigval(a);                ♯使用 eigval 来求矩阵 A 的特征值,结果用 b1 表示
b2=eigvec(a);                ♯使用 eigvec 来求矩阵 A 的特征向量,结果用 b2 表示
quit;                        ♯区别于一般的 SAS 程序末用 run,这里用 quit
```

程序运行结果如图 1.3.1 所示:

```
        B1      3 rows      1 col      (numeric)


                            5.8284271
                                    2
                            0.1715729


        B2      3 rows      3 cols     (numeric)


                -0.382683           0 0.9238795
                0.9238795           0 0.3826834
                        0           1         0
```

图 1.3.1　矩阵 A 的特征值与特征向量

【例 1.3.2】问卷收集某行业 20 名从业人员数据,包括受教育年数、月薪、从事该工作起薪、全部工龄,如表 1.3.1 所示。求这些指标相关阵的特征值与特征向量。

表 1.3.1　从业人员问卷调查数据

ID	Education	Salary	Salary—begin	Pre—exp
1	15	57000	27000	144
2	16	40200	18750	36
3	12	21450	12000	381
4	8	21900	13200	190
5	15	45000	21000	138
6	15	32100	13500	67
7	15	36000	18750	114
8	12	21900	9750	0
9	15	27900	12750	115
10	12	24000	13500	244
11	16	30300	16500	143
12	8	28350	12000	26

使用 SAS 程序为：

```
data survey;                                        ♯data 步,数据集的名称叫 survey
input education salary salarybegin preexp;          ♯ 数据集包含的所有变量
cards;                                              ♯ 输入各变量的所有数据
    15    57000    27000    144
    16    40200    18750    36
    12    21450    12000    381
    8     21900    13200    190
    15    45000    21000    138
    15    32100    13500    67
    15    36000    18750    114
    12    21900    9750     0
    15    27900    12750    115
    12    24000    13500    244
    16    30300    16500    143
    8     28350    12000    26
    ;
proc iml;                                           ♯ 调用 iml 程序
    reset print;
```

```
   use survey;                    ♯把 survey 数据集读入矩阵 matrixsurvey
read all into matrixsurvey;
   close survey;                  ♯关闭数据集 survey
b1＝corr(matrixsurvey);           ♯b1 是矩阵 matrixsurvey 的相关阵
b2＝eigval(b1);                   ♯b2 是相关阵的特征值结果
b3＝eigvec(b1);                   ♯b3 是相关阵的特征向量结果
quit;
```

程序运行结果如图 1.3.2 所示：

```
B1
          1  0.5639755  0.5414307  -0.124572
  0.5639755          1  0.9533953  -0.226494
  0.5414307  0.9533953          1  -0.020203
 -0.124572  -0.226494  -0.020203           1

B2        4 rows        1 col        (numeric)


                    2.4244871
                    0.9912428
                    0.5599245
                    0.0243456
B3        4 rows        4 cols       (numeric)


  0.4857354  0.0228803  0.8737283  -0.011683
  0.6177264  0.0056758  -0.334045   0.7118961
  0.6001767  0.2181877  -0.348546  -0.686074
 -0.149208  0.9756221  0.0594014   0.1495657
```

图 1.3.2　数据集相关阵的特征值与特征向量

1.4　正定矩阵与非负定矩阵

本节内容对理解协差阵特征值非负,对多元正态分布密度函数的理解有重要影响。

1.4.1　基本概念

定义 1.4.1　设 A 是 n 阶对称矩阵,若对任意 n 维非零向量 X,有 $X'AX>0$,则称 A 是正定矩阵,记为 $A>0$;若对任意 n 维非零向量 $X\neq0$,有 $X'AX\geqslant0$,则称 A 是非负定矩阵(半正定矩阵),记为 $A\geqslant0$。

$A>B$,表示 $A-B>0$;$A\geqslant B$,表示 $A-B\geqslant0$。

若 A、B 都是 n 阶正定矩阵,则 $A+B$ 也是正定矩阵。($A>0,B>0\Rightarrow A+B>0$)。

由定义,对 $\forall X\neq0$,$X'AX>0$,$X'BX>0$,所以 $X'(A+B)X=X'AX+X'BX>0$。

1.4.2　相关性质

性质 1.4.1　设 A 是 n 阶对称矩阵,则 A 是正定(非负定)矩阵的充要条件是 A 的所有特征值均为正(非负)。

证明:充分性。若 A 的所有特征值均为正数,即 $\lambda_i>0$,$i=1,2,\cdots,n$,根据实对称矩阵 A 的谱分解,存在正交矩阵 P,使得 $P'AP=diag(\lambda_1,\lambda_2,\cdots,\lambda_n)=\Lambda$。对 $\forall X\neq0$,令 $Y=P'X=(y_1,y_2,\cdots,y_n)'\neq0$,则 $X'AX=X'P\Lambda P'X=\sum\limits_{i=1}^{n}\lambda_i y_i^2>0$,从而 $A>0$。

必要性。若 $A>0$,则有 $\forall X\neq0$,$X'AX>0$。设 A 的任意特征值为 λ,α 为属于特征值 λ 的非零特征向量,则有 $A\alpha=\lambda\alpha$,进而有 $\alpha'A\alpha=\lambda\alpha'\alpha$,因为 $\alpha'A\alpha>0$,所以 $\lambda\alpha'\alpha>0$,因为 $\alpha'\alpha>0$,所以 $\lambda>0$。

推论1　设 A 是正定(非负定)矩阵,则 A 的行列式大于零(非负)。

根据实对称矩阵 A 的谱分解,存在正交矩阵 P,使得 $P'AP=diag(\lambda_1,\lambda_2,\cdots,\lambda_n)=\Lambda$。对上式两边求行列式得 $|P'AP|=|\Lambda|$,左边 $|P'AP|=|AP'P|=|A|$,右边 $|\Lambda|=\prod\limits_{i=1}^{n}\lambda_i$,也即对称矩阵行列式等于其特征值的乘积:$|A|=\prod\limits_{i=1}^{n}\lambda_i$,由 $\lambda_i>0$,$i=1,2,\cdots,n$ 可知 $|A|>0$。

推论2　设 A 是 n 阶正定矩阵,则 A^{-1}、$kA(k>0)$、A^*、A^n 都是正定矩阵。

证明:因为 A 是正定矩阵,所以 A 所有的特征值 $\lambda_i>0$,$i=1,2,\cdots,n$。

①矩阵 A 正定 $\Rightarrow|A|\neq0\Rightarrow A$ 可逆;设 A 的任意特征值为 λ,α 为属于特征值 λ 的非零特征向量,则有 $A\alpha=\lambda\alpha\Rightarrow A^{-1}\alpha=\frac{1}{\lambda}\alpha$,即 A^{-1} 的特征值为 $\frac{1}{\lambda}>0$;故 A^{-1} 正定。

类似地,$A\alpha=\lambda\alpha\Rightarrow kA\alpha=k\lambda\alpha$,即 kA 的特征值为 $k\lambda$,由 $k\lambda>0$,故 kA 正定。

$A\alpha=\lambda\alpha\Rightarrow A^n\alpha=\lambda^n\alpha$,即 A^n 的特征值为 λ^n,由 $\lambda^n>0$,得 A^n 正定。

②A^* 是 A 的伴随矩阵,有 $A^{-1}=\frac{1}{|A|}A^*$。

$$\left.\begin{array}{l}A^{-1}=\frac{1}{|A|}A^*\Rightarrow A^*=|A|A^{-1}\\A^{-1}\alpha=\frac{1}{\lambda}\alpha\Rightarrow|A|A^{-1}\alpha=\frac{|A|}{\lambda}\alpha\end{array}\right\}\Rightarrow A^*\alpha=\frac{|A|}{\lambda}\alpha$$,即 A^* 的特征值为 $\frac{|A|}{\lambda}$。

由 $|A|>0$,$\lambda>0$,得到 $\frac{|A|}{\lambda}>0$,故 A^* 正定。

推论3　设 A 是正定矩阵,则存在一个正定矩阵 S,使得 $A=S^2$。

因为 A 是正定矩阵,所以 A 所有的特征值 $\lambda_i>0$,$i=1,2,\cdots,n$。由矩阵的谱分解,存在正交矩阵 P,使得 $P'AP=\begin{bmatrix}\lambda_1&&\\&\ddots&\\&&\lambda_n\end{bmatrix}\Rightarrow A=P\begin{bmatrix}\lambda_1&&\\&\ddots&\\&&\lambda_n\end{bmatrix}P'$

令 $S=P\begin{bmatrix}\sqrt{\lambda_1}&&\\&\ddots&\\&&\sqrt{\lambda_n}\end{bmatrix}P'=A^{1/2}$,则 S 为正定矩阵(因为其特征值为 $\sqrt{\lambda_i}>0$),

且有 $A = S^2$，由于 $A = A^{1/2} \cdot A^{1/2}$，故称 $A^{1/2}$ 为 A 的平方根。

这个结论有利于我们理解 p 维随机向量 X 的标准化 $Y = \sum^{-1/2}(X - \mu)$，进而把马氏距离写成欧氏距离形式。

性质 1.4.2 设 A 是 $m \times n$ 阶实矩阵，则 $A'A$、AA' 都是非负定矩阵。特别地，若 A 是 n 阶可逆阵，则 $A'A$、AA' 都是正定矩阵。

证明：对 $\forall A$，$A'A$ 是对称矩阵，对 $\forall X \neq 0$，令 $Y = AX = (y_1, y_2, \cdots, y_n)'$，则有

$$X'A'AX = Y'Y = \sum_{i=1}^{n} y_i^2 \geqslant 0$$

故 $A'A$ 是非负定矩阵，同理可证，AA' 是非负定矩阵。

特别地，若 A 可逆，对 $\forall X \neq 0$，令 $Y = AX = (y_1, y_2, \cdots, y_n)' \neq 0$（否则，由 A 可逆，得到 $X = A^{-1} \cdot 0 = 0$ 与 $X \neq 0$ 矛盾），则有

$$X'A'AX = Y'Y = \sum_{i=1}^{n} y_i^2 > 0$$

故 $A'A$ 是正定矩阵，同理可证，AA' 是正定矩阵。

1.4.3 正定矩阵的判定

定义 1.4.2 设 n 阶矩阵 $A = (a_{ij})_{n \times n}$ 的 k 阶子式 A_k 为 A 的顺序主子式，$k = 1, 2, \cdots, n$。

$$A_k = \begin{vmatrix} a_{11} & a_{12} & \cdots & a_{1k} \\ a_{21} & a_{22} & \cdots & a_{2k} \\ \vdots & \vdots & \ddots & \vdots \\ a_{k1} & a_{k2} & \cdots & a_{kk} \end{vmatrix}$$

矩阵的主子式是指行与列相同的子式。矩阵的顺序主子式都是矩阵的主子式，反之不一定成立。

定理 1.4.1 实对称矩阵 A 正定的充要条件是 A 的顺序主子式全大于 0。

定理 1.4.2 实对称矩阵 A 正定的充要条件是 A 的主子式全大于 0。

1.5 矩阵的微商

在均值向量及协差阵的参数估计，以及多总体 Fisher 判别等处都要应用矩阵微商知识。

1.5.1 基本概念

定义 1.5.1 设 $X = (x_1, x_2, \cdots, x_p)'$ 是实数向量，$y = f(x_1, x_2, \cdots, x_p)$ 为实函数，则 f 关于 X 的微商定义为

$$\frac{\partial f}{\partial X} = \left(\frac{\partial f}{\partial x_1}, \frac{\partial f}{\partial x_2}, \cdots, \frac{\partial f}{\partial x_p} \right)'$$

比如，$X=(x_1,x_2)'$，$y=x_1^2+3x_1x_2$，则 $\dfrac{\partial y}{\partial X}=(2x_1+3x_2,3x_1)'$。

定义 1.5.2 设 $A=(a_{ij})_{n\times p}$ 是实数矩阵，$y=f(a_{11},a_{12},\cdots,a_{np})$ 是实函数，则 f 关于 A 的微商定义为

$$\frac{\partial f}{\partial A}=\begin{pmatrix}\dfrac{\partial f}{\partial a_{11}}&\cdots&\dfrac{\partial f}{\partial a_{1p}}\\\vdots&\ddots&\vdots\\\dfrac{\partial f}{\partial a_{n1}}&\cdots&\dfrac{\partial f}{\partial a_{np}}\end{pmatrix}$$

比如，$A=\begin{pmatrix}a_1&a_2\\a_3&a_4\end{pmatrix}$，$y=a_1^2+a_2a_3+3a_4$，则 $\dfrac{\partial y}{\partial A}=\begin{pmatrix}2a_1&a_3\\a_2&3\end{pmatrix}$。

1.5.2 相关结论

(1) 设 $X=(x_1,x_2,\cdots,x_p)'$，$Y=(y_1,y_2,\cdots,y_p)'$，因为 $X'Y=Y'X=\sum\limits_{i=1}^{p}x_iy_i$，所以

$$\frac{\partial X'Y}{\partial X}=\frac{\partial Y'X}{\partial X}=\left(\frac{\partial(x_1y_1+\cdots+x_py_p)}{\partial x_1},\cdots,\frac{\partial(x_1y_1+\cdots+x_py_p)}{\partial x_p}\right)'=(y_1,\cdots,y_p)'=Y$$

(2) 设 $A=(a_{ij})_{p\times p}$ 是方阵，且 $A'=A$，$X=(x_1,x_2,\cdots,x_p)'$，则 $\dfrac{\partial X'AX}{\partial X}=2AX$。

比如，当 $p=2$ 时，$A=\begin{pmatrix}a_{11}&a_{12}\\a_{12}&a_{22}\end{pmatrix}$，$X'AX=a_{11}x_1^2+a_{22}x_2^2+2a_{12}x_1x_2$，此时，

$$\frac{\partial X'AX}{\partial X}=\begin{pmatrix}\dfrac{\partial X'AX}{\partial x_1}\\\dfrac{\partial X'AX}{\partial x_2}\end{pmatrix}=\begin{pmatrix}2a_{11}x_1+2a_{12}x_2\\2a_{12}x_1+2a_{22}x_2\end{pmatrix}=2\begin{pmatrix}a_{11}&a_{12}\\a_{12}&a_{22}\end{pmatrix}\begin{pmatrix}x_1\\x_2\end{pmatrix}=2AX$$

一般地，$X'AX=a_{11}x_1^2+a_{22}x_2^2+\cdots+a_{pp}x_p^2+2a_{12}x_1x_2+2a_{13}x_1x_3+\cdots+2a_{p-1,p}x_{p-1}x_p$

$$\frac{\partial X'AX}{\partial X}=\begin{pmatrix}\dfrac{\partial X'AX}{\partial x_1}\\\vdots\\\dfrac{\partial X'AX}{\partial x_p}\end{pmatrix}=\begin{pmatrix}2a_{11}x_1+2a_{12}x_2+\cdots+2a_{1p}x_p\\\vdots\\2a_{p1}x_1+2a_{p2}x_2+\cdots+2a_{pp}x_p\end{pmatrix}=2\begin{pmatrix}a_{11}&\cdots&a_{1p}\\\vdots&\ddots&\vdots\\a_{p1}&\cdots&a_{pp}\end{pmatrix}\begin{pmatrix}x_1\\\vdots\\x_p\end{pmatrix}=2AX$$

更一般地，当 A 仅为方阵，但不对称时，

$$\frac{\partial X'AX}{\partial x_i}=\frac{\partial}{\partial x_i}\sum_{t=1}^{p}\sum_{k=1}^{p}a_{tk}x_tx_k=\sum_{k=1}^{p}a_{ik}x_k+\sum_{t=1}^{p}a_{ti}x_t=\sum_{j=1}^{p}(a_{ij}+a_{ji})x_j$$

因此有

$$\frac{\partial X'AX}{\partial X}=(A+A')X$$

(3) $\dfrac{\partial(X'AX)}{\partial A}=XX'$，其中，$A$ 是 p 阶方阵，X 是 p 阶列向量。

比如，当 $p=2$ 时，$A=\begin{pmatrix}a_{11}&a_{12}\\a_{21}&a_{22}\end{pmatrix}$，$X'AX=a_{11}x_1^2+a_{22}x_2^2+a_{12}x_1x_2+a_{21}x_1x_2$，此时，

$$\frac{\partial X'AX}{\partial A}=\begin{pmatrix}\dfrac{\partial X'AX}{\partial a_{11}}&\dfrac{\partial X'AX}{\partial a_{12}}\\[2mm]\dfrac{\partial X'AX}{\partial a_{21}}&\dfrac{\partial X'AX}{\partial a_{22}}\end{pmatrix}=\begin{pmatrix}x_1^2&x_1x_2\\x_2x_1&x_2^2\end{pmatrix}=\begin{pmatrix}x_1\\x_2\end{pmatrix}(x_1,x_2)=XX'$$

一般地，$X'AX$ 可看作以下矩阵所有元素的和

$$\begin{pmatrix}a_{11}x_1^2&\cdots&a_{1p}x_1x_p\\\vdots&\ddots&\vdots\\a_{p1}x_px_1&\cdots&a_{pp}x_p^2\end{pmatrix}$$

$$\frac{\partial X'AX}{\partial A}=\begin{pmatrix}\dfrac{\partial X'AX}{\partial a_{11}}&\cdots&\dfrac{\partial X'AX}{\partial a_{1p}}\\[2mm]\vdots&\ddots&\vdots\\[2mm]\dfrac{\partial X'AX}{\partial a_{p1}}&\cdots&\dfrac{\partial X'AX}{\partial a_{pp}}\end{pmatrix}=\begin{pmatrix}x_1^2&\cdots&x_1x_p\\\vdots&\ddots&\vdots\\x_px_1&\cdots&x_p^2\end{pmatrix}=\begin{pmatrix}x_1\\\vdots\\x_p\end{pmatrix}(x_1,\cdots,x_p)=XX'$$

(4) $\dfrac{\partial\ln|A|}{\partial A}=(A^{-1})'$，当 $A=A'$ 时，$\dfrac{\partial\ln|A|}{\partial A}=A^{-1}$。

特别地，当 $p=2$ 时，$A=\begin{pmatrix}a_{11}&a_{12}\\a_{21}&a_{22}\end{pmatrix}$，$|A|=a_{11}a_{22}-a_{12}a_{21}$

$$\frac{\partial\ln|A|}{\partial A}=\begin{pmatrix}\dfrac{\partial\ln|A|}{\partial a_{11}}&\dfrac{\partial\ln|A|}{\partial a_{12}}\\[2mm]\dfrac{\partial\ln|A|}{\partial a_{21}}&\dfrac{\partial\ln|A|}{\partial a_{22}}\end{pmatrix}=\frac{1}{|A|}\begin{pmatrix}\dfrac{\partial|A|}{\partial a_{11}}&\dfrac{\partial|A|}{\partial a_{12}}\\[2mm]\dfrac{\partial|A|}{\partial a_{21}}&\dfrac{\partial|A|}{\partial a_{22}}\end{pmatrix}$$

$$=\frac{1}{|A|}\begin{pmatrix}a_{22}&-a_{21}\\-a_{12}&a_{11}\end{pmatrix}=(A^{-1})'$$

一般地，把 $|A|$ 按第 i 行展开，等于第 i 行所有元素与其代数余子式的乘积，即

$$|A|=a_{i1}A_{i1}+a_{i2}A_{i2}+\cdots+a_{ip}A_{ip}=\sum_{j=1}^{p}a_{ij}A_{ij}\quad 1\leqslant i\leqslant p$$

因为

$$\frac{\partial\ln|A|}{\partial a_{ij}}=\frac{1}{|A|}\frac{\partial|A|}{\partial a_{ij}}=\frac{1}{|A|}\frac{\partial}{\partial a_{ij}}(\sum_{j=1}^{p}a_{ij}A_{ij})=\frac{1}{|A|}A_{ij}$$

所以

$$\frac{\partial \ln|A|}{\partial A} = \frac{1}{|A|} \begin{pmatrix} \frac{\partial |A|}{\partial a_{11}} & \cdots & \frac{\partial |A|}{\partial a_{1p}} \\ \vdots & \ddots & \vdots \\ \frac{\partial |A|}{\partial a_{p1}} & \cdots & \frac{\partial |A|}{\partial a_{pp}} \end{pmatrix} = \frac{1}{|A|} \begin{pmatrix} A_{11} & \cdots & A_{1p} \\ \vdots & \ddots & \vdots \\ A_{p1} & \cdots & A_{pp} \end{pmatrix} = \frac{1}{|A|}(A^*)' = (A^{-1})'$$

其中,A^* 为 A 的伴随矩阵。

(5) $\dfrac{\partial tr(AB)}{\partial B} = A'$,要求 A 是 $m \times n$ 阶矩阵,B 是 $n \times m$ 阶矩阵。

设 $A = \begin{pmatrix} a_{11} & a_{12} & \cdots & a_{1n} \\ a_{21} & a_{22} & \cdots & a_{2n} \\ \vdots & \vdots & \ddots & \vdots \\ a_{m1} & a_{m2} & \cdots & a_{mn} \end{pmatrix}$,$B = \begin{pmatrix} b_{11} & b_{12} & \cdots & b_{1m} \\ b_{21} & b_{22} & \cdots & b_{2m} \\ \vdots & \vdots & \ddots & \vdots \\ b_{n1} & b_{n2} & \cdots & b_{nm} \end{pmatrix}$,$AB$ 的迹等于 A 的第 i 行

与 B 的第 i 列对应元素的乘积之和再对 i 求和($i = 1,2,\cdots,m$),即

$$tr(AB) = \sum_{i=1}^{m}\sum_{j=1}^{n} a_{ij}b_{ji},\text{当然亦可写成} \sum_{j=1}^{m}\sum_{i=1}^{n} a_{ji}b_{ij}$$

所以

$$\frac{\partial tr(AB)}{\partial b_{ij}} = a_{ji} \Rightarrow \frac{\partial tr(AB)}{\partial B} = A'$$

1.6   分块矩阵

在多元统计中,有时要考虑部分变量的统计性质,此时分块矩阵的运算就尤为重要。下面介绍分块矩阵几个常用的结论。

1.6.1   基本概念

定义 1.6.1   设 A 是一个 $m \times n$ 阶矩阵,把 A 分块成以下形式

$$A = \begin{array}{c} \\ m_1 \\ m_2 \\ \vdots \\ m_s \end{array} \begin{array}{c} \begin{array}{cccc} n_1 & n_2 & \cdots & n_t \end{array} \\ \begin{pmatrix} A_{11} & A_{12} & \cdots & A_{1t} \\ A_{21} & A_{22} & \cdots & A_{2t} \\ \vdots & \vdots & \ddots & \vdots \\ A_{s1} & A_{s2} & \cdots & A_{st} \end{pmatrix} \end{array}$$

其中,A_{ij} 是 $m_i \times n_j$ 矩阵,$i = 1,2,\cdots,s$,$j = 1,2,\cdots,t$,$\sum_{i=1}^{s} m_i = m$,$\sum_{j=1}^{t} n_j = n$,A_{ij} 称为 A 的子块,分成子块的矩阵称为分块矩阵。为简便起见,以 4 个子块矩阵为例来讨论。

1.6.2   分块矩阵的运算

(1) 加法

设 A、B 都是一个 $m \times n$ 阶矩阵,A、B 有相同的分块:

$$A = \begin{matrix} & n_1 & n_2 \\ \begin{matrix} m_1 \\ m_2 \end{matrix} & \begin{pmatrix} A_{11} & A_{12} \\ A_{21} & A_{22} \end{pmatrix} \end{matrix} \qquad B = \begin{matrix} & n_1 & n_2 \\ \begin{matrix} m_1 \\ m_2 \end{matrix} & \begin{pmatrix} B_{11} & B_{12} \\ B_{21} & B_{22} \end{pmatrix} \end{matrix}$$

其中,$m_1 + m_2 = m, n_1 + n_2 = n$,则

$$A + B = \begin{pmatrix} A_{11} + B_{11} & A_{12} + B_{12} \\ A_{21} + B_{21} & A_{22} + B_{22} \end{pmatrix}$$

（2）乘法

设 A、B 分别是一个 $m \times n$ 和 $n \times r$ 矩阵,把 A、B 分块为

$$A = \begin{matrix} & n_1 & n_2 \\ \begin{matrix} m_1 \\ m_2 \end{matrix} & \begin{pmatrix} A_{11} & A_{12} \\ A_{21} & A_{22} \end{pmatrix} \end{matrix} \qquad B = \begin{matrix} & r_1 & r_2 \\ \begin{matrix} n_1 \\ n_2 \end{matrix} & \begin{pmatrix} B_{11} & B_{12} \\ B_{21} & B_{22} \end{pmatrix} \end{matrix}$$

其中,$m_1 + m_2 = m, n_1 + n_2 = n, r_1 + r_2 = r$,则有

$$AB = C = \begin{matrix} & r_1 & r_2 \\ \begin{matrix} m_1 \\ m_2 \end{matrix} & \begin{pmatrix} C_{11} & C_{12} \\ C_{21} & C_{22} \end{pmatrix} \end{matrix}$$

其中,$C_{ij} = \sum_{t=1}^{2} A_{it} B_{tj}, i = 1, 2, j = 1, 2$。分块矩阵乘法与通常矩阵乘法法则相同。

1.6.3　分块矩阵的结论

（1）对分块矩阵的行列式,设子块 A_{11}、A_{22} 分别是 p 阶和 q 阶方阵,有

① 设 $A = \begin{pmatrix} A_{11} & 0 \\ 0 & A_{22} \end{pmatrix}$,则 $|A| = |A_{11}| \cdot |A_{22}|$。

② 设 $A = \begin{pmatrix} A_{11} & A_{12} \\ 0 & A_{22} \end{pmatrix}$,则 $|A| = |A_{11}| \cdot |A_{22}|$;当 $A = \begin{pmatrix} A_{11} & 0 \\ A_{21} & A_{22} \end{pmatrix}$ 时,亦有 $|A| = |A_{11}| \cdot |A_{22}|$。

③ 设 $A = \begin{pmatrix} A_{11} & A_{12} \\ A_{21} & A_{22} \end{pmatrix}$,当 A_{11} 可逆时,$|A| = |A_{11}| \cdot |A_{22} - A_{21} A_{11}^{-1} A_{12}|$。

证明:因为

$$\begin{pmatrix} I_p & 0 \\ -A_{21} A_{11}^{-1} & I_q \end{pmatrix} \cdot \begin{pmatrix} A_{11} & A_{12} \\ A_{21} & A_{22} \end{pmatrix} = \begin{pmatrix} A_{11} & A_{12} \\ 0 & A_{22} - A_{21} A_{11}^{-1} A_{12} \end{pmatrix}$$

两边取行列式

$$\begin{vmatrix} A_{11} & A_{12} \\ A_{21} & A_{22} \end{vmatrix} = |A_{11}| \cdot |A_{22} - A_{21} A_{11}^{-1} A_{12}|$$

④特别地,当 $A = \begin{pmatrix} I_p & B \\ C & I_q \end{pmatrix}$ 时, $|A| = |I - CB|$。

⑤设 $A = \begin{pmatrix} A_{11} & A_{12} \\ A_{21} & A_{22} \end{pmatrix}$,当 A_{22} 可逆时, $|A| = |A_{22}| \cdot |A_{11} - A_{12} A_{22}^{-1} A_{21}|$。

（2）对分块矩阵的逆矩阵,有以下结论

①设 $A = \begin{pmatrix} A_{11} & 0 \\ 0 & A_{22} \end{pmatrix}$,其中 A_{11}、A_{22} 分别是 p 阶和 q 阶可逆矩阵,则 A 可逆,且 A

的逆矩阵为 $A^{-1} = \begin{pmatrix} A_{11}^{-1} & 0 \\ 0 & A_{22}^{-1} \end{pmatrix}$。

证明:设 A 的逆矩阵为 $B = \begin{pmatrix} B_1 & B_3 \\ B_4 & B_2 \end{pmatrix}$, A 与 B 可乘,根据 $AB = I$,即

$$\begin{pmatrix} A_{11} & 0 \\ 0 & A_{22} \end{pmatrix} \cdot \begin{pmatrix} B_1 & B_3 \\ B_4 & B_2 \end{pmatrix} = \begin{pmatrix} I_p & 0 \\ 0 & I_q \end{pmatrix} \Rightarrow \begin{matrix} A_{11} B_1 = I_p, A_{11} B_3 = 0, \\ A_{22} B_4 = 0, A_{22} B_2 = I_q \end{matrix}$$

因为 A_{11}、A_{22} 可逆,所以有 $B_1 = A_{11}^{-1}$, $B_3 = 0$, $B_4 = 0$, $B_2 = A_{22}^{-1}$,即

$$B = A^{-1} = \begin{pmatrix} A_{11}^{-1} & 0 \\ 0 & A_{22}^{-1} \end{pmatrix}$$

②设 $A = \begin{pmatrix} A_{11} & A_{12} \\ 0 & A_{22} \end{pmatrix}$,其中 A_{11}、A_{22} 分别是 p 阶和 q 阶可逆矩阵,则 A 可逆,且 A

的逆矩阵为 $A^{-1} = \begin{pmatrix} A_{11}^{-1} & -A_{11}^{-1} A_{12} A_{22}^{-1} \\ 0 & A_{22}^{-1} \end{pmatrix}$。

证明与①类似。

③设 $A = \begin{pmatrix} A_{11} & A_{12} \\ A_{21} & A_{22} \end{pmatrix}$, A_{11} 是 p 阶可逆矩阵, A_{22} 是 q 阶方阵,令 $C = A_{22} - A_{21} A_{11}^{-1}$

A_{12},则 A 可逆的充要条件是 C 可逆,当 A 可逆时, A 的逆矩阵为

$$A^{-1} = \begin{pmatrix} A_{11}^{-1} + A_{11}^{-1} A_{12} B^{-1} A_{21} A_{11}^{-1} & -A_{11}^{-1} A_{12} C^{-1} \\ -C^{-1} A_{21} A_{11}^{-1} & C^{-1} \end{pmatrix}$$

证明:因为

$$\begin{pmatrix} A_{11} & A_{12} \\ A_{21} & A_{22} \end{pmatrix} \cdot \begin{pmatrix} I_p & -A_{11}^{-1} A_{12} \\ 0 & I_q \end{pmatrix} = \begin{pmatrix} A_{11} & 0 \\ A_{21} & A_{22} - A_{21} A_{11}^{-1} A_{12} \end{pmatrix}$$

两边取行列式

$$\begin{vmatrix} A_{11} & A_{12} \\ A_{21} & A_{22} \end{vmatrix} = |A_{11}| \cdot |A_{22} - A_{21} A_{11}^{-1} A_{12}|$$

因为 $|A_{11}|\neq 0$，$|A|\neq 0 \Leftrightarrow |A_{22}-A_{21}A_{11}^{-1}A_{12}|\neq 0$，当 A 可逆时，

$$\begin{pmatrix} A_{11} & A_{12} \\ A_{21} & A_{22} \end{pmatrix}^{-1} = \begin{pmatrix} I_p & -A_{11}^{-1}A_{12} \\ 0 & I_q \end{pmatrix} \cdot \begin{pmatrix} A_{11} & 0 \\ A_{21} & A_{22}-A_{21}A_{11}^{-1}A_{12} \end{pmatrix}^{-1}$$

$$= \begin{pmatrix} A_{11}^{-1}+A_{11}^{-1}A_{12}B^{-1}A_{21}A_{11}^{-1} & -A_{11}^{-1}A_{12}C^{-1} \\ -C^{-1}A_{21}A_{11}^{-1} & C^{-1} \end{pmatrix}$$

第 2 章

多元正态分布的参数估计

一元正态分布在统计学的理论和实际应用中占有重要地位。在多元统计中,随机向量常常服从正态分布或近似服从正态分布,或本身虽然不服从正态分布,但其样本均值近似服从正态分布。因此,很多实际问题的解决办法都是以总体服从正态分布或近似服从正态分布为前提的,在多元统计中,多元正态分布占有重要地位。

2.1 基本概念

2.1.1 随机向量

在多元统计中,仍将研究对象的全体称为总体。假设总体包含 p 个指标 $x_1, x_2, \cdots, x_p$,将 p 个指标视为 p 个随机变量,用向量表述为 $X=(x_1, x_2, \cdots, x_p)'$,则称 X 为随机向量。对随机向量分离散型和连续型两类进行讨论。随机向量 X 的 p 个指标也称为 p 维,或 p 元,随机向量一般默认为列向量。考察总体中的 n 个观测单元,有如下数据矩阵:

$$
\begin{array}{c}
\quad\quad\quad\quad 指标\,1\quad 指标\,2\quad\cdots\quad 指标\,p \\
\begin{array}{c} 观测\,1 \\ 观测\,2 \\ \vdots \\ 观测\,n \end{array}
\left[
\begin{array}{cccc}
x_{11} & x_{12} & \cdots & x_{1p} \\
x_{21} & x_{22} & \cdots & x_{2p} \\
\vdots & \vdots & \ddots & \vdots \\
x_{n1} & x_{n2} & \cdots & x_{np}
\end{array}
\right]
\end{array}
\quad (2.1.1)
$$

数据矩阵的每一行表示一个样品

$$X_{(i)}=(x_{i1}, x_{i2}, \cdots, x_{ip})' \quad i=1,2,\cdots,n$$

数据矩阵的每一列表示一个指标的数据表现

$$X_j=(x_{1j}, x_{2j}, \cdots, x_{nj})' \quad j=1,2,\cdots,p$$

把数据矩阵(2.1.1)记为 $X_{n\times p}$,则有

$$X_{n\times p}=(X_1,X_2,\cdots,X_p)=\begin{bmatrix}X'_{(1)}\\X'_{(2)}\\\vdots\\X'_{(n)}\end{bmatrix}$$

定义 2.1.1　将 p 个随机变量 $x_1,x_2,\cdots,x_p$ 的整体称为 p 维随机向量,记为 $X=(x_1,x_2,\cdots,x_p)'$。

2.1.2　多元分布

(1)概率分布函数

◆随机变量分布函数和密度函数

设 x 是一个随机变量,则随机变量的分布函数为 $F(a)=P(x\leqslant a)$。

若随机变量 x 在有限或可列个值 $\{a_k\}$ 上取值,记 $P(x=a_k)=p_k(k=1,2,\cdots)$,且 $\sum\limits_k p_k=1$,则称 x 为离散型随机变量,并称 $P(x=a_k)=p_k(k=1,2,\cdots)$ 为 x 的概率分布。

若随机变量 x 的分布函数可以表示成

$$F(a)=P(x\leqslant a)=\int_{-\infty}^{a}f(t)dt$$

对一切 $a\in R$ 成立,则称 x 为连续型随机变量,$f(a)$ 为 x 的分布密度函数,简称密度函数。密度函数 $f(a)$ 必须符合以下条件:

(Ⅰ) $f(a)\geqslant0$,对任意实数 a;

(Ⅱ) $\int_{-\infty}^{+\infty}f(a)da=1$。

◆随机向量分布函数和密度函数

定义 2.1.2　设 $X=(x_1,x_2,\cdots,x_p)'$ 是 p 维随机向量,X 的多元分布函数定义为

$$F(a)=F(a_1,a_2,\cdots,a_p)=P(x_1\leqslant a_1,x_2\leqslant a_2,\cdots,x_p\leqslant a_p)$$

其中 $a=(a_1,a_2,\cdots,a_p)'\in R^p$,$R^p$ 表示 p 维欧氏空间。随机向量的统计特征可用其分布函数来完整描述。

定义 2.1.3　设 $X=(x_1,x_2,\cdots,x_p)'$ 是 p 维随机向量,若存在有限或可列个 p 维数向量 $a_1,a_2,\cdots$,记 $P(X=a_k)=p_k(k=1,2,\cdots)$,且 $\sum\limits_k p_k=1$,则称 X 为离散型随机向量,并称 $P(X=a_k)=p_k(k=1,2,\cdots)$ 为 X 的概率分布。

若随机向量 X 的分布函数可以表示成

$$F(a)=F(a_1,a_2,\cdots,a_p)=P(X\leqslant a)=\int_{-\infty}^{a_1}\cdots\int_{-\infty}^{a_p}f(t_1,t_2,\cdots,t_p)dt_1\cdots dt_p$$

对一切 $a\in R^p$ 成立,则称 X 为连续型随机向量。$f(x_1,x_2,\cdots,x_p)$ 为 X 的分布密度函数,简称密度函数。一个 p 元函数 $f(x_1,x_2,\cdots,x_p)$ 能作为 R^p 中某个随机向量的密度

函数的主要条件是

（Ⅰ）$f(x_1,x_2,\cdots,x_p)\geqslant 0$，$\forall (x_1,x_2,\cdots,x_p)'\in R^p$；

（Ⅱ）$\displaystyle\int_{-\infty}^{+\infty}\cdots\int_{-\infty}^{+\infty}f(x_1,x_2,\cdots,x_p)dx_1\cdots dx_p=1$。

离散型随机向量的统计性质可由其概率分布完全确定，连续型随机向量的统计性质可由其分布密度完全确定。

【例 2.1.1】试证函数

$$f(x_1,x_2)=\begin{cases}e^{-(x_1+x_2)} & x_1\geqslant 0,x_2\geqslant 0\\ 0 & \text{其他}\end{cases}$$

为随机向量 $X=(x_1,x_2)'$ 的密度函数。

证明：只要验证满足密度函数的两个条件即可。

① 显然，当 $x_1\geqslant 0,x_2\geqslant 0$ 时，$f(x_1,x_2)\geqslant 0$。

② $\displaystyle\int_{-\infty}^{+\infty}\int_{-\infty}^{+\infty}f(x_1,x_2)dx_1dx_2=\int_0^{+\infty}\int_0^{+\infty}e^{-(x_1+x_2)}dx_1dx_2$

$\displaystyle\qquad\qquad=\int_0^{+\infty}\Big[\int_0^{+\infty}e^{-(x_1+x_2)}dx_1\Big]dx_2$

$\displaystyle\qquad\qquad=\int_0^{+\infty}e^{-x_2}dx_2$

$\displaystyle\qquad\qquad=e^{-x_2}\Big|_{0}^{+\infty}=1$

（2）边缘分布函数

定义 2.1.4 设 $X=(x_1,x_2,\cdots,x_p)'$ 是 p 维随机向量，称它的 $q(<p)$ 个分量组成的子向量 $X^{(i)}=(x_{i_1},x_{i_2},\cdots,x_{i_q})'$ 的分布为 X 的边缘（或边际）分布，相对地把 X 的分布称为联合分布。通过变换 X 中各个分量的次序，总可假定 $X^{(1)}$ 正好是 X 的前 q 个分量，其余 $p-q$ 个分量为 $X^{(2)}$，则 $X=\begin{bmatrix}X^{(1)}\\X^{(2)}\end{bmatrix}_{p-q}^{q}$，相应的取值也可分成两部分 $a=\begin{bmatrix}a^{(1)}\\a^{(2)}\end{bmatrix}$。

当 X 的分布函数是 $F(a_1,a_2,\cdots,a_p)$ 时，$X^{(1)}$ 的分布函数即边缘分布函数为

$F(a_1,a_2,\cdots,a_q)=P(x_1\leqslant a_1,\cdots,x_q\leqslant a_q)$

$\qquad\qquad=P(x_1\leqslant a_1,\cdots,x_q\leqslant a_q,x_{q+1}\leqslant\infty,\cdots,x_p\leqslant\infty)$

$\qquad\qquad=F(a_1,a_2,\cdots,a_q,\infty,\cdots,\infty)$

当 X 有分布密度 $f(x_1,x_2,\cdots,x_p)$ 时（亦称联合分布密度函数），则 $X^{(1)}$ 也有分布密度，即边缘密度函数

$$f(x_1,x_2,\cdots,x_q)=\int_{-\infty}^{+\infty}\cdots\int_{-\infty}^{+\infty}f(x_1,x_2,\cdots,x_p)dx_{q+1}\cdots dx_p$$

【例 2.1.2】对例 2.1.1 中的 X 求边缘密度函数。

解：$f(x_1)=\int_{-\infty}^{+\infty}f(x_1,x_2)dx_2$

$$=\begin{cases}\displaystyle\int_0^{+\infty}e^{-(x_1+x_2)}dx_2=e^{-x_1} & x_1\geqslant0\\[2mm]0 & 其他\end{cases}$$

同理 $f(x_2)=\begin{cases}e^{-x_2} & x_2\geqslant0\\0 & 其他\end{cases}$

定义 2.1.5　若 p 个随机变量 $x_1,x_2,\cdots,x_p$ 的联合分布等于各自的边缘分布的乘积，则称 $x_1,x_2,\cdots,x_p$ 是相互独立的。

【例 2.1.3】问例 2.1.2 中的 x_1,x_2 是否相互独立？

解：$f(x_1,x_2)=\begin{cases}e^{-(x_1+x_2)} & x_1\geqslant0,x_2\geqslant0\\0 & 其他\end{cases}$

$f(x_1)=\begin{cases}e^{-x_1} & x_1\geqslant0\\0 & 其他\end{cases}$

$f(x_2)=\begin{cases}e^{-x_2} & x_2\geqslant0\\0 & 其他\end{cases}$

由于 $f(x_1,x_2)=f(x_1)\cdot f(x_2)$，故 x_1,x_2 相互独立。

这里应该注意，由 $x_1,x_2,\cdots,x_p$ 相互独立，可推知任意 x_i 与 $x_j(i\neq j)$ 独立，但反之不真。

2.1.3　随机向量的数字特征

(1)数学期望

定义 2.1.6　设 $X=(x_1,x_2,\cdots,x_p)'$，若 $Ex_i,(i=1,2,\cdots,p)$ 存在且有限，则称 $E(X)=(Ex_1,Ex_2,\cdots,Ex_p)'$ 为 X 的均值（向量）或数学期望，有时也把 $E(X)$ 和 Ex_i 分别记为 μ 和 μ_i，即 $\mu=(\mu_1,\mu_2,\cdots,\mu_p)'$，$X$ 的数学期望具有如下性质：

（Ⅰ）$E(AX)=AE(X)$

（Ⅱ）$E(AXB)=AE(X)B$

（Ⅲ）$E(AX+BY)=AE(X)+BE(Y)$

其中，X、Y 为随机向量，A、B 为常数矩阵。当 $A=B=I$ 时，$E(X+Y)=E(X)+E(Y)$。

(2)协差阵

定义 2.1.7　设 $X=(x_1,x_2,\cdots,x_p)'$，$Y=(y_1,y_2,\cdots,y_p)'$，称

$$D(X) = E(X - E(X))(X - E(X))'$$

$$= \begin{bmatrix} \mathrm{cov}(x_1, x_1) & \mathrm{cov}(x_1, x_2) & \cdots & \mathrm{cov}(x_1, x_p) \\ \mathrm{cov}(x_2, x_1) & \mathrm{cov}(x_2, x_2) & \cdots & \mathrm{cov}(x_2, x_p) \\ \vdots & \vdots & \ddots & \vdots \\ \mathrm{cov}(x_p, x_1) & \mathrm{cov}(x_p, x_2) & \cdots & \mathrm{cov}(x_p, x_p) \end{bmatrix}$$

为 X 的方差或协差阵,有时把 $D(X)$ 简记为 Σ,$\mathrm{cov}(x_i, x_j)$ 简记为 σ_{ij},也即 $\Sigma = (\sigma_{ij})_{p \times p}$,称随机向量 X 与 Y 的协差阵为

$$\mathrm{cov}(X, Y) = E(X - E(X))(Y - E(Y))'$$

$$= \begin{bmatrix} \mathrm{cov}(x_1, y_1) & \mathrm{cov}(x_1, y_2) & \cdots & \mathrm{cov}(x_1, y_p) \\ \mathrm{cov}(x_2, y_1) & \mathrm{cov}(x_2, y_2) & \cdots & \mathrm{cov}(x_2, y_p) \\ \vdots & \vdots & \ddots & \vdots \\ \mathrm{cov}(x_p, y_1) & \mathrm{cov}(x_p, y_2) & \cdots & \mathrm{cov}(x_p, y_p) \end{bmatrix}$$

当 $X = Y$ 时,即为 $D(X)$。

若 $\mathrm{cov}(X, Y) = 0$,则称 X 与 Y 不相关,由 X 与 Y 相互独立可以推得 $\mathrm{cov}(X, Y) = 0$;但反过来,当 X 与 Y 不相关时,一般不能推知 X 与 Y 相互独立。

(3)协差阵性质

(Ⅰ)设随机向量 X 的协差阵为 Σ,则 Σ 的特征值为非负数。

只需证明①Σ 为非负定矩阵,②非负定矩阵的特征值为非负数。设 a 为 p 维任意常数向量,则有 $a'\Sigma a = a'E(X - E(X))(X - E(X))'a = E[a'(X - E(X))]^2 \geqslant 0$,也即,$\Sigma$ 为非负定矩阵。设 Σ 的特征值为 λ,对应非零特征向量为 e,则有,$\Sigma e = \lambda e$ 以及 $e'e > 0$;由 Σ 为非负定矩阵,所以 $e'\Sigma e = \lambda e'e \geqslant 0$,因此 $\lambda \geqslant 0$。

(Ⅱ)设随机向量 X 的协差阵为 Σ,则 Σ 的行列式等于特征值的乘积。

由于 Σ 为对称矩阵,根据矩阵的谱分解,存在正交矩阵 P,使得 $\Sigma = P\Lambda P'$,其中对角阵 $\Lambda = diag(\lambda_1, \lambda_2, \cdots, \lambda_p)$,$\lambda_1, \lambda_2, \cdots, \lambda_p$ 为 Σ 的特征值。由于 $|P||P'| = |PP'| = |I| = 1$,所以 $|\Sigma| = |P\Lambda P'| = |P||\Lambda||P'| = \prod\limits_{i=1}^{p} \lambda_i$。因此,当 $|\Sigma| \rightarrow 0$,表明最小的 $\lambda \rightarrow 0$。

(Ⅲ)对常数向量 a,有 $D(X + a) = D(X)$。

(Ⅳ)设 A 为常数矩阵,则有 $D(AX) = AD(X)A' = A\Sigma A'$。

(Ⅴ)设 A、B 为常数矩阵,$\mathrm{cov}(AX, BY) = A\mathrm{cov}(X, Y)B'$。

(Ⅵ)对随机向量 X 的数学期望为 μ,协差阵为 Σ,A 为常数矩阵,则有 $E(X'AX) = tr(A\Sigma) + \mu'A\mu$

(Ⅶ)设 $X_1, X_2, \cdots, X_n$ 为 n 个相互独立的随机向量,其协差阵分别为 $\Sigma_1, \Sigma_2, \cdots,$

$\Sigma_n, A_1, A_2, \cdots, A_n$ 为 n 个常数矩阵,则有

$$D(\sum_{i=1}^{n} A_i X_i) = \sum_{i=1}^{n} A_i \Sigma_i A'_i$$

证明:由于 $X_1, X_2, \cdots, X_n$ 相互独立,所以 $\mathrm{cov}(X_i, X_j) = 0 (i \neq j, i, j = 1, 2, \cdots, n)$

于是有

$$D(\sum_{i=1}^{n} A_i X_i) = \sum_{i=1}^{n} \sum_{j=1}^{n} A_i \mathrm{cov}(X_i, X_j) A'_j = \sum_{i=1}^{n} A_i D(X_i) A'_i = \sum_{i=1}^{n} A_i \Sigma_i A'_i$$

当 $A_1 = A_2 = \cdots = A_n = I$ 时,即随机向量和的方差等于方差的和。

$$D(X_1 + X_2 + \cdots + X_n) = D(X_1) + D(X_2) + \cdots + D(X_n) = \Sigma_1 + \cdots + \Sigma_n$$

(4)相关阵

定义 2.1.8　设 $X = (x_1, x_2, \cdots, x_p)', Y = (y_1, y_2, \cdots, y_q)'$ 分别是 p 维和 q 维随机向量,则 X 与 Y 的相关阵为

$$\rho(X, Y) = \begin{bmatrix} \rho(x_1, y_1) & \rho(x_1, y_2) & \cdots & \rho(x_1, y_q) \\ \rho(x_2, y_1) & \rho(x_2, y_2) & \cdots & \rho(x_2, y_q) \\ \vdots & \vdots & \ddots & \vdots \\ \rho(x_p, y_1) & \rho(x_p, y_2) & \cdots & \rho(x_p, y_q) \end{bmatrix}$$

当 $\rho(X, Y) = 0$,则 X 与 Y 不相关。

当 $X = Y$ 时,称 $\rho(X, X)$ 为 X 的相关阵,记为

$$R = (r_{ij})_{p \times p}, r_{ij} = \rho(x_i, x_j) \quad i, j = 1, 2, \cdots, p$$

此时有 $r_{ii} = 1$,设 $E(X) = \mu = (\mu_1, \mu_2, \cdots, \mu_p)', D(X) = \Sigma = (\sigma_{ij})_{p \times p}, \sigma_{ii} = \sigma_i^2$,则 x_i 与 x_j 的相关系数 $r_{ij} = \dfrac{\sigma_{ij}}{\sigma_i \sigma_j}$,当把 $x_i (i = 1, 2, \cdots, p)$ 作标准化处理,得 $z_i = \dfrac{x_i - \mu_i}{\sigma_i}$, z_i 与 z_j 的协方差 $\mathrm{cov}(z_i, z_j) = E(z_i z_j) = E\left(\dfrac{x_i - \mu_i}{\sigma_i} \cdot \dfrac{x_j - \mu_j}{\sigma_j}\right) = \dfrac{\sigma_{ij}}{\sigma_i \sigma_j} = r_{ij}$。

2.2　多元正态分布

如同一元统计分析中一元正态分布所占的重要地位一样,多元正态分布是多元统计分析的基础,许多重要的多元统计分析理论和方法都是直接或间接建立在多元正态分布的基础上。许多实际问题的分布是多元正态分布或近似多元正态分布,或者本身虽然不是正态分布,但样本均值近似服从多元正态分布。

2.2.1　多元正态分布定义

首先回顾一元正态分布,若随机变量 $x \sim N(\mu, \sigma^2)$,则 x 的密度函数为

$$f(x) = \frac{1}{\sqrt{2\pi}\sigma} e^{-\frac{(x-\mu)^2}{2\sigma^2}}$$

上式可改写为

$$f(x)=\frac{1}{(2\pi)^{\frac{1}{2}}(\sigma^2)^{\frac{1}{2}}}\exp\left[-\frac{1}{2}(x-\mu)'(\sigma^2)^{-1}(x-\mu)\right]$$

由此可以推广,给出多元正态分布的定义。

定义 2.2.1 设 p 维随机向量 $X=(x_1,x_2,\cdots,x_p)'$ 的概率密度函数为

$$f(x_1,x_2,\cdots,x_p)=\frac{1}{(2\pi)^{\frac{p}{2}}|\sum|^{\frac{1}{2}}}\exp\left[-\frac{1}{2}(X-\mu)'\sum^{-1}(X-\mu)\right]$$

其中,$\mu=(\mu_1,\mu_2,\cdots,\mu_p)'$,$\sum>0$ 也即 $\sum$ 为正定矩阵,由于正定矩阵的特征值皆为正数,正定矩阵 $\sum$ 的行列式 $|\sum|$ 等于特征值的乘积,这就保证了 $|\sum|>0$。称 X 服从均值向量为 μ、协差阵为 $\sum$ 的 p 维正态分布,也称 X 为 p 元正态随机向量,简记为 $X\sim N_p(\mu,\sum)$。

这里应该注意到,当 $|\sum|=0$ 时,此时不存在通常意义上的密度函数,然而可以给出形式上的一个表达式,使得某些问题可以利用这一形式对 $|\sum|>0$ 与 $|\sum|=0$ 给出统一的处理。

附注:多元正态分布另一种定义

定义 2.2.2 设 p 维随机向量 $X=(x_1,x_2,\cdots,x_p)'$,若存在 $p\times r$ 的秩为 r 的矩阵 A,使得 $X=AY+\mu$,这里 $Y=(y_1,y_2,\cdots,y_r)'$,$y_i\sim N(0,1)$ 且相互独立,μ 为 $p\times1$ 的常数向量,则称 X 服从均值向量为 μ、协差阵为 $\sum=AA'$ 的 p 维正态分布,记为 $X\sim N_p(\mu,\sum)$。

这个定义是我国统计学先驱许宝騄先生提出的,他把多元正态向量定义为若干相互独立的一元标准随机变量的线性变换。在这个定义中,$\sum$ 可以是非负定的,$|\sum|=0$,这时的分布称为奇异正态分布,如果限制 $|\sum|>0$,这个定义与定义 2.2.1 等价。

当 $p=2$ 时,可得到二元正态分布的概率密度函数。设 $X=(x_1,x_2)'$,$\mu=(\mu_1,\mu_2)'$,$\sum=\begin{pmatrix}\sigma_{11}&\sigma_{12}\\\sigma_{21}&\sigma_{22}\end{pmatrix}=\begin{pmatrix}\sigma_1^2&\sigma_1\sigma_2 r\\\sigma_1\sigma_2 r&\sigma_2^2\end{pmatrix}$,$r\neq\pm1$,这里 σ_1^2、σ_2^2 分别是 x_1 与 x_2 的方差,r 是 x_1 与 x_2 的相关系数。此时有

$$|\sum|=\sigma_1^2\sigma_2^2(1-r^2)$$

$$\sum^{-1}=\frac{1}{\sigma_1^2\sigma_2^2(1-r^2)}\begin{pmatrix}\sigma_2^2&-\sigma_1\sigma_2 r\\-\sigma_1\sigma_2 r&\sigma_1^2\end{pmatrix}$$

故二元正态分布的概率密度函数为

$$f(x_1,x_2)=\frac{1}{2\pi\sigma_1\sigma_2(1-r^2)^{\frac{1}{2}}}$$
$$\exp\left\{-\frac{1}{2(1-r^2)}\left[\frac{(x_1-\mu_1)^2}{\sigma_1^2}-2r\frac{(x_1-\mu_1)(x_2-\mu_2)}{\sigma_1\sigma_2}+\frac{(x_2-\mu_2)^2}{\sigma_2^2}\right]\right\}$$

求 x_1 与 x_2 的边缘密度函数。利用非正常积分的结论,

$$\int_0^{+\infty} e^{-x^2} dx = \frac{\sqrt{\pi}}{2} \Rightarrow \int_{-\infty}^{+\infty} e^{-x^2} dx = \sqrt{\pi}$$

可求 x_1 与 x_2 的边缘密度函数分别为

$$f(x_1) = \int_{-\infty}^{+\infty} f(x_1, x_2) dx_2 = \frac{1}{\sqrt{2\pi}\sigma_1} \exp\left[-\frac{1}{2}\left(\frac{x_1 - \mu_1}{\sigma_1}\right)^2\right]$$

$$f(x_2) = \int_{-\infty}^{+\infty} f(x_1, x_2) dx_1 = \frac{1}{\sqrt{2\pi}\sigma_2} \exp\left[-\frac{1}{2}\left(\frac{x_2 - \mu_2}{\sigma_2}\right)^2\right]$$

这表明,二元正态分布的边缘分布是正态分布,当 $r=0$ 时,$f(x_1, x_2) = f(x_1)$ $f(x_2)$,故 x_1 与 x_2 相互独立。反之,若 x_1 与 x_2 相互独立,则 $r=0$,这说明在二元正态分布的情况下,x_1 与 x_2 不相关与相互独立是等价的。

2.2.2　多元正态分布性质

（Ⅰ）若 $X \sim N_p(\mu, \Sigma)$,A 为 $s \times p$ 常数矩阵,d 为 s 维常数向量,则

$$AX + d \sim N_s(A\mu + d, A\Sigma A')$$

即正态随机向量的线性函数还是正态的。

（Ⅱ）若 $X \sim N_p(\mu, \Sigma)$,将 X、μ、Σ 做如下分割：

$$X = \begin{bmatrix} X^{(1)} \\ X^{(2)} \end{bmatrix} \begin{matrix} q \\ p-q \end{matrix} \qquad \mu = \begin{bmatrix} \mu^{(1)} \\ \mu^{(2)} \end{bmatrix} \begin{matrix} q \\ p-q \end{matrix} \qquad \Sigma = \begin{bmatrix} \Sigma_{11} & \Sigma_{12} \\ \Sigma_{21} & \Sigma_{22} \end{bmatrix} \begin{matrix} q \\ p-q \end{matrix}$$

则 $X^{(1)} \sim N_q(\mu^{(1)}, \Sigma_{11})$,$X^{(2)} \sim N_q(\mu^{(2)}, \Sigma_{22})$

即多元正态分布的任何边缘分布为正态分布,但反之不真。由 $\Sigma_{12} = \mathrm{cov}(X^{(1)}, X^{(2)})$,故 $\Sigma_{12} = 0$ 表明 $X^{(1)}$ 与 $X^{(2)}$ 不相关。对多元正态分布而言,$X^{(1)}$ 与 $X^{(2)}$ 不相关与相互独立是等价的。

（Ⅲ）若 $X = (x_1, x_2, \cdots, x_p)' \sim N_p(\mu, \Sigma)$,$\Sigma$ 为对角阵,则 $x_1, x_2, \cdots, x_p$ 相互独立。

（Ⅳ）若 $X = (x_1, x_2, \cdots, x_p)' \sim N_p(\mu, \Sigma)$,$\Sigma > 0$,则有 $(X - \mu)' \Sigma^{-1}(X - \mu) \sim \chi^2(p)$。

【例 2.2.1】设 $X = (x_1, x_2)' \sim N_p(\mu, \Sigma)$,$\mu = (\mu_1, \mu_2)'$,$\Sigma = \begin{pmatrix} \sigma_1^2 & r\sigma_1\sigma_2 \\ r\sigma_1\sigma_2 & \sigma_2^2 \end{pmatrix}$,问 $x_1 - x_2$ 与 $x_1 + x_2$ 服从什么分布? $x_1 - x_2$ 与 $x_1 + x_2$ 何时相互独立?

解：$x_1 - x_2 = (1, -1)X$,$x_1 + x_2 = (1, 1)X$,由性质 Ⅰ,$x_1 - x_2$ 与 $x_1 + x_2$ 服从一元正态分布,$E(x_1 - x_2) = \mu_1 - \mu_2$,$D(x_1 - x_2) = (1, -1)\Sigma(1, -1)' = \sigma_1^2 + \sigma_2^2 - 2r\sigma_1\sigma_2$

$$x_1 - x_2 \sim N(\mu_1 - \mu_2, \sigma_1^2 + \sigma_2^2 - 2r\sigma_1\sigma_2)$$

$$E(x_1 + x_2) = \mu_1 + \mu_2 \quad D(x_1 + x_2) = (1, 1)\Sigma(1, 1)' = \sigma_1^2 + \sigma_2^2 + 2\sigma_1\sigma_2 r$$

$$x_1 + x_2 \sim N(\mu_1 + \mu_2, \sigma_1^2 + \sigma_2^2 + 2r\sigma_1\sigma_2)$$

由于 $\mathrm{cov}(x_1-x_2,x_1+x_2)=(1,-1)\sum(1,1)'=\sigma_1^2-\sigma_2^2$，故当 $\sigma_1^2=\sigma_2^2$ 时，由性质Ⅲ知，x_1-x_2 与 x_1+x_2 相互独立。

【例 2.2.2】设 $X=(x_1,x_2,x_3)'\sim N_3(\mu,\Sigma)$，

其中 $\mu=\begin{pmatrix}\mu_1\\\mu_2\\\mu_3\end{pmatrix}$，$\Sigma=\begin{pmatrix}\sigma_{11}&\sigma_{12}&\sigma_{13}\\\sigma_{21}&\sigma_{22}&\sigma_{23}\\\sigma_{31}&\sigma_{32}&\sigma_{33}\end{pmatrix}$；设 $a=\begin{pmatrix}0\\0\\1\end{pmatrix}$，$A=\begin{pmatrix}1&0&0\\0&0&-1\end{pmatrix}$

①求 $a'X,AX$ 的分布；②令 $Y=(x_1,x_2)'$，求 Y 的分布。

解：①由性质Ⅰ，a' 为 1 行 3 列的行向量，$s=1$，所以 $a'X\sim N(a'\mu,a'\Sigma a)$

$$a'X=(0,0,1)\begin{pmatrix}x_1\\x_2\\x_3\end{pmatrix}=x_3,a'\mu=(0,0,1)\begin{pmatrix}\mu_1\\\mu_2\\\mu_3\end{pmatrix}=\mu_3$$

$$a'\Sigma a=(0,0,1)\begin{pmatrix}\sigma_{11}&\sigma_{12}&\sigma_{13}\\\sigma_{21}&\sigma_{22}&\sigma_{23}\\\sigma_{31}&\sigma_{32}&\sigma_{33}\end{pmatrix}\begin{pmatrix}0\\0\\1\end{pmatrix}=\sigma_{33}$$

所以 $a'X=x_3\sim N(\mu_3,\sigma_{33})$

类似地，A 为 2 行 3 列的矩阵，由性质Ⅰ，$s=2$，所以 $AX\sim N_2(A\mu,A\Sigma A')$

$$AX=\begin{pmatrix}1&0&0\\0&0&-1\end{pmatrix}\begin{pmatrix}x_1\\x_2\\x_3\end{pmatrix}=\begin{pmatrix}x_1\\-x_3\end{pmatrix},A\mu=\begin{pmatrix}1&0&0\\0&0&-1\end{pmatrix}\begin{pmatrix}\mu_1\\\mu_2\\\mu_3\end{pmatrix}=\begin{pmatrix}\mu_1\\-\mu_3\end{pmatrix}$$

$$A\Sigma A'=\begin{pmatrix}1&0&0\\0&0&-1\end{pmatrix}\begin{pmatrix}\sigma_{11}&\sigma_{12}&\sigma_{13}\\\sigma_{21}&\sigma_{22}&\sigma_{23}\\\sigma_{31}&\sigma_{32}&\sigma_{33}\end{pmatrix}\begin{pmatrix}1&0\\0&0\\0&-1\end{pmatrix}=\begin{pmatrix}\sigma_{11}&-\sigma_{13}\\-\sigma_{31}&\sigma_{33}\end{pmatrix}$$

所以 $AX=\begin{pmatrix}x_1\\-x_3\end{pmatrix}\sim N\left(\begin{pmatrix}\mu_1\\-\mu_3\end{pmatrix},\begin{pmatrix}\sigma_{11}&-\sigma_{13}\\-\sigma_{31}&\sigma_{33}\end{pmatrix}\right)$

②令 $B=\begin{pmatrix}1&0&0\\0&1&0\end{pmatrix}$，则有 $BX=\begin{pmatrix}1&0&0\\0&1&0\end{pmatrix}\begin{pmatrix}x_1\\x_2\\x_3\end{pmatrix}=\begin{pmatrix}x_1\\x_2\end{pmatrix}=Y$

由性质Ⅰ，$BX\sim N_2(B\mu,B\Sigma B')$，

$$B\mu=\begin{pmatrix}1&0&0\\0&1&0\end{pmatrix}\begin{pmatrix}\mu_1\\\mu_2\\\mu_3\end{pmatrix}=\begin{pmatrix}\mu_1\\\mu_2\end{pmatrix},$$

$$B\textstyle\sum B' = \begin{pmatrix} 1 & 0 & 0 \\ 0 & 1 & 0 \end{pmatrix} \begin{pmatrix} \sigma_{11} & \sigma_{12} & \sigma_{13} \\ \sigma_{21} & \sigma_{22} & \sigma_{23} \\ \sigma_{31} & \sigma_{32} & \sigma_{33} \end{pmatrix} \begin{pmatrix} 1 & 0 \\ 0 & 1 \\ 0 & 0 \end{pmatrix} = \begin{pmatrix} \sigma_{11} & \sigma_{12} \\ \sigma_{21} & \sigma_{22} \end{pmatrix}$$

所以 $Y = BX = \begin{pmatrix} x_1 \\ x_2 \end{pmatrix} \sim N\left(\begin{pmatrix} \mu_1 \\ \mu_2 \end{pmatrix}, \begin{pmatrix} \sigma_{11} & \sigma_{12} \\ \sigma_{21} & \sigma_{22} \end{pmatrix} \right)$

【例 2.2.3】 设 $X = (x_1, x_2, x_3)' \sim N_3(\mu, \textstyle\sum)$，其中 $\textstyle\sum = \begin{pmatrix} 1 & 0 & 0 \\ 0 & 3 & 1 \\ 0 & 1 & 5 \end{pmatrix}$，问 x_1、x_2、x_3 中

哪些变量相互独立？

解：由于 $X = (x_1, x_2, x_3)' \sim N_3(\mu, \textstyle\sum)$，由性质 Ⅱ，$X$ 的任意分量均服从正态分布，由于 x_1 和 x_2、x_1 和 x_3 的协方差均为 0，所以这几对变量相互独立。

2.3　多元正态分布的参数估计

2.3.1　多元样本的数字特征

设样本资料用矩阵表示为

$$X = \begin{bmatrix} x_{11} & x_{12} & \cdots & x_{1p} \\ x_{21} & x_{22} & \cdots & x_{2p} \\ \vdots & \vdots & \ddots & \vdots \\ x_{n1} & x_{n2} & \cdots & x_{np} \end{bmatrix} = (X_1, X_2, \cdots, X_p) = \begin{bmatrix} X'_{(1)} \\ X'_{(2)} \\ \vdots \\ X'_{(n)} \end{bmatrix}$$

定义 2.3.1　设 p 维总体样本容量为 n，某一样本 $X_{(1)}, X_{(2)}, \cdots, X_{(n)}$，其中 $X_{(i)} = (x_{i1}, x_{i2}, \cdots, x_{ip})'$，$i = 1, 2, \cdots, n$。

（1）样本均值向量定义为

$$\hat{\mu} = \overline{X} = \frac{1}{n}\sum_{i=1}^{n} X_{(i)} = (\overline{x}_1, \overline{x}_2, \cdots, \overline{x}_p)' = \left(\frac{1}{n}\sum_{i=1}^{n} x_{i1}, \frac{1}{n}\sum_{i=1}^{n} x_{i2}, \cdots, \frac{1}{n}\sum_{i=1}^{n} x_{ip} \right)'$$

（2）样本离差阵定义为

$$S = \sum_{i=1}^{n} (X_{(i)} - \overline{X})(X_{(i)} - \overline{X})' = (s_{ij})_{p\times p}$$

$$(s_{ij})_{p\times p} = \begin{bmatrix} s_{11} & s_{12} & \cdots & s_{1p} \\ s_{21} & s_{22} & \cdots & s_{2p} \\ \vdots & \vdots & \ddots & \vdots \\ s_{p1} & s_{p2} & \cdots & s_{pp} \end{bmatrix} = \sum_{i=1}^{n} \begin{bmatrix} \begin{bmatrix} x_{i1} - \overline{x}_1 \\ x_{i2} - \overline{x}_2 \\ \vdots \\ x_{ip} - \overline{x}_p \end{bmatrix} (x_{i1} - \overline{x}_1, x_{i2} - \overline{x}_2, \cdots, x_{ip} - \overline{x}_p) \end{bmatrix}$$

$$= \begin{bmatrix} \sum\limits_{i=1}^{n}(x_{i1}-\bar{x}_1)^2 & \sum\limits_{i=1}^{n}(x_{i1}-\bar{x}_1)(x_{i2}-\bar{x}_2) & \cdots & \sum\limits_{i=1}^{n}(x_{i1}-\bar{x}_1)(x_{ip}-\bar{x}_p) \\ \sum\limits_{i=1}^{n}(x_{i2}-\bar{x}_2)(x_{i1}-\bar{x}_1) & \sum\limits_{i=1}^{n}(x_{i2}-\bar{x}_2)^2 & \cdots & \sum\limits_{i=1}^{n}(x_{i2}-\bar{x}_2)(x_{ip}-\bar{x}_p) \\ \vdots & \vdots & \ddots & \vdots \\ \sum\limits_{i=1}^{n}(x_{ip}-\bar{x}_p)(x_{i1}-\bar{x}_1) & \sum\limits_{i=1}^{n}(x_{ip}-\bar{x}_p)(x_{i2}-\bar{x}_2) & \cdots & \sum\limits_{i=1}^{n}(x_{ip}-\bar{x}_p)^2 \end{bmatrix}$$

◆样本离差阵的简便计算

方法①

若把样本数据矩阵 X 进行中心化处理得到的矩阵记为 Y

$$Y = \begin{bmatrix} x_{11}-\bar{x}_1 & x_{12}-\bar{x}_2 & \cdots & x_{1p}-\bar{x}_p \\ x_{21}-\bar{x}_1 & x_{22}-\bar{x}_2 & \cdots & x_{2p}-\bar{x}_p \\ \vdots & \vdots & \ddots & \vdots \\ x_{n1}-\bar{x}_1 & x_{n2}-\bar{x}_2 & \cdots & x_{np}-\bar{x}_p \end{bmatrix}$$

则可得到样本离差阵的简单计算方法

$$S = Y'Y$$

方法②

使用中心化矩阵 $H = I_n - \dfrac{1}{n}1_n1'_n$，其中 I_n 为 n 阶单位矩阵，1_n 为每个元素都为 1 的列向量。则有

$$HX = X - \frac{1}{n}1_n1'_nX = X - 1_n(\bar{x}_1, \bar{x}_2, \cdots, \bar{x}_p) = \begin{bmatrix} x_{11} & \cdots & x_{1p} \\ \vdots & \ddots & \vdots \\ x_{n1} & \cdots & x_{np} \end{bmatrix} - $$

$$\begin{bmatrix} \bar{x}_1 & \cdots & \bar{x}_p \\ \vdots & \ddots & \vdots \\ \bar{x}_1 & \cdots & \bar{x}_p \end{bmatrix} = Y$$

由于

$$1'_nHX = (1 \quad 1 \quad \cdots \quad 1)\begin{bmatrix} x_{11}-\bar{x}_1 & x_{12}-\bar{x}_2 & \cdots & x_{1p}-\bar{x}_p \\ x_{21}-\bar{x}_1 & x_{22}-\bar{x}_2 & \cdots & x_{2p}-\bar{x}_p \\ \vdots & \vdots & \ddots & \vdots \\ x_{n1}-\bar{x}_1 & x_{n2}-\bar{x}_2 & \cdots & x_{np}-\bar{x}_p \end{bmatrix}$$

$$= \left(\sum\limits_{i=1}^{n}(x_{i1}-\bar{x}_1) \quad \sum\limits_{i=1}^{n}(x_{i2}-\bar{x}_2) \quad \cdots \quad \sum\limits_{i=1}^{n}(x_{ip}-\bar{x}_p)\right) = (0 \quad 0 \quad \cdots \quad 0) = 0$$

因此亦有

$$S=(HX)'HX=(X-1_n\overline{X}')'HX=(X'-\overline{X}1'_n)HX=X'HX-\overline{X}\cdot 0=X'HX$$

（3）样本协差阵定义为

$$V=\frac{1}{n}S=\frac{1}{n}\sum_{i=1}^{n}(X_{(i)}-\overline{X})(X_{(i)}-\overline{X})'=(v_{ij})_{p\times p}$$

类似地，若记 Y 为对样本数据矩阵 X 中心化所得矩阵，则有

$$V=\frac{1}{n}Y'Y$$

使用矩阵 $H=I_n-\frac{1}{n}1_n1'_n$，则有

$$V=\frac{1}{n}(HX)'HX=\frac{1}{n}X'HX$$

2.3.2　极大似然估计

多元正态分布有两组参数：均值 μ 和协差阵 Σ，当它们未知时，需要通过样本来估计，以样本统计量作为总体参数的估计叫参数估计，参数估计的原则和方法很多，最常见的且具有很多优良性质的是极大似然法。也即给定样本 $X_{(1)},X_{(2)},\cdots,X_{(n)}$，寻找 μ 和 Σ 的估计值 $\hat{\mu}$ 和 $\hat{\Sigma}$，使得样本出现的概率最大。

设样本容量为 n 的 p 维样本 $X_{(1)},X_{(2)},\cdots,X_{(n)}$ 来自正态总体 $N_p(\mu,\Sigma)$，样本中的每个样品 $X_{(i)}=(x_{i1},x_{i2},\cdots,x_{ip})',i=1,2,\cdots,n$。即

$$X=\begin{bmatrix} x_{11} & x_{12} & \cdots & x_{1p} \\ x_{21} & x_{22} & \cdots & x_{2p} \\ \vdots & \vdots & \ddots & \vdots \\ x_{n1} & x_{n2} & \cdots & x_{np} \end{bmatrix}$$

由极大似然法求得 μ 和 Σ 的估计为

$$\hat{\mu}=\overline{X},\hat{\Sigma}=\frac{1}{n}S$$

推导过程。针对来自正态总体 $N_p(\mu,\Sigma)$ 的样本 $X_{(1)},X_{(2)},\cdots,X_{(n)}$，其联合密度函数为

$$L(\mu,\Sigma)=\prod_{i=1}^{n}f(X_i,\mu,\Sigma)$$
$$=\frac{1}{(2\pi)^{\frac{pn}{2}}|\Sigma|^{\frac{n}{2}}}\exp\left\{-\frac{1}{2}\sum_{i=1}^{n}(X_i-\mu)'\Sigma^{-1}(X_i-\mu)\right\}$$

由于对数函数是严格单调增函数，要求得 μ 和 Σ 的估计值，使得 $L(\mu,\Sigma)$ 最大，只需对 $L(\mu,\Sigma)$ 取对数，使得 $\ln L(\mu,\Sigma)$ 最大即可。

$$\ln L(\mu,\Sigma)=-\frac{pn}{2}\ln(2\pi)-\frac{n}{2}\ln|\Sigma|-\frac{1}{2}\sum_{i=1}^{n}(X_i-\mu)'\Sigma^{-1}(X_i-\mu)$$

把对数似然函数分别对 μ 和 Σ 求偏导，并令等于 0，得到

$$\begin{cases} \dfrac{\partial \ln L(\mu, \Sigma)}{\partial \mu} = \sum\limits_{i=1}^{n} \Sigma^{-1}(X_i - \mu) = 0 \\[3mm] \dfrac{\partial \ln L(\mu, \Sigma)}{\partial \Sigma} = -\dfrac{n}{2}\Sigma^{-1} + \dfrac{1}{2}\sum\limits_{i=1}^{n}(X_i - \mu)(X_i - \mu)'(\Sigma^{-1})^2 = 0 \end{cases}$$

在上式推导过程中,利用到了矩阵的微分:对实对称矩阵 A,有 $\dfrac{\partial(X'AX)}{\partial X} = 2AX$, $\dfrac{\partial \ln|A|}{\partial A} = A^{-1}$。并注意到 $\sum\limits_{i=1}^{n}(X_i - \mu)'\Sigma^{-1}(X_i - \mu)$ 为 1 阶阵,利用 $tr(AB) = tr(BA)$ 有

$$\sum_{i=1}^{n}(X_i - \mu)'\Sigma^{-1}(X_i - \mu) = tr\{\sum_{i=1}^{n}(X_i - \mu)'\Sigma^{-1}(X_i - \mu)\}$$

$$= tr\{\sum_{i=1}^{n}\Sigma^{-1}(X_i - \mu)(X_i - \mu)'\} = tr(\Sigma^{-1}S) = tr(S\Sigma^{-1})$$

并使用 $\dfrac{\partial tr(AX)}{\partial X} = A'$ 得到。

由此可得极大似然估计量为

$$\hat{\mu} = \frac{1}{n}\sum_{i=1}^{n}X_i = \overline{X}$$

$$\hat{\Sigma} = \frac{1}{n}\sum_{i=1}^{n}(X_i - \mu)(X_i - \mu)' = \frac{1}{n}S$$

因此,多元正态总体的均值向量 μ 的极大似然估计就是样本均值向量,其协差阵 Σ 的极大似然估计就是样本协差阵。

μ 和 Σ 的极大似然估计具有如下性质:

(Ⅰ) $E(\overline{X}) = \mu$,即 $\overline{X}$ 是 μ 的无偏估计量。

$E\left(\dfrac{1}{n}S\right) = \dfrac{n-1}{n}\Sigma$,即 $\dfrac{1}{n}S$ 是 Σ 的有偏估计量。

$E\left(\dfrac{1}{n-1}S\right) = \Sigma$,即 $\dfrac{1}{n-1}S$ 是 Σ 的无偏估计量。

(Ⅱ) $\overline{X}, \dfrac{1}{n-1}S$ 分别是 μ 和 Σ 的有效估计。

(Ⅲ) $\overline{X}, \dfrac{1}{n}S$ (或 $\dfrac{1}{n-1}S$) 分别是 μ 和 Σ 的一致估计。

即随着样本容量的增大,样本估计值会无限逼近参数值。

2.3.3　Wishart 分布

(1)一元统计中的 χ^2 分布

◆设 $x_i \sim N(0,1)$,$i = 1, 2, \cdots, n$,且相互独立,则有 $x_i^2 \sim \chi^2(1)$,$\sum\limits_{i=1}^{n}x_i^2 \sim \chi^2(n)$。

◆设 $x_1, x_2, \cdots, x_n$ 是从总体 $N(\mu, \sigma^2)$ 抽取的独立同分布的样本,则有 $\overline{x} \sim N(\mu,$

$\frac{\sigma^2}{n}$)，根据 χ^2 的可加性有 $\sum\limits_{i=1}^{n}\left(\frac{x_i-\mu}{\sigma}\right)^2\sim\chi^2(n)$ 以及 $\left(\frac{\overline{x}-\mu}{\sigma/\sqrt{n}}\right)^2\sim\chi^2(1)$。

◆设 $x_1,x_2,\cdots,x_n$ 是从总体 $N(\mu,\sigma^2)$ 抽取的独立同分布的样本，令 $s^2=\dfrac{\sum\limits_{i=1}^{n}(x_i-\overline{x})^2}{n-1}$，则有 $\dfrac{(n-1)s^2}{\sigma^2}=\dfrac{\sum\limits_{i=1}^{n}(x_i-\overline{x})^2}{\sigma^2}=\sum\limits_{i=1}^{n}\left[\dfrac{(x_i-\mu)-(\overline{x}-\mu)}{\sigma}\right]^2=\sum\limits_{i=1}^{n}\left(\dfrac{x_i-\mu}{\sigma}\right)^2-\left(\dfrac{\overline{x}-\mu}{\sigma/\sqrt{n}}\right)^2$，所以有 $\dfrac{(n-1)s^2}{\sigma^2}\sim\chi^2(n-1)$。

综而言之，从总体 $N(\mu,\sigma^2)$ 抽取随机样本 $x_1,x_2,\cdots,x_n$，则样本均值 $\overline{x}$ 和样本方差 $s^2=\dfrac{\sum\limits_{i=1}^{n}(x_i-\overline{x})^2}{n-1}$ 的抽样分布有以下结论：

① $\overline{x}$ 和 s^2 相互独立；

② $\overline{x}\sim N(\mu,\dfrac{\sigma^2}{n})$，$\dfrac{(n-1)s^2}{\sigma^2}\sim\chi^2(n-1)$。

（2）多元统计中的 Wishart 分布

将 χ^2 分布推广到多元，引入 Wishart 分布。该分布由 Wishart 于 1928 年推导出来，鉴于该分布在多元统计中的重要地位，有人甚至将 1928 年视为多元统计分析元年。

$$\sum_{i=1}^{n}\left(\frac{x_i-\mu}{\sigma}\right)^2=\sum_{i=1}^{n}z_i^2=(z_1,z_2,\cdots,z_n)\begin{pmatrix}z'_1\\z'_2\\\vdots\\z'_n\end{pmatrix}=Z'Z\sim\chi^2(n)$$

$$z_i\sim N(0,1)\quad i=1,2,\cdots,n$$

在上式中，z_i（等于 z'_i）可视为矩阵的第 i 行。

定义 2.3.2　记数据矩阵(2.1.1) X 的第 i 行（第 i 个样品）$X'_{(i)}=(x_{i1},x_{i2},\cdots,x_{ip})$，

$$X_{(i)}\sim N_p(0,\textstyle\sum)\quad i=1,2,\cdots,n$$

各个行向量相互独立，$X_{n\times p}=\begin{pmatrix}X'_{(1)}\\X'_{(2)}\\\vdots\\X'_{(n)}\end{pmatrix}$，称以下随机矩阵

$$W=X'X=(X_{(1)},X_{(2)},\cdots,X_{(n)})\begin{pmatrix}X'_{(1)}\\X'_{(2)}\\\vdots\\X'_{(n)}\end{pmatrix}=\sum_{i=1}^{n}X_{(i)}X'_{(i)}$$

的分布为中心 Wishart 分布，记为 $W \sim W_p(n, \Sigma)$。

显然，当 $p=1$ 时，$X_{(i)} \sim N(0, \sigma^2)$，$W = \sum_{i=1}^{n} X_{(i)}^2 \sim W_1(n, \sigma^2) = \sigma^2 \chi^2(n)$。

进一步，当 $\sigma^2 = 1$ 时，$W_1(n,1) = \chi^2(n)$，所以 Wishart 分布是 χ^2 分布的推广。

◆Wishart 分布的可加性。根据 Wishart 分布的定义，假设 $X_{(i)} \sim N_p(0, \Sigma)$，$i = 1, 2, \cdots, n$，相互独立，$n_1 < n$，令 $W_1 = \sum_{i=1}^{n_1} X_{(i)} X'_{(i)}$，$W_2 = \sum_{i=n_1+1}^{n} X_{(i)} X'_{(i)}$，则有 $W_1 \sim W_p(n_1, \Sigma)$，$W_2 \sim W_p(n-n_1, \Sigma)$，$W_1$ 与 W_2 相互独立，则可得到 Wishart 分布具有可加性：

$$W = \sum_{i=1}^{n} X_{(i)} X'_{(i)} = \sum_{i=1}^{n_1} X_{(i)} X'_{(i)} + \sum_{i=n_1+1}^{n} X_{(i)} X'_{(i)} = W_1 + W_2$$

◆当 C 为 $m \times p$ 常数矩阵时，$CWC' \sim W_m(n, C\Sigma C')$。

当 $X_{(i)} \sim N_p(0, \Sigma)$，$i = 1, 2, \cdots, n$，$X_{(i)}$ 相互独立时，由定义有 $W = \sum_{i=1}^{n} X_{(i)} X'_{(i)} \sim W_p(n, \Sigma)$。

C 为 $m \times p$ 常数矩阵，设 $Y_{(i)} = CX_{(i)}$，则有 $Y_{(i)} \sim N_m(0, C\Sigma C')$，$i = 1, 2, \cdots, n$，$Y_{(i)}$ 相互独立，$CWC' = \sum_{i=1}^{n} CX_{(i)} X'_{(i)} C' = \sum_{i=1}^{n} Y_{(i)} Y'_{(i)} \sim W_m(n, C\Sigma C')$。

当 C 为 $1 \times p$ 的常数向量，设 $Y_{(i)} = CX_{(i)}$，则有 $Y_{(i)} \sim N_1(0, C\Sigma C')$，$i = 1, 2, \cdots, n$，$Y_{(i)}$ 相互独立，$CWC' = \sum_{i=1}^{n} CX_{(i)} X'_{(i)} C' = \sum_{i=1}^{n} Y_{(i)} Y'_{(i)} \sim W_1(n, C\Sigma C')$，也即 $CWC' \sim \sigma_c^2 \chi^2(n)$。其中，$\sigma_c^2 = C\Sigma C'$，此时，$\frac{CWC'}{C\Sigma C'} \sim \chi^2(n)$。

◆样本离差阵服从 Wishart 分布。设 $X_{(1)}, X_{(2)}, \cdots, X_{(n)}$ 是从总体 $N_p(\mu, \Sigma)$ 中抽取独立同分布样本，则有 $\overline{X} \sim N_p(\mu, \frac{\Sigma}{n})$，根据 Wishart 分布的定义及 Wishart 分布的可加性有

$$\sum_{i=1}^{n} (X_{(i)} - \mu)(X_{(i)} - \mu)' \sim W_p(n, \Sigma)$$

由 $\sqrt{n}(\overline{X} - \mu) \sim N_p(0, \Sigma)$ 可得

$$n(\overline{X} - \mu)(\overline{X} - \mu)' \sim W_p(1, \Sigma)$$

样本离差阵 $S = \sum_{i=1}^{n} (X_{(i)} - \overline{X})(X_{(i)} - \overline{X})'$

$= \sum_{i=1}^{n} [(X_{(i)} - \mu) - (\overline{X} - \mu)][(X_{(i)} - \mu) - (\overline{X} - \mu)]'$

$= \sum_{i=1}^{n} (X_{(i)} - \mu)(X_{(i)} - \mu)' - n(\overline{X} - \mu)(\overline{X} - \mu)' \sim W_p(n-1, \Sigma)$

综之，$X_{(1)}, X_{(2)}, \cdots, X_{(n)}$ 是从总体 $N_p(\mu, \Sigma)$ 中抽取独立同分布样本，$X_{(i)} = (x_{i1}, x_{i2}, \cdots, x_{ip})'$，$i = 1, 2, \cdots, n$，样本均值 $\overline{X}$，样本离差阵 $S = \sum_{i=1}^{n} (X_{(i)} - \overline{X})(X_{(i)} - \overline{X})'$，

则有

①$\overline{X}$ 和 S 相互独立；

②$\overline{X} \sim N_p(\mu, \frac{1}{n}\Sigma)$，$S \sim W_p(n-1, \Sigma)$。

与原先接触的各种分布不同，Wishart 分布不是随机变量（或随机向量）而是随机变量矩阵的分布，若从已知向量的分布来认识，将矩阵的列向量（或行向量）一个一个连接起来，组成一个长的向量，该向量的分布即为随机矩阵的分布。

第**3**章

多元正态总体参数检验

假设检验的基本思想是反证法。当要去确认某一事实时,把它当成备择假设 H_1,看看能否把它的反面原假设 H_0 否定。具体思路为,在假定原假设正确的前提条件下,依据小概率事件原理:小概率事件在一次试验中不会发生,一旦发生,说明原先的前提假设是错误的,从而统计上显著地否定原假设,肯定备择假设。样本统计量是假设检验的关键,明确了样本统计量的分布,就可以根据检验水平 α 查表得到临界值,确定拒绝域,从而判别小概率事件是否发生。

在一元统计中,给出了正态总体 $N(\mu,\sigma^2)$ 的各种检验。一元统计是多元统计的特例,$N(\mu,\sigma^2)$ 也是 $N_p(\mu,\Sigma)$ 在 $p=1$ 时的特例。一元统计中的 χ^2 分布、t 分布分别是多元统计中 Wishart 分布、Hotelling 分布的特例,而 Wilks 统计量则与 F 分布密切相关,本章重点介绍 Hotelling 分布、Wilks 分布。

3.1 均值向量的检验

3.1.1 单变量检验的回顾及 Hotelling T^2 分布

在单变量的检验问题中,设 $X_1,X_2,\cdots,X_n$ 是来自总体 $N(\mu,\sigma^2)$ 的样本,我们要检验假设

$$H_0:\mu=\mu_0 \quad H_1:\mu\neq\mu_0$$

(1)当 σ^2 已知时,使用 z 统计量

$$z=\frac{\overline{X}-\mu}{\sigma/\sqrt{n}} \tag{3.1.1}$$

其中,$\overline{X}=\frac{1}{n}\sum_{i=1}^{n}X_i$ 为样本均值。当假设成立时,样本统计量 z 服从正态分布 $z\sim N(0,1)$,从而拒绝域为 $|z|>z_{\alpha/2}$,$z_{\alpha/2}$ 为 $N(0,1)$ 的上 $\alpha/2$ 分位点。

(2)当 σ^2 未知时,使用 t 统计量

在数理统计中,若 $X \sim N(0,1)$,$Y \sim \chi^2(n)$,且 X 与 Y 相互独立,则称 $t = \dfrac{X}{\sqrt{Y/n}}$ 服从自由度为 n 的 t 分布。对总体 $X \sim N(\mu, \sigma^2)$ 进行抽样,以 $\overline{X} = \dfrac{1}{n}\sum\limits_{i=1}^{n} X_i$ 为样本均值,以 $S^2 = \dfrac{1}{n-1}\sum\limits_{i=1}^{n}(X_i - \overline{X})^2$ 为样本方差,则有 $\overline{X} \sim N(\mu, \dfrac{\sigma^2}{n}) \Rightarrow \dfrac{\overline{X} - \mu}{\sigma/\sqrt{n}} \sim N(0,1)$,而 $\dfrac{(n-1)S^2}{\sigma^2} \sim \chi^2(n-1)$,因此有 $t = \dfrac{\overline{X} - \mu}{S/\sqrt{n}}$ 服从自由度为 $n-1$ 的 t 分布。

也即当 σ^2 未知时,以

$$S^2 = \frac{1}{n-1}\sum_{i=1}^{n}(X_i - \overline{X})^2 \qquad (3.1.2)$$

作为 σ^2 的无偏估计量,得到样本统计量

$$t = \frac{\overline{X} - \mu}{S/\sqrt{n}} \qquad (3.1.3)$$

来做检验。当假设成立时,统计量 t 服从自由度为 $n-1$ 的 t 分布,从而拒绝域为 $|t| > t_{\alpha/2}(n-1)$,$t_{\alpha/2}(n-1)$ 为自由度为 $n-1$ 的 t 分布上的 $\alpha/2$ 分位点。

这里我们应该注意到,式(3.1.3)可以表示为

$$t^2 = \frac{n(\overline{X} - \mu)^2}{S^2} = n(\overline{X} - \mu)'(S^2)^{-1}(\overline{X} - \mu) \qquad (3.1.4)$$

对于多元统计而言,可以将 t 分布推广为 Hotelling T^2 分布。

定义 3.1.1　设 $X \sim N_p(\mu, \sum)$,$S \sim W_p(n, \sum)$ 且 X 与 S 相互独立,$n \geqslant p$,则称统计量 $T^2 = nX'S^{-1}X$ 的分布为非中心 Hotelling 分布,记为 $T^2 \sim T^2(p, n, \mu)$。当 $\mu = 0$ 时,称 T^2 服从(中心)Hotelling 分布。记为 $T^2(p, n)$。

Hotelling 分布与 $\sum$ 无关。定义 3.1.1 可文字表述为,服从 Wishart 分布的随机矩阵之逆关于服从多维正态分布的随机向量二次型服从 Hotelling 分布。在单一变量统计分析中,若统计量 $t \sim t(n-1)$ 分布,则 $t^2 \sim F(1, n-1)$ 分布,即把 t 分布的统计量转化为 F 统计量来处理,在多元统计分析中 T^2 统计量也具有类似的性质。

定理 3.1.1　若 $X \sim N_p(0, \sum)$,$S \sim W_p(n, \sum)$ 且 X 与 S 相互独立,令 $T^2 = nX'S^{-1}X$,则

$$\frac{n-p+1}{np}T^2 \sim F(p, n-p+1) \qquad (3.1.5)$$

在我们后面所介绍的检验问题中,经常会用到这一性质。

3.1.2　单个正态总体均值向量的检验

设 $\{X_{(\alpha)}\}$,$\alpha = 1, 2, \cdots, n$ 是来自 p 维正态总体 $N_p(\mu, \sum)$ 的一个样本,

$$\overline{X} = \frac{1}{n}\sum_{\alpha=1}^{n} X_{(\alpha)} \qquad S = \sum_{a=1}^{n}(X_{(a)} - \overline{X})(X_{(a)} - \overline{X})'$$

（1）协差阵 $\sum$ 已知时均值向量的检验

$$H_0 : \mu = \mu_0 \qquad H_1 : \mu \neq \mu_0$$

假设 H_0 成立，检验统计量为

$$T_0^2 = n(\overline{X} - \mu_0)'\sum{}^{-1}(\overline{X} - \mu_0) \sim \chi^2(p) \tag{3.1.6}$$

这是因为当总体 $X \sim N_p(\mu, \sum)$ 时，$\overline{X} \sim N_p(\mu, \frac{\sum}{n})$，在 $H_0 : \mu = \mu_0$ 情况下，令 $Y = \sqrt{n}(\overline{X} - \mu_0)$，则 $Y \sim N_p(0, \sum)$，根据二次型分布定理，$Y'\sum{}^{-1}Y \sim \chi^2(p)$，也即

$$T_0^2 = \sqrt{n}(\overline{X} - \mu_0)'\sum{}^{-1}\sqrt{n}(\overline{X} - \mu_0) = n(\overline{X} - \mu_0)'\sum{}^{-1}(\overline{X} - \mu_0) \sim \chi^2(p)$$

统计量 T_0^2 是样本均值 $\overline{X}$ 与均值向量的特定值 μ_0 之间的马氏距离的 n 倍，这个值越大，说明样本均值 $\overline{X}$ 与 μ_0 相等的可能性越小，μ 与 μ_0 相等的可能性越小。给定检验水平 α，查 χ^2 分布表使 $P\{T_0^2 > \chi_\alpha^2\} = \alpha$，可确定出临界值 χ_α^2，再用样本值计算出 T_0^2，若 $T_0^2 > \chi_\alpha^2$，则拒绝 H_0，接受 H_1。

（2）协差阵 $\sum$ 未知时均值向量的检验

当 $\sum$ 未知时，使用样本协差阵作为总体协差阵 $\sum$ 的估计，即

$$\hat{\sum} = \frac{1}{n-1}\sum(X_{(a)} - \overline{X})(X_{(a)} - \overline{X})'$$

在 $H_0 : \mu = \mu_0$ 情况下，有

$$T_0^2 = n(\overline{X} - \mu_0)'\hat{\sum}{}^{-1}(\overline{X} - \mu_0) \sim T^2(p, n-1) \tag{3.1.7}$$

Hotelling 分布转化为 F 分布，检验统计量为

$$\frac{(n-1)-p+1}{(n-1)p}T^2 \sim F(p, n-p) \tag{3.1.8}$$

这是因为，当总体 $X \sim N_p(\mu, \sum)$ 时，对总体抽样 $\{X_{(a)}\}$，$\alpha = 1, 2, \cdots, n$，有 $\overline{X} \sim N_p(\mu, \frac{\sum}{n})$，$S = \sum_{a=1}^{n}(X_{(a)} - \overline{X})(X_{(a)} - \overline{X})' \sim W_p(n-1, \sum)$，$\overline{X}$ 与 S 相互独立。

在 $H_0 : \mu = \mu_0$ 情况下，令 $Y = \sqrt{n}(\overline{X} - \mu_0)$，则 $Y \sim N_p(0, \sum)$，根据 Hotelling 分布的定义，$T_0^2 = (n-1)Y'S^{-1}Y \sim T^2(p, n-1)$，也即

$$T_0^2 = (n-1)\sqrt{n}(\overline{X} - \mu_0)'S^{-1}\sqrt{n}(\overline{X} - \mu_0) = n(\overline{X} - \mu_0)'\hat{\sum}{}^{-1}(\overline{X} - \mu_0) \sim T^2(p, n-1)$$

给定检验水平 α，查 F 分布表，使 $P\left\{\frac{n-p}{(n-1)p}T^2 > F_\alpha\right\} = \alpha$，可确定出临界值 F_α，再用样本值计算出 T_0^2，若 $\frac{n-p}{(n-1)p}T_0^2 > F_\alpha$，则否定 H_0，否则接受 H_0。

在处理实际问题时，单一变量的检验和多变量检验可以联合使用，多元的检验具

有概括和全面考察的特点,而一元的检验容易发现各变量之间的关系和差异,能给人们提供更多的统计分析信息。

【例 3.1.1】人体出汗多少与身体内钠和钾含量有一定关系,现观测 20 名健康成年女性的出汗量(x_1)、钠含量(x_2)、钾含量(x_3)。数据如表 3.1.1 所示。假设 $X=(x_1,x_2,x_3)' \sim N_3(\mu, \Sigma)$,$\Sigma > 0$,试在 $\alpha = 0.05$ 的水平下检验假设 $H_0 : \mu = \mu_0 = (4,50,10)'$。

表 3.1.1　女性体检样本数据

obs	出汗量	钠含量	钾含量	obs	出汗量	钠含量	钾含量
1	3.7	48.5	9.3	11	3.9	36.9	12.7
2	5.7	65.1	8	12	4.5	58.8	12.3
3	3.8	47.2	10.9	13	3.5	27.8	9.8
4	3.2	53.2	12	14	4.5	40.2	8.4
5	3.1	55.5	9.7	15	1.5	13.5	10.1
6	4.6	36.1	7.9	16	8.5	56.4	7.1
7	2.4	24.8	14	17	4.5	71.6	8.2
8	7.2	33.1	7.6	18	6.5	52.8	10.9
9	6.7	47.4	8.5	19	4.1	44.1	11.2
10	5.4	54.1	11.3	20	5.5	40.9	9.4

基于 Excel 的检验 $H_0 : \mu = \mu_0 = (4,50,10)'$　　$H_1 : \mu \neq \mu_0$

步骤 1:数据中心化处理,如图 3.1.1 所示。把光标置于 B24 位置,按"=",输入命令 AVERAGE(B4:B23)并按回车键,计算出出汗量(x_1)的均值,再拖出钠含量(x_2)、钾含量(x_3)的均值。框住区域 G4:I23,按"=",输入命令 B4:D23-B24:D24,再同时按"Ctrl""Shift""Enter"键,得到中心化数据。

			fx	{=B4:D23-B24:D24}				
	A	B	C	D	E	F	G	H	I

	A	B	C	D	E	F	G	H	I
1		原始 数据						数据 中心化	
2									
3	Obs	出汗量	钠含量	钾含量		Obs	出汗量	钠含量	钾含量
4	1	3.7	48.5	9.3		1	-0.94	3.10	-0.66
5	2	5.7	65.1	8		2	1.06	19.70	-1.97
6	3	3.8	47.2	10.9		3	-0.84	1.80	0.94
7	4	3.2	53.2	12		4	-1.44	7.80	2.04
8	5	3.1	55.5	9.7		5	-1.54	10.10	-0.27
9	6	4.6	36.1	7.9		6	-0.04	-9.30	-2.07
10	7	2.4	24.8	14		7	-2.24	-20.60	4.04
11	8	7.2	33.1	7.6		8	2.56	-12.30	-2.37
12	9	6.7	47.4	8.5		9	2.06	2.00	-1.47
13	10	5.4	54.1	11.3		10	0.76	8.70	1.34
14	11	3.9	36.9	12.7		11	-0.74	-8.50	2.74
15	12	4.5	58.8	12.3		12	-0.14	13.40	2.34
16	13	3.5	27.8	9.8		13	-1.14	-17.60	-0.16
17	14	4.5	40.2	8.4		14	-0.14	-5.20	-1.57
18	15	1.5	13.5	10.1		15	-3.14	-31.90	0.14
19	16	8.5	56.4	7.1		16	3.86	11.00	-2.87
20	17	4.5	71.6	8.2		17	-0.14	26.20	-1.77
21	18	6.5	52.8	10.9		18	1.86	7.40	0.94
22	19	4.1	44.1	11.2		19	-0.54	-1.30	1.24
23	20	5.5	40.9	9.4		20	0.86	-4.50	-0.57
24	均值	4.64	45.4	9.97					

图 3.1.1　数据中心化处理

步骤 2:计算样本协差阵及其逆矩阵,如图 3.1.2 所示。①把中心化数据命名为矩阵 Y,框住区域 G4:I23,在左上角的名称框,输入字母 Y,再按 Enter 键。②选择 3 行 3 列的区域 K5:M7,按"=",输入命令 MMULT(TRANSPOSE(Y),Y),再同时按"Ctrl""Shift""Enter"键,得到样本离差阵,并命名为 S,把 S 除以 19 得到 $\hat{\Sigma}$,命名为协差阵。③选择 3 行 3 列的区域 K19:M21,按"=",输入命令 MINVERSE(协差阵),再同时按"Ctrl""Shift""Enter"键,得到 $\hat{\Sigma}^{-1}$。

K19		▼	f_x	{=MINVERSE(协差阵)}				
A	F	G	H	I	J	K	L	M
1		**数据 中心化**		Y				
2								
3	Obs	出汗量	钠含量	钾含量			S	
4	1	-0.94	3.10	-0.66				
5	2	1.06	19.70	-1.97		54.708	190.19	-34.372
6	3	-0.84	1.80	0.94		190.19	3795.98	-107.16
7	4	-1.44	7.80	2.04		-34.372	-107.16	68.9255
8	5	-1.54	10.10	-0.27				
9	6	-0.04	-9.30	-2.07				
10	7	-2.24	-20.60	4.04			$\hat{\Sigma}$ 协差阵	
11	8	2.56	-12.30	-2.37				
12	9	2.06	2.00	-1.47		2.879368	10.01	-1.80905
13	10	0.76	8.70	1.34		10.01	199.7884	-5.64
14	11	-0.74	-8.50	2.74		-1.80905	-5.64	3.627658
15	12	-0.14	13.40	2.34				
16	13	-1.14	-17.60	-0.16				
17	14	-0.14	-5.20	-1.57			$\hat{\Sigma}^{-1}$	
18	15	-3.14	-31.90	0.14				
19	16	3.86	11.00	-2.87		0.586155	-0.02209	0.257969
20	17	-0.14	26.20	-1.77		-0.02209	0.006067	-0.00158
21	18	1.86	7.40	0.94		0.257969	-0.00158	0.401847
22	19	-0.54	-1.30	1.24				
23	20	0.86	-4.50	-0.57				

图 3.1.2　计算样本协差阵及其逆矩阵

步骤 3:计算 T_0^2 及 F 统计量,如图 3.1.3 所示。在步骤 1 中已经得到 $\overline{X}=(4.64,$ $45.4,9.97)'$,$\mu_0=(4,50,10)'$。由此可得 $T_0^2=n(\overline{X}-\mu_0)'\hat{\Sigma}^{-1}(\overline{X}-\mu_0)=9.738$,进而 得 $F=\frac{n-p}{(n-1)p}T^2=2.905$,在 $\alpha=0.05$ 的水平下,临界值 $F(p,n-p)=3.2$,而 $F<3.2$, 故接受原假设,认为样本均值向量与 μ_0 没有显著差异。

H7	▼	f_x	{=20*MMULT(MMULT(TRANSPOSE(B3:B5-B9:B11),D3:F5),B3:B5-B9:B11)}					
	A	B	C	D	E	F	G	H	I
1	$\overline{X}$			$\hat{\Sigma}^{-1}$					
2									
3		4.64		0.586155	-0.02209	0.257969			
4		45.4		-0.02209	0.006067	-0.00158			
5		9.965		0.257969	-0.00158	0.401847			
6									
7	u_0			$T^2=n(\overline{X}-u_0)'(\hat{\Sigma})^{-1}(\overline{X}-u_0)$				9.738773	
8									
9		4							
10		50		$F=\frac{n-p}{(n-1)p}T^2\sim F(p,n-p)$				F	
11		10						2.90455	
12									
13									
14				给定0.05的显著性水平, F(3,17)=3.2					

图 3.1.3　计算 Hotelling 统计量及 F 统计量

3.1.3　两个正态总体均值向量的检验

(1)协差阵相等时,两个正态总体均值向量的检验

设 $X_{(a)}=(X_{a1},X_{a2},\cdots,X_{ap})',a=1,2,\cdots,n$ 为来自 p 维正态总体 $N_p(\mu_1,\sum)$ 的容量为 n 的样本;$Y_{(a)}=(Y_{a1},Y_{a2},\cdots,Y_{ap})',a=1,2,\cdots,m$ 为来自 p 维正态总体 $N_p(\mu_2,\sum)$ 的容量为 m 的样本。两组样本相互独立,$n>p,m>p$,且 $\overline{X}=\frac{1}{n}\sum\limits_{i=1}^{n}X_{(i)}$,$\overline{Y}=\frac{1}{m}\sum\limits_{i=1}^{m}Y_{(i)}$。

①当 $\sum$ 已知情况下,由于 $H_0:\mu_1=\mu_2$

$$T_0^2=\frac{n\cdot m}{n+m}(\overline{X}-\overline{Y})'\sum{}^{-1}(\overline{X}-\overline{Y})\sim\chi^2(p) \tag{3.1.9}$$

这是因为,当总体 $X\sim N_p(\mu_1,\sum),Y\sim N_p(\mu_2,\sum)$,抽样有

$$\overline{X}\sim N_p(\mu_1,\frac{\sum}{n}),\overline{Y}\sim N_p(\mu_2,\frac{\sum}{m}),\overline{X}-\overline{Y}\sim N_p(\mu_1-\mu_2,\frac{m+n}{mn}\sum)$$

由于 $\mu_1=\mu_2$,令 $Z=\sqrt{\frac{mn}{m+n}}[(\overline{X}-\overline{Y})-(\mu_1-\mu_2)]=\sqrt{\frac{mn}{m+n}}(\overline{X}-\overline{Y})\sim N_p(0,\sum)$

根据二次型分布定理,$Z'\sum{}^{-1}Z\sim\chi^2(p)$,也即

$$T_0^2=\sqrt{\frac{mn}{m+n}}(\overline{X}-\overline{Y})'\sum{}^{-1}\sqrt{\frac{mn}{m+n}}(\overline{X}-\overline{Y})=\frac{mn}{m+n}(\overline{X}-\overline{Y})'\sum{}^{-1}(\overline{X}-\overline{Y})\sim\chi^2(p)$$

②当 $\sum$ 未知情况下,由于 $H_0:\mu_1=\mu_2$

$$T_0^2=\frac{mn}{m+n}(\overline{X}-\overline{Y})'\hat{\sum}{}^{-1}(\overline{X}-\overline{Y})\sim T^2(p,m+n-2) \tag{3.1.10}$$

这是因为,总体 $X\sim N_p(\mu_1,\sum)$,对总体抽样 $\{X_{(a)}\},a=1,2,\cdots,n$,有 $\overline{X}\sim N_p(\mu_1,\frac{\sum}{n})$,$S_x=\sum\limits_{a=1}^{n}(X_{(a)}-\overline{X})(X_{(a)}-\overline{X})'\sim W_p(n-1,\sum)$,$\overline{X}$ 与 S_x 相互独立。类似地,总体 $Y\sim N_p(\mu_2,\sum)$,对总体抽样 $\{Y_{(a)}\},a=1,2,\cdots,m$,有 $\overline{Y}\sim N_p(\mu_2,\frac{\sum}{m})$,$S_y=\sum\limits_{a=1}^{m}(Y_{(a)}-\overline{Y})(Y_{(a)}-\overline{Y})'\sim W_p(m-1,\sum)$,$\overline{Y}$ 与 S_y 相互独立。

$$\overline{X}-\overline{Y}\sim N_p(\mu_1-\mu_2,\frac{m+n}{mn}\sum),S=S_x+S_y\sim W_p(n+m-2,\sum)$$

以样本协差阵作为总体协差阵的估计 $\hat{\sum}=\frac{1}{m+n-2}S$

由于 $\mu_1=\mu_2$,令 $Z=\sqrt{\frac{mn}{m+n}}[(\overline{X}-\overline{Y})-(\mu_1-\mu_2)]=\sqrt{\frac{mn}{m+n}}(\overline{X}-\overline{Y})\sim N_p(0,\sum)$

根据 Hotelling 分布的定义,$T_0^2=(m+n-2)Z'S^{-1}Z\sim T^2(p,m+n-2)$,也即

$$T_0^2 = (m+n-2)\sqrt{\frac{mn}{m+n}}(\overline{X}-\overline{Y})'S^{-1}\sqrt{\frac{mn}{m+n}}(\overline{X}-\overline{Y})$$

$$= \frac{mn}{m+n}(\overline{X}-\overline{Y})'\hat{\Sigma}^{-1}(\overline{X}-\overline{Y}) \sim T^2(p,m+n-2)$$

Hotelling 分布转化为 F 分布,检验统计量为

$$F = \frac{(m+n-2)-p+1}{(m+n-2)p}T^2 \sim F(p,m+n-p-1) \tag{3.1.11}$$

(2)协差阵不相等时,两个正态总体均值向量的检验

设从总体 $X \sim N_p(\mu_1, \Sigma_1)$ 和总体 $Y \sim N_p(\mu_2, \Sigma_2)$ 分别抽取样本 $X_{(a)} = (X_{a1}, X_{a2}, \cdots, X_{ap})'$, $a=1,2,\cdots,n$, $Y_{(a)} = (Y_{a1}, Y_{a2}, \cdots, Y_{ap})'$, $a=1,2,\cdots,n$, 两组样本相互独立, $n > p$, $\Sigma_1 > 0$, $\Sigma_2 > 0$。

令 $Z_{(i)} = X_{(i)} - Y_{(i)}$ $\quad i=1,2,\cdots,n$

在 $H_0 : \mu_1 = \mu_2$ 情况下,有

$$Z_{(i)} = X_{(i)} - Y_{(i)} \sim N_p(0, \Sigma_1 + \Sigma_2), \overline{Z} = \overline{X} - \overline{Y} \sim N_p\left(0, \frac{(\Sigma_1 + \Sigma_2)}{n}\right)$$

$$S = \sum_{a=1}^{n}(Z_{(a)} - \overline{Z})(Z_{(a)} - \overline{Z})' \sim W_p(n-1, \Sigma_1 + \Sigma_2)$$

令 $K = \sqrt{n}\overline{Z} \sim N_p(0, \Sigma_1 + \Sigma_2)$, 则 $T_0^2 = (n-1)K'S^{-1}K \sim T^2(p, n-1)$。

也即

$$T_0^2 = n(n-1)(\overline{X}-\overline{Y})'S^{-1}(\overline{X}-\overline{Y}) \sim T^2(p, n-1) \tag{3.1.12}$$

Hotelling 分布转化为 F 分布,检验统计量为

$$F = \frac{(n-1)-p+1}{(n-1)p}T^2 = \frac{(n-p)n}{p}(\overline{X}-\overline{Y})'S^{-1}(\overline{X}-\overline{Y}) \sim F(p, n-p) \tag{3.1.13}$$

【例 3.1.2】某市污水处理监管机构要求企业按规定控制向江河排放污水。现把从某企业收集的 11 个水排放样品分别送到市卫生防疫站和厂方设置的实验室进行化验,主要测试生化氧(BOD)及悬浮固体(SS)两个指标。数据如表 3.1.2 所示。试在 $\alpha = 0.05$ 的水平下检验两处化验结果是否一致。

表 3.1.2 污水化验数据

		1	2	3	4	5	6	7	8	9	10	11
防疫站	生化氧 x_1	25	28	36	35	15	44	42	54	34	29	39
	悬浮固体 x_2	15	13	22	29	31	64	30	64	56	20	21
实验室	生化氧 y_1	6	6	18	8	11	34	28	71	43	33	20
	悬浮固体 y_2	27	23	64	44	30	75	26	124	54	30	14

基于 Excel 的检验 $H_0 : \mu_1 = \mu_2$ $\quad H_1 : \mu_1 \neq \mu_2$

步骤 1：数据中心化处理，如图 3.1.4 所示。把光标置于 N3 位置，按"＝"，输入命令 AVERAGE(C3：M3)并按回车键，计算出防疫站 BOD 的均值，再向下拖出防疫站 SS 均值、实验室 BOD 的均值、实验室 SS 均值。框住区域 C9：M12，按"＝"，输入命令 C3：M6－N3：N6，再同时按"Ctrl""Shift""Enter"键，得到中心化数据。

C9	▼	f_x	{=C3:M6-N3:N6}										
	A	B	C	D	E	F	G	H	I	J	K	L	M	N
1	原始	数据												
2			1	2	3	4	5	6	7	8	9	10	11	均值
3	防疫站	X1 BOD	25	28	36	35	15	44	42	54	34	29	39	34.64
4		X2 SS	15	13	22	29	31	64	30	64	56	20	21	33.18
5	实验室	Y1 BOD	6	6	18	8	11	34	28	71	43	33	20	25.27
6		Y2 SS	27	23	64	44	30	75	26	124	54	30	14	46.45
7														
8	数据	中心化	1	2	3	4	5	6	7	8	9	10	11	
9	防疫站	X1 BOD	-9.64	-6.64	1.36	0.36	-19.64	9.36	7.36	19.36	-0.64	-5.64	4.36	
10		X2 SS	-18.18	-20.18	-11.18	-4.18	-2.18	30.82	-3.18	30.82	22.82	-13.18	-12.18	
11	实验室	Y1 BOD	-19.27	-19.27	-7.27	-17.27	-14.27	8.73	2.73	45.73	17.73	7.73	-5.27	
12		Y2 SS	-19.45	-23.45	17.55	-2.45	-16.45	28.55	-20.45	77.55	7.55	-16.45	-32.45	

图 3.1.4　数据中心化处理

步骤 2：计算 Hotelling 统计量并转化为 F 统计量，如图 3.1.5 所示。①计算样本协差阵及其逆矩阵。把防疫站、实验室检验中心化数据分别命名为矩阵 A、B。注意到数据矩阵为 $p \times n$ 的形式，因此使用命令 MMULT(A,TRANSPOSE(A))计算样本离差阵 SX，类似地得到 SY。由此可以计算 $S = SX + SY$，$\hat{\Sigma} = \dfrac{S}{(m+n-2)}$，再使用 MINVERSE 命令得到 $\hat{\Sigma}^{-1}$。②使用公式 $T_0^2 = \dfrac{mn}{m+n}(\bar{X}-\bar{Y})'\hat{\Sigma}^{-1}(\bar{X}-\bar{Y})$ 计算 Hotelling 统计量为 12.665，使用公式 $F = \dfrac{(m+n-2)-p+1}{(m+n-2)p}T_0^2$ 计算 F 统计量为 6.02。③给定 $\alpha = 0.05$，由 $F(p, m+n-p-1)$ 查 F 分布表得到临界值 3.52，由于 F 统计量的值大于临界值，故拒绝原假设，认为防疫站与实验室的检测结果存在显著差异。

H21	▼	f_x	{=(19/40)*E19}										
	A	B	C	D	E	F	G	H	I	J	K	L	M	N
1	中心化	数据												
8			1	2	3	4	5	6	7	8	9	10	11	
9	防疫站	X1 BOD	-9.64	-6.64	1.36	0.36	-19.64	9.36	7.36	19.36	-0.64	-5.64	4.36	A
10		X2 SS	-18.18	-20.18	-11.18	-4.18	-2.18	30.82	-3.18	30.82	22.82	-13.18	-12.18	
11	实验室	Y1 BOD	-19.27	-19.27	-7.27	-17.27	-14.27	8.73	2.73	45.73	17.73	7.73	-5.27	B
12		Y2 SS	-19.45	-23.45	17.55	-2.45	-16.45	28.55	-20.45	77.55	7.55	-16.45	-32.45	
13														
14	SX			SY		S		$\hat{\Sigma}$		$\hat{\Sigma}^{-1}$		$\bar{X}$	$\bar{Y}$	$m=n=11$
15	1092.55	1203.73	3874.18	4893.64	4966.73	6097.36	248.34	304.87	0.00882	-0.00390	34.64	25.27	
16	1203.73	3637.64	4893.64	10140.7	6097.36	13778.36	304.87	688.92	-0.00390	0.00318	33.18	46.45	
17														
18												$\alpha=0.05$	$F(2,19)$	临界值
19	$T_0^2=\dfrac{mn}{m+n}(\bar{X}-\bar{Y})'\hat{\Sigma}^{-1}(\bar{X}-\bar{Y})$				12.6648		$F=\dfrac{(m+n-2)-p+1}{(m+n-2)p}T_0^2 \sim F(p,m+n-p-1)$							3.52
20														
21						6.02								

图 3.1.5　计算 Hotelling 统计量并转化为 F 统计量

3.1.4　多个正态总体均值向量的检验

解决多个正态总体均值向量的检验问题，实际上应用到方差分析的知识。多元方差分析是单因素方差分析的直接推广。为了容易理解多元方差分析方法,我们有必要先回顾单因素方差分析方法。

(1)单因素方差分析的基本思想及 Wilks 分布

①方差加法定理

假设总体 X 为以下一组数 $(2,4,6,8,10)$,则 $n=5,\overline{X}=6,\sigma^2=8$,现把 X 拆成两个小组 X_1、X_2,分别为 $(2,4,6)$、$(8,10)$,则有 $n_1=3,\overline{X}_1=4,\sigma_1^2=\dfrac{8}{3}$;$n_2=2,\overline{X}_2=9,\sigma_2^2=1$。以 $\overline{X}_1=4$ 代表第一组 X_1 的一般水平,以 $\overline{X}_2=9$ 代表第二组 X_2 的一般水平,分别对总体平均数 $\overline{X}=6$ 求差异,并以两组的频数为权,得到组间方差 $\delta^2=\dfrac{\sum\limits_{i=1}^{2}n_i(\overline{X}_i-\overline{X})^2}{n}=6$;以频数为权对两组的方差求加权平均得到组内均方差 $\bar{\sigma_i^2}=\dfrac{\sum\limits_{i=1}^{2}n_i\sigma_i^2}{n}=2$,显然有 $\sigma^2=\delta^2+\bar{\sigma_i^2}$。

②单因素方差分析

设 k 个正态总体分别为 $N(\mu_1,\sigma^2),\cdots,N(\mu_k,\sigma^2)$,从各个总体取样本容量为 $n_i,i=1,2,\cdots,k$ 的独立样本如下

$$X_1^{(1)},X_2^{(1)},\cdots,X_{n_1}^{(1)},\quad\cdots\cdots,\quad X_1^{(k)},X_2^{(k)},\cdots,X_{n_k}^{(k)}$$

各个样本的平均数及方差分别为

$$\overline{X}_i=\frac{1}{n_i}\sum_{j=1}^{n_i}X_j^{(i)},S_i^2=\frac{1}{n_i}\sum_{j=1}^{n_i}(X_j^{(i)}-\overline{X}_i)^2\quad i=1,2,\cdots,k$$

k 个样本的总平均数及方差分别为

$$\overline{X}=\frac{1}{n}\sum_{i=1}^{k}\sum_{j=1}^{n_i}X_j^{(i)},S^2=\frac{1}{n}\sum_{i=1}^{k}\sum_{j=1}^{n_i}(X_j^{(i)}-\overline{X})^2\quad n=n_1+\cdots+n_k$$

则组内均方差及组间方差分别为

$$\bar{\sigma_i^2}=\frac{1}{n}\sum_{i=1}^{k}n_iS_i^2$$

$$\delta^2=\frac{1}{n}\sum_{i=1}^{k}n_i(\overline{X}_i-\overline{X})^2$$

总方差等于二者之和

$$\frac{1}{n}\sum_{i=1}^{k}\sum_{j=1}^{n_i}(X_j^{(i)}-\overline{X})^2=\frac{1}{n}\sum_{i=1}^{k}n_i(\overline{X}_i-\overline{X})^2+\frac{1}{n}\sum_{i=1}^{k}n_iS_i^2$$

上式两边同乘 n,有

$$\sum_{i=1}^{k}\sum_{j=1}^{n_i}(X_j^{(i)}-\overline{X})^2=\sum_{i=1}^{k}n_i(\overline{X}_i-\overline{X})^2+\sum_{i=1}^{k}n_iS_i^2$$

记 $SSA=\sum\limits_{i=1}^{k}n_i(\overline{X}_i-\overline{X})^2$ 为组间平方和,记 $SSE=\sum\limits_{i=1}^{k}n_iS_i^2$ 为组内平方和,$SST=$

$\sum\limits_{i=1}^{k}\sum\limits_{j=1}^{n_i}(X_j^{(i)}-\overline{X})^2$ 为总平方和。也即

$$SST = SSA + SSE$$

假设 $H_0:\mu_1=\mu_2=\cdots=\mu_k$ 成立时,构造检验统计量为

$$F=\frac{SSA/(k-1)}{SSE/(n-k)}\sim F(k-1,n-k) \qquad (3.1.14)$$

给定检验水平 α,查 F 分布表,使 $p\{F>F_\alpha\}=\alpha$,可确定出临界值 F_α,再用样本值计算出 F 值,若 $F>F_\alpha$,则否定 H_0,否则接受 H_0。

③Wilks 分布

定义 3.1.2 若 $X\sim N_p(0,\sum)$,则称协差阵的行列式 $|\sum|$ 为 X 的广义方差,称 $\left|\frac{1}{n}S\right|$ 为样本广义方差。其中 $S=\sum\limits_{a=1}^{n}(X_{(a)}-\overline{X})(X_{(a)}-\overline{X})'$。

定义 3.1.3 若 $A_1\sim W_p(n_1,\sum)$,$n_1\geqslant p$,$A_2\sim W_p(n_2,\sum)$,$\sum>0$,且 A_1 和 A_2 相互独立,则称

$$\Lambda=\frac{|A_1|}{|A_1+A_2|}$$

为 Wilks 统计量,Λ 的分布称为 Wilks 分布,简记为 $\Lambda\sim\Lambda(p,n_1,n_2)$,其中 n_1、n_2 为自由度。

这里需要说明的是,在实际应用中经常把 Λ 统计量化为 T^2 统计量进而化为 F 统计量,利用 F 统计量来解决多元统计分析中的有关检验问题。表 3.1.3 列举了常见的一些情形。

表 3.1.3　$\Lambda(p,n_1,n_2)$ 与 F 统计量的关系

p	n_1	n_2	F 统计量及自由度
任意	任意	1	$\dfrac{n_1-p+1}{p}\cdot\dfrac{1-\Lambda(p,n_1,1)}{\Lambda(p,n_1,1)}\sim F(p,n_1-p+1)$
任意	任意	2	$\dfrac{n_1-p}{p}\cdot\dfrac{1-\sqrt{\Lambda(p,n_1,2)}}{\sqrt{\Lambda(p,n_1,2)}}\sim F(2p,2(n_1-p))$
1	任意	任意	$\dfrac{n_1}{n_2}\cdot\dfrac{1-\Lambda(1,n_1,n_2)}{\Lambda(1,n_1,n_2)}\sim F(n_2,n_1)$
2	任意	任意	$\dfrac{n_1-1}{n_2}\cdot\dfrac{1-\sqrt{\Lambda(2,n_1,n_2)}}{\sqrt{\Lambda(2,n_1,n_2)}}\sim F(2n_2,2(n_1-1))$

以上几个关系式说明对一些特殊的 Λ 统计量可以化为 F 统计量,而当 $n_2>2$,$p>2$ 时,可用 χ^2 统计量或 F 统计量来近似表示,后面给出。

（2）多元方差分析法

设有 k 个多元正态总体 $N_p(\mu_1,\sum),\cdots,N_p(\mu_k,\sum)$，从每个总体抽取独立样本，

$$X_1^{(1)},X_2^{(1)},\cdots,X_{n_1}^{(1)}\sim N_p(\mu_1,\sum)$$

$$\cdots\cdots$$

$$X_1^{(k)},X_2^{(k)},\cdots,X_{n_k}^{(k)}\sim N_p(\mu_k,\sum)$$

共抽取 k 个样本，样本容量 $n_1,n_2,\cdots,n_k$ 之和为 n。各样本的均值向量及离差阵分别为

$$\overline{X}_i=\frac{1}{n_i}\sum_{j=1}^{n_i}X_j^{(i)}=(\overline{X}_1^{(i)},\overline{X}_2^{(i)},\cdots,\overline{X}_p^{(i)})'\quad i=1,2,\cdots,k$$

全部样品的总均值向量及离差阵分别为

$$\overline{X}=\frac{1}{n}\sum_{i=1}^{k}\sum_{j=1}^{n_i}X_j^{(i)}=(\overline{X}_1,\overline{X}_2,\cdots,\overline{X}_p)'$$

类似一元方差分析，将各平方和变成离差阵。组间离差阵 A 反映组间数据结构，组内离差阵 E 反映组内数据结构，总离差阵 T 反映全部数据结构：

$$A=\sum_{i=1}^{k}n_i(\overline{X}^{(i)}-\overline{X})(\overline{X}^{(i)}-\overline{X})'$$

$$E=\sum_{i=1}^{k}\sum_{j=1}^{n_i}(X_j^{(i)}-\overline{X}^{(i)})(X_j^{(i)}-\overline{X}^{(i)})'$$

$$T=\sum_{i=1}^{k}\sum_{j=1}^{n_i}(X_j^{(i)}-\overline{X})(X_j^{(i)}-\overline{X})'$$

显然组间离差阵、组内离差阵、总离差阵关系为 $T=A+E$。

对假设检验

$$H_0:\mu_1=\mu_2=\cdots=\mu_k\quad H_1:至少存在 i\neq j 使 \mu_i\neq\mu_j$$

在原假设前提下，设 $\mu_1=\mu_2=\cdots=\mu_k=\mu$，考察 A 服从的分布。

$$\overline{X}^{(i)}\sim N_p(\mu,\frac{\sum}{n_i}),i=1,2,\cdots,k\Rightarrow\sqrt{n_i}(\overline{X}^{(i)}-\mu)\sim N(0,\sum)$$

因此有

$$\sum_{i=1}^{k}n_i(\overline{X}^{(i)}-\mu)(\overline{X}^{(i)}-\mu)'\sim W_p(k,\sum)$$

$$\overline{X}\sim N_p(\mu,\frac{\sum}{n}),n_1+n_2+\cdots+n_k=n\Rightarrow\sqrt{n}(\overline{X}-\mu)\sim N(0,\sum)$$

因此有

$$n(\overline{X}-\mu)(\overline{X}-\mu)'\sim W_p(1,\sum)$$

$$A=\sum_{i=1}^{k}n_i(\overline{X}^{(i)}-\overline{X})(\overline{X}^{(i)}-\overline{X})'$$

$$=\sum_{i=1}^{k}n_i[(\overline{X}^{(i)}-\mu)-(\overline{X}-\mu)][(\overline{X}^{(i)}-\mu)-(\overline{X}-\mu)]'$$

$$=\sum_{i=1}^{k}n_i(\overline{X}^{(i)}-\mu)(\overline{X}^{(i)}-\mu)'-n(\overline{X}-\mu)(\overline{X}-\mu)'$$

由 Wishart 分布的可加性可得：$A \sim W_p(k-1, \sum)$

同样，在原假设 $\mu_1 = \mu_2 = \cdots = \mu_k = \mu$ 情况下，考察 E 服从的分布。

$$X_j^{(i)} \sim N_p(\mu, \sum), i=1,2,\cdots,k, j=1,2,\cdots,n_i \Rightarrow X_j^{(i)} - \mu \sim N_p(0, \sum)$$

因此有

$$\sum_{i=1}^{k} \sum_{j=1}^{n_i} (X_j^{(i)} - \mu)(X_j^{(i)} - \mu)' \sim W_p(n, \sum)$$

对 $\overline{X}^{(i)} \sim N_p(\mu, \dfrac{\sum}{n_i}), i=1,2,\cdots,k \Rightarrow \sqrt{n_i}(\overline{X}^{(i)} - \mu) \sim N_p(0, \sum)$

因此有

$$\sum_{i=1}^{k} \sum_{j=1}^{n_i} (\overline{X}^{(i)} - \mu)(\overline{X}^{(i)} - \mu)' = \sum_{i=1}^{k} n_i (\overline{X}^{(i)} - \mu)(\overline{X}^{(i)} - \mu)' \sim W_p(k, \sum)$$

$$E = \sum_{i=1}^{k} \sum_{j=1}^{n_i} (X_j^{(i)} - \overline{X}^{(i)})(X_j^{(i)} - \overline{X}^{(i)})'$$

$$= \sum_{i=1}^{k} \sum_{j=1}^{n_i} [(X_j^{(i)} - \mu) - (\overline{X}^{(i)} - \mu)][(X_j^{(i)} - \mu) - (\overline{X}^{(i)} - \mu)]'$$

$$= \sum_{i=1}^{k} \sum_{j=1}^{n_i} (X_j^{(i)} - \mu)(X_j^{(i)} - \mu)' - \sum_{i=1}^{k} n_i (\overline{X}^{(i)} - \mu)(\overline{X}^{(i)} - \mu)'$$

由 Wishart 分布的可加性可得：$E \sim W_p(n-k, \sum)$

由 A 和 E 的分布可得 Wilks 统计量：

$$\Lambda = \frac{|E|}{|T|} = \frac{|E|}{|A+E|} \sim \Lambda(p, n-k, k-1) \tag{3.1.15}$$

给定检验水平 α，查 Wilks 分布表，确定临界值，然后做出统计判断。在这里我们特别要注意，Wilks 分布表可用 χ^2 分布或 F 分布来近似。

巴特莱特(Bartlett)提出了用 χ^2 分布来近似。设 $\Lambda \sim \Lambda(p, n, m)$，令

$$V = -(n+m-(p+m+1)/2)\ln\Lambda \tag{3.1.16}$$

则 V 近似服从 $\chi^2(pm)$ 分布。

Rao 后来又研究用 F 分布来近似。设 $\Lambda \sim \Lambda(p, n, m)$，令

$$R = \frac{1 - \Lambda^{1/L}}{\Lambda^{1/L}} \cdot \frac{tL - 2\lambda}{pm} \tag{3.1.17}$$

则 R 近似服从 $F(pm, tL-2\lambda)$，这里 $tL-2\lambda$ 不一定为整数，可用与它最近的整数来作为 F 的自由度，且 $\min(p, m) > 2$。其中，

$$t = n+m - \frac{(p+m+1)}{2}, L = \left(\frac{p^2 m^2 - 4}{p^2 + m^2 - 5}\right)^{1/2}, \lambda = \frac{pm-2}{4}$$

3.2 协差阵的检验

3.2.1 一个正态总体协差阵的检验

设 $X_{(a)} = (X_{a1}, X_{a2}, \cdots, X_{ap})'(a=1,2,\cdots,n)$ 来自 p 维正态总体 $N_p(\mu, \sum)$ 的样

本，Σ 未知，且 $\Sigma > 0$。

首先，考虑检验假设

$$H_0:\Sigma = I_p \qquad H_1:\Sigma \neq I_p$$

构造服从 λ 分布的样本统计量

$$\lambda = \exp\left\{-\frac{1}{2}trE\right\}|E|^{n/2}\left(\frac{e}{n}\right)^{np/2} \qquad (3.2.1)$$

E 为样本离差阵

$$E = \sum_{\alpha=1}^{n}(X_{(\alpha)} - \overline{X})(X_{(\alpha)} - \overline{X})'$$

然后，我们考虑检验假设

$$H_0:\Sigma = \Sigma_0 \neq I_p \qquad H_1:\Sigma \neq \Sigma_0 \neq I_p$$

因为 $\Sigma_0 > 0$，所以存在 $D(|D| \neq 0)$，使得 $D\Sigma_0 D' = I_p$。

令 $Y_{(\alpha)} = DX_{(\alpha)} \quad \alpha = 1,2,\cdots,n$

则 $Y_{(\alpha)} \sim N_p(D\mu, D\Sigma D') = N_p(\mu^*, \Sigma^*)$

因此，检验 $\Sigma = \Sigma_0$ 等价于检验 $\Sigma^* = I_p$。

此时构造检验统计量为

$$\lambda = \exp\left\{-\frac{1}{2}trE^*\right\}|E^*|^{n/2}\left(\frac{e}{n}\right)^{np/2} \qquad (3.2.2)$$

其中

$$E^* = \sum_{\alpha=1}^{n}(Y_{(\alpha)} - \overline{Y})(Y_{(\alpha)} - \overline{Y})'$$

给定检验水平 α，因为直接由 λ 分布计算临界值 λ_0 很困难，所以通常采用 λ 的近似分布。

在 H_0 成立时，$-2\ln\lambda$ 极限分布是 $\chi^2_{p(p+1)/2}$ 分布。因此当 $n \gg p$，由样本值计算出 λ 值，若 $-2\ln\lambda > \chi^2_\alpha$ 即 $\lambda < e^{-\chi^2_\alpha/2}$，则拒绝 H_0，否则接受 H_0。

3.2.2　多个正态总体协差阵的检验

设有 k 个正态总体分别为 $N_p(\mu_1, \Sigma_1),\cdots,N_p(\mu_k, \Sigma_k)$，$\Sigma_i > 0$ 且未知，$i = 1,\cdots,k$。从 k 个总体分别取样本容量为 n_i 的样本 $X_{(\alpha)}^{(i)} = (X_{\alpha1}^{(i)}, X_{\alpha2}^{(i)},\cdots,X_{\alpha p}^{(i)})'$，$i = 1,\cdots,k$；这里 $\sum_{i=1}^{k}n_i = n$ 为总样本容量。

考虑检验假设

$$H_0:\Sigma_1 = \Sigma_2 = \cdots = \Sigma_k \qquad H_1:\{\Sigma_i\}不全相等$$

构造检验统计量为

$$\lambda_k = n^{np/2}\frac{\prod\limits_{i=1}^{k}|E_i|^{n_i/2}}{|E|^{n/2}\prod\limits_{i=1}^{k}n_i^{\frac{pn_i}{2}}} \qquad (3.2.3)$$

其中

$$E_i = \sum_{a=1}^{n} (X_{(a)}^{(i)} - \overline{X}^{(i)})(X_{(a)}^{(i)} - \overline{X}^{(i)})'$$

$$E = \sum_{i=1}^{k} E_i, \overline{X}^{(i)} = \frac{1}{n_i} \sum_{a=1}^{n_i} X_{(a)}^{(i)}$$

巴特莱特(Bartlett)建议,将 n_i 改为 n_i-1,从而 n 变为 $n-k$,变换以后的 λ_k 记为 λ'_k,称为修正的统计量,则 $M = -2\ln\lambda'_k$ 近似分布 $\dfrac{\chi_f^2}{(1-D)}$。其中

$$f = \frac{1}{2}p(p+1)(k-1)$$

$$D = \begin{cases} \dfrac{2p^2+3p-1}{6(p+1)(k-1)}\left(\sum_{i=1}^{k}\dfrac{1}{n_i-1}-\dfrac{1}{n-k}\right) & n_i \neq n_j \\ \dfrac{(2p^2+3p-1)(k+1)}{6(p+1)(n-k)} & n_1=n_2=\cdots=n_k \end{cases} \tag{3.2.4}$$

M 也近似服从 $qF(f_1,f_2)$,其中

$$f_1 = \frac{p(p+1)(k-1)}{2}, q = \frac{f_1}{(1-D-f_1/f_2)}, f_2 = \frac{f_1+2}{A-D^2}$$

$$A = \begin{cases} \dfrac{(p-1)(p+2)}{6(k-1)}\left(\sum_{i=1}^{k}\dfrac{1}{(n_i-1)^2}-\dfrac{1}{(n-k)^2}\right) & n_i \text{ 不全相同} \\ \dfrac{(p-1)(p+2)(k^2+k+1)}{6(n-k)^2} & n_1=n_2=\cdots=n_k \end{cases} \tag{3.2.5}$$

3.3　基于 Excel 与 SPSS 对比的案例分析

【例 3.3.1】现有三类鸢尾花分别是刚毛鸢尾花、变色鸢尾花、弗吉尼亚鸢尾花,各抽取样本容量为 50 的样本数据,测度鸢尾花的花萼长 x_1、花萼宽 x_2、花瓣长 x_3、花瓣宽 x_4。假设 $X=(x_1,x_2,x_3,x_4)'$ 服从正态分布,在 $\alpha=0.05$ 的水平下检验三类鸢尾花均值向量是否相等、协差阵是否相等。

表 3.3.1　三类鸢尾花样本数据

类别	萼长	萼宽	瓣长	瓣宽	类别	萼长	萼宽	瓣长	瓣宽	类别	萼长	萼宽	瓣长	瓣宽
1	50	33	14	2	2	65	28	46	15	3	64	28	56	22
1	46	34	14	3	2	62	22	45	15	3	67	31	56	24
1	46	36	10	2	2	59	32	48	18	3	63	28	51	15
1	51	33	17	5	2	61	30	46	14	3	69	31	51	23
1	51	38	19	4	2	60	27	51	16	3	65	30	52	20
1	49	30	14	2	2	56	25	39	11	3	65	30	55	18
1	51	35	14	2	2	57	28	45	13	3	58	27	51	19

续表

类别	萼长	萼宽	瓣长	瓣宽	类别	萼长	萼宽	瓣长	瓣宽	类别	萼长	萼宽	瓣长	瓣宽
1	50	34	16	4	2	67	31	44	14	3	68	32	59	23
1	46	32	14	2	2	56	30	45	15	3	62	34	54	23
1	57	44	15	4	2	58	27	41	10	3	62	28	48	18
1	50	36	14	2	2	60	29	45	15	3	77	30	61	23
1	54	34	15	4	2	57	26	35	10	3	63	34	56	24
1	52	41	15	1	2	57	29	42	13	3	58	27	51	19
1	55	42	14	2	2	49	24	33	10	3	72	30	58	16
1	49	31	15	2	2	56	27	42	13	3	71	30	59	21
1	55	35	13	2	2	57	30	42	12	3	64	31	55	18
1	48	31	16	2	2	63	33	47	16	3	60	30	48	18
1	52	34	14	2	2	70	32	47	14	3	63	29	56	18
1	49	36	14	1	2	64	32	45	15	3	77	26	69	23
1	44	32	13	2	2	61	28	40	13	3	77	38	67	22
1	54	39	17	4	2	55	24	38	11	3	67	33	57	25
1	50	34	15	2	2	54	30	45	15	3	76	30	66	21
1	44	29	14	2	2	66	29	46	13	3	49	25	45	17
1	47	32	13	2	2	52	27	39	14	3	67	30	52	23
1	46	31	15	2	2	60	34	45	16	3	59	30	51	18
1	51	34	15	2	2	50	20	35	10	3	63	25	50	19
1	50	35	13	3	2	55	24	37	10	3	64	32	53	23
1	49	31	15	1	2	58	27	39	12	3	79	38	64	20
1	54	37	15	2	2	62	29	43	13	3	60	30	50	15
1	50	35	16	6	2	59	30	42	15	3	69	32	57	23
1	44	30	13	2	2	60	22	40	10	3	74	28	61	19
1	47	32	16	2	2	67	31	47	15	3	56	28	49	20
1	48	30	14	3	2	63	23	44	13	3	73	29	63	18
1	51	38	16	2	2	56	30	41	13	3	67	25	58	18
1	48	34	19	2	2	63	25	49	15	3	67	33	57	21
1	50	30	16	2	2	61	28	47	12	3	77	28	67	20
1	50	32	12	2	2	64	29	43	13	3	63	27	49	18
1	43	30	11	1	2	58	26	40	12	3	72	32	60	18
1	58	40	12	2	2	55	26	44	12	3	61	30	49	18

续表

类别	萼长	萼宽	瓣长	瓣宽	类别	萼长	萼宽	瓣长	瓣宽	类别	萼长	萼宽	瓣长	瓣宽
1	54	39	13	4	2	50	23	33	10	3	61	26	56	14
1	51	35	14	3	2	51	25	30	11	3	64	28	56	21
1	48	34	16	2	2	57	28	41	13	3	65	30	58	22
1	48	30	14	1	2	61	29	47	14	3	69	31	54	21
1	45	23	13	3	2	56	29	36	13	3	72	36	61	25
1	57	38	17	3	2	69	31	49	15	3	65	32	51	20
1	51	38	15	3	2	55	25	40	13	3	64	27	53	19
1	54	34	17	2	2	55	23	40	13	3	68	30	55	21
1	51	37	15	4	2	66	30	44	14	3	57	25	50	20
1	52	35	15	2	2	68	28	48	14	3	58	28	51	24
1	53	37	15	2	2	67	30	50	17	3	63	33	60	25

基于 Excel 的检验 $H_0: \mu_1 = \mu_2 = \mu_3$ $H_1:$ 存在 $i \neq j$,使 $\mu_i \neq \mu_j$

步骤 1:数据矩阵及均值向量的命名,如图 3.3.1 所示。计算并命名第一类刚毛鸢尾花均值向量为 MA:把光标置于 B55 位置,输入"=AVERAGE(B4:B53)"并按 Enter 键,计算第一类刚毛鸢尾花花萼长 x_1 的均值,再向右拖出 x_2、x_3、x_4 均值,把光标框住第一类均值向量 B55:E55,再把光标放到 Excel 左上角名称框内,输入 MA,并按 Enter 键;命名第一类数据矩阵为 XA:把光标框住 B4:E53,在 Excel 名称框内,输入 XA,并按 Enter 键。同理,把第二类变色鸢尾花均值向量命名为 MB,第二类数据矩阵命名为 XB;把第三类弗吉尼亚鸢尾花均值向量命名为 MC,第三类数据矩阵命名为 XC。最后,计算并命名三类鸢尾花总均值向量 MT:在 B57 位置输入"=AVERAGE(B4:B53,G4:G53,L4:L53)",计算三类鸢尾花花萼长 x_1 的总均值,再向右拖出 x_2、x_3、x_4 总均值,在 Excel 名称框内,输入 MT,并按 Enter 键。

步骤 2:计算组内离差阵 E 及组间离差阵 A,如图 3.3.2 所示。计算组内离差阵 E:因为考察 4 个随机变量,因此把光标框住 4 行 4 列的区域(比如 G58:J61),输入"=MMULT(TRANSPOSE(XA−MA),XA−MA)"并同时按"Ctrl""Shift""Enter"键,把结果复制,使用选择性粘贴,勾选数值,得到 $E1$;类似地,在区域 G58:J61 内,再计算出 $E2$、$E3$,加总得到组内离差阵 $E = E1 + E2 + E3$。计算组间离差阵 A:把光标框住 4 行 4 列的区域(比如 L58:O61),输入"=50*MMULT(TRANSPOSE(MA−MT),MA−MT)"并同时按"Ctrl""Shift""Enter"键,把结果复制,使用选择性粘贴,勾选数值,得到 $A1$;类似地,在区域 L58:O61 内,再计算出 $A2$、$A3$,加总得到组间离差阵 $A =$

$A1+A2+A3$。

R60

	A	B	C	D	E	F	G	H	I	J	K	L	M	N	O
1			XA					XB					XC		
2		萼长	萼宽	瓣长	瓣宽		萼长	萼宽	瓣长	瓣宽		萼长	萼宽	瓣长	瓣宽
3	组别	x1	x2	x3	x4	组别	x1	x2	x3	x4		x1	x2	x3	x4
4	1	50	33	14	2	2	65	28	46	15	3	64	28	56	22
5	1	46	34	14	3	2	62	22	45	15	3	67	31	56	24
6	1	46	36	10	2	2	59	32	48	18	3	63	28	51	15
7	1	51	33	17	5	2	61	30	46	14	3	69	31	51	23
8	1	51	38	19	4	2	60	27	51	16	3	65	30	52	20
[illegible]	[illegible]	[illegible]	[illegible]	[illegible]	[illegible]	[illegible]	[illegible]	[illegible]	[illegible]	[illegible]	[illegible]	[illegible]	[illegible]	[illegible]	[illegible]
11	1	50	34	16	4	2	67	31	44	14	3	68	32	59	23
12	1	46	32	14	2	2	56	30	45	15	3	62	34	54	23
13	1	57	44	15	4	2	58	27	41	10	3	62	28	48	18
[illegible]	[illegible]	[illegible]	[illegible]	[illegible]	[illegible]	[illegible]	[illegible]	[illegible]	[illegible]	[illegible]	[illegible]	[illegible]	[illegible]	[illegible]	[illegible]
16	1	52	41	15	1	2	57	29	42	13	3	58	27	51	19
[illegible]	[illegible]	[illegible]	[illegible]	[illegible]	[illegible]	[illegible]	[illegible]	[illegible]	[illegible]	[illegible]	[illegible]	[illegible]	[illegible]	[illegible]	[illegible]
48	1	57	38	17	3	2	69	31	49	15	3	65	32	51	20
49	1	51	38	15	3	2	55	25	40	13	3	64	27	53	19
50	1	54	34	17	2	2	55	23	40	13	3	68	30	55	21
51	1	51	37	15	4	2	66	30	44	14	3	57	25	50	20
52	1	52	35	15	2	2	68	28	48	14	3	58	28	51	24
53	1	53	37	15	2	2	67	30	50	17	3	63	33	60	25
54															
55	均值MA	50.06	34.28	14.62	2.46	均值MB	59.36	27.7	42.6	13.26	均值MC	65.88	29.74	55.52	20.26
56															
57	总均值MT	58.43	30.57	37.58	11.99										

图 3.3.1　数据矩阵及均值向量的命名

步骤 3:计算威尔克斯(Wilks)Λ 统计量并转化为 F 值。在 Excel 的某一空格中输入"= MDETERM(E)/MDETERM(E+A)"可求得威尔克斯(Wiks)Λ 统计量为 0.023,也即

$$\Lambda=\frac{|E|}{|A+E|}=0.023$$

因为,由式(3.1.15)可知,$\Lambda\sim\Lambda(p,n-k,k-1)$,而 $p=4,n-k=150-3=147,k-1=2$。根据表 3.1.3$\Lambda(p,n_1,n_2)$与 F 统计量的转化关系可得

$$F=\frac{(147-4)(1-\sqrt{0.023})}{4\sqrt{0.023}}=197.762$$

对应的 p 值为 0,小于 $\alpha=0.05$,因此拒绝原假设,认为三种鸢尾花均值向量存在显著差异。

G58　{=MMULT(TRANSPOSE(XA-MA),XA-MA)}

	A	B	C	D	E	F	G	H	I	J	K	L	M	N	O	P	Q	R	S	T
56																				
57							EX					AX								
58							608.8	486.2	80.1	50.6		2772.6	-310.3	6679.7	3078.0					
59							486.2	704.1	57.3	45.6		-310.3	34.7	-747.5	-344.4					
60							80.1	57.3	147.8	29.7		6679.7	-747.5	16092.2	7415.2					
61							50.6	45.6	29.7	54.4		3078.0	-344.4	7415.2	3416.9					
62																				
63		E1					E2					A1					A2			
64		608.8	486.2	80.1	50.6		1305.5	417.4	896.2	273.3		3505.6	-1551.9	9612.6	3991.3		42.9	-133.1	232.6	58.7
65		486.2	704.1	57.3	45.6		417.4	482.5	405.0	201.9		-1551.9	687.0	-4255.3	-1766.8		-133.1	412.8	-721.2	-182.0
66		80.1	57.3	147.8	29.7		896.2	405.0	1082.0	358.2		9612.6	-4255.3	26358.1	10944.3		232.6	-721.2	1260.0	317.9
67		50.6	45.6	29.7	54.4		273.3	201.9	358.2	191.6		3991.3	-1766.8	10944.3	4544.2		58.7	-182.0	317.9	80.2
68																				
69		E3					E					A3					A			
70		1981.3	459.4	1486.1	240.6		3895.6	1363.0	2462.5	564.5		2772.6	-310.3	6679.7	3078.0		6321.2	-1995.3	16524.8	7127.9
71		459.4	509.6	349.8	233.4		1363.0	1696.2	812.1	480.8		-310.3	34.7	-747.5	-344.4		-1995.3	1134.5	-5724.0	-2293.3
72		1486.1	349.8	1492.5	239.2		2462.5	812.1	2722.3	627.2		6679.7	-747.5	16092.2	7415.2		16524.8	-5724.0	43710.3	18677.4
73		240.6	233.4	239.2	369.6		564.5	480.8	627.2	615.7		3078.0	-344.4	7415.2	3416.9		7127.9	-2293.3	18677.4	8041.3

图 3.3.2　计算组内离差阵 E 及组间离差阵 A

基于 SPSS 的检验 $H_0 : \mu_1 = \mu_2 = \mu_3$　$H_1 :$ 存在 $i \neq j$，使 $\mu_i \neq \mu_j$

打开 SPSS 软件，首先建立数据文件：在"Variable View（变量视图）"中输入 Group（组别）、x_1、x_2、x_3、x_4，在"Data View（数据视图）"中输入数据。再在"Analyze（分析）"菜单中选择"General Linear Model（一般线性模型）"，打开"Multivariate（多变量）"对话框，把 x_1、x_2、x_3、x_4 送入"Dependent Variable（因变量）"窗口，把 Group 输入"Fixed Factors（固定因子）"栏，如图 3.3.3 所示。

图 3.3.3　一般线性模型对话框

单击"Option（选项）"按钮，在"Factor and Factor Interations"中选择"Overall"进入"Display Means for（显示均值）"，在"Display（输出）"框选择"Descriptive Statistics（描述统计）"，勾选"SSCP Matrix"，并选择默认的显著性水平 0.05。点击"Continue（继续）"回到多变量对话框，点击"确定"如图 3.3.4 所示。

图 3.3.4　选项对话框

SPSS 分析结果见表 3.3.2、表 3.3.3、表 3.3.4。

表 3.3.2 三类鸢尾花的描述性统计

	GROUP	均值	标准差	N
花萼长 x_1	1	50.0600	3.52490	50
	2	59.3600	5.16171	50
	3	65.8800	6.35880	50
	总计	58.4333	8.28066	150
花萼宽 x_2	1	34.2800	3.79064	50
	2	27.7000	3.13798	50
	3	29.7400	3.22497	50
	总计	30.5733	4.35866	150
花瓣长 x_3	1	14.6200	1.73664	50
	2	42.6000	4.69911	50
	3	55.5200	5.51895	50
	总计	37.5800	17.65298	150
花瓣宽 x_4	1	2.4600	1.05386	50
	2	13.2600	1.97753	50
	3	20.2600	2.74650	50
	总计	11.9933	7.62238	150

由表 3.3.2 可得三类鸢尾花的均值向量及总均值向量：

$$\overline{X}_1 = \begin{pmatrix} 50.06 \\ 34.28 \\ 14.62 \\ 2.46 \end{pmatrix} \quad \overline{X}_2 = \begin{pmatrix} 59.36 \\ 27.70 \\ 42.60 \\ 13.26 \end{pmatrix} \quad \overline{X}_3 = \begin{pmatrix} 65.88 \\ 29.74 \\ 55.52 \\ 20.26 \end{pmatrix} \quad \overline{X} = \begin{pmatrix} 58.43 \\ 30.57 \\ 37.58 \\ 11.99 \end{pmatrix}$$

表 3.3.3 三类鸢尾花的组间离差阵及组内离差阵

		X1	X2	X3	X4
	X1	512168.167	267975.267	329388.700	105121.567
	X2	267975.267	140209.307	172341.880	55001.427
	X3	329388.700	172341.880	211838.460	67606.420
	X4	105121.567	55001.427	67606.420	21576.007

续表

		$X1$	$X2$	$X3$	$X4$
组间离差阵 A	$X1$	6321.213	−1995.267	16524.840	7127.933
	$X2$	−1995.267	1134.493	−5723.960	−2293.267
	$X3$	16524.840	−5723.960	43710.280	18677.400
	$X4$	7127.933	−2293.267	18677.400	8041.333
组内离差阵 E	$X1$	3895.620	1363.000	2462.460	564.500
	$X2$	1363.000	1696.200	812.080	480.840
	$X3$	2462.460	812.080	2722.260	627.180
	$X4$	564.500	480.840	627.180	615.660

表 3.3.4　三类鸢尾花的多变量检验

	效应	值	F	假设 df	误差 df	Sig.
	Pillai's trace	.993	5203.883	4.000	144.000	.000
	Wilks' Lambda	.007	5203.883	4.000	144.000	.000
	Hotelling's trace	144.552	5203.883	4.000	144.000	.000
	Roy's Largest root	144.552	5203.883	4.000	144.000	.000
组间	Pillai's trace	1.192	53.466	8.000	290.000	.000
	Wilks' Lambda	.023	199.145	8.000	288.000	.000
	Hotelling's trace	32.477	580.532	8.000	286.000	.000
	Roy's Largest root	32.192	1166.957	4.000	145.000	.000

由表 3.3.4 多变量检验,组间栏"Wilks' Lambda"的值为 0.023,对应 F 值为 199.145,即

$$\Lambda = \frac{|E|}{|A+E|} = 0.023$$

F 值公式在表 3.1.3 的第 2 横栏有所改变,$n_1 - p$ 在 SPSS 的计算中变成了 $n_1 - p + 1$。

$$F = \frac{(147-4+1)(1-\sqrt{0.02344})}{4\sqrt{0.02344}} = 199.145$$

对 $\alpha = 0.05$,第一自由度 $2p = 8$,第二自由度 $2(n_1 - p + 1) = 288$,F 临界值为 1.94,显然拒绝原假设,认为三类鸢尾花均值向量存在显著差异。

基于 Excel 的检验 $H_0: \sum_1 = \sum_2 = \sum_3$　$H_1:$ 存在 $i \neq j$,使 $\sum_i \neq \sum_j$

根据式(3.2.4)，多总体协差阵相等的检验使用 $M=-2\ln\lambda'_k$ 近似分布 $\dfrac{\chi^2_f}{(1-D)}$，

其中，$\lambda'_k=(n-k)^{(n-k)p/2}\dfrac{\prod\limits_{i=1}^{k}|E_i|^{(n_i-1)/2}}{|E|^{(n-k)/2}\prod(n_i-1)^{\frac{p(n_i-1)}{2}}}$，

$$f=\frac{1}{2}p(p+1)(k-1)\quad D=\frac{(2p^2+3p-1)(k+1)}{6(p+1)(n-k)}$$

$Box's\ M$ 统计量的关键在于计算 λ'_k，由于在均值向量相等的检验中已经获取了 E_1、E_2、E_3 以及 E，在 Excel 计算过程中可以通过取对数并分步计算的方式避免数值过大的问题，如图 3.3.5 所示。

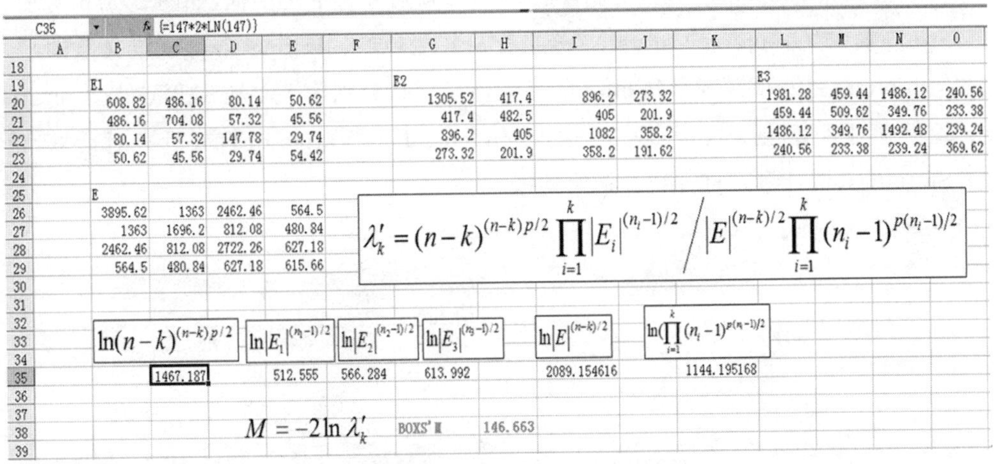

图 3.3.5　协差阵的检验：M 统计量的计算

$\ln(n-k)^{(n-k)p/2}=(n-k)\cdot p/2\cdot\ln(n-k)=147\times2\times\ln147=1467.19$

$\ln|E_1|^{(n_1-1)/2}=24.5\times20.92=512.56,\ln|E_2|^{(n_2-1)/2}=566.28,\ln|E_3|^{(n_3-1)/2}=613.99$

$\ln|E|^{(n-k)/2}=\dfrac{147}{2}\times28.42=2089.15$

$\ln(\prod\limits_{i=1}^{k}(n_i-1)^{\frac{p(n_i-1)}{2}})=3\times4\times24.5\times\ln49=1144.19$

$M=-2\ln\lambda'_k=-2\times(1467.19+512.56+566.28+613.99-2089.15-1144.19)=146.663$

因为 $f=\dfrac{1}{2}p(p+1)(k-1)=0.5\times4\times5\times2=20$，$D=\dfrac{(2p^2+3p-1)(k+1)}{6(p+1)(n-k)}=0.039$

在 0.05 的显著性水平下，使用卡方分布：

$$M>\frac{\chi^2_{20}}{0.961}=\frac{31.41}{0.961}=32.68$$

因此拒绝原假设，认为三类鸢尾花协差阵存在显著差异。

使用 F 分布，$f_1 = 20$，$A = \dfrac{(p-1)(p+2)(k^2+k+1)}{6(n-k)^2} = \dfrac{39}{21609} = 0.0018048$，$f_2 = \dfrac{f_1+2}{A-D^2} = 77546.7$，与 SPSS 输出结果非常接近，由此得到 F 值为 7.045，统计量的 P 值为 0，在 0.05 的显著性水平下，拒绝原假设，认为三种鸢尾花协差阵存在显著差异。

基于 SPSS 的检验 $H_0: \sum_1 = \sum_2 = \sum_3$　　$H_1:$ 存在 $i \neq j$，使 $\sum_i \neq \sum_j$

打开 SPSS 软件，建立数据文件后，在"Analyze（分析）"菜单中选择"Classify（分类）"，单击"Discriminant（判别分析）"按钮弹出判别分析主对话框，如图 3.3.6 所示。把 Group 输入"Grouping Variable（分组变量）"栏，点击"Define Range（定义范围）"，在"Minimum（最小值）"和"Maximum（最大值）"窗口分别输入 1 和 3，再点击"Continue"返回主对话框，把 x_1、x_2、x_3、x_4 送入"Independent Variable（自变量）"对话框，单击"Statistics（统计量）"打开统计量对话框。

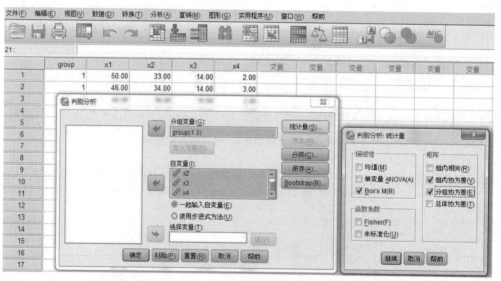

图 3.3.6　协差阵判别对话框

要检验三类鸢尾花协差阵是否相等，因此在"Descriptives（描述性）"对话框中勾选"Box's M"统计量，在"Matrix（描述性）"对话框中勾选"Within—groups covariance（组内协差阵）""Separate—groups covariance（分组协差阵）"，点击"Continue"返回主对话框，单击"OK（确定）"得到表 3.3.5、表 3.3.6、表 3.3.7。

表 3.3.5　三类鸢尾花组内协差阵

GROUP		$X1$	$X2$	$X3$	$X4$
第 1 种	$X1$	12.425	9.922	1.636	1.033
	$X2$	9.922	14.369	1.170	0.930
	$X3$	1.636	1.170	3.016	0.607
	$X4$	1.033	0.930	0.607	1.111
第 2 种	$X1$	26.643	8.518	18.290	5.578
	$X2$	8.518	9.847	8.265	4.120
	$X3$	18.290	8.265	22.082	7.310
	$X4$	5.578	4.120	7.310	3.911
第 3 种	$X1$	40.434	9.376	30.329	4.909
	$X2$	9.376	10.400	7.138	4.763
	$X3$	30.329	7.138	30.459	4.882
	$X4$	4.909	4.763	4.882	7.543

设 $S_i, i=1,2,3$ 为样本协差阵, S 为总协差阵, 则有 $E_i=(n_i-1)S_i, i=1,2,3$ 以及 $E=(n-k)S$, 可得

$$\ln|S_1|=5.353, \ln|S_2|=7.546, \ln|S_3|=9.494, \ln|S|=8.462$$

$$M=-2\ln\lambda'_k=(n-k)\ln|S|-\sum_{i=1}^{k}(n_i-1)\ln|S_i|$$

$$=147\ln|S|-49\sum_{i=1}^{k}\ln|S_i|=146.663$$

在 0.05 的显著性水平下,

$$M>\frac{\chi^2_{20}}{0.961}=\frac{31.41}{0.961}=32.68$$

因此拒绝原假设, 认为三类鸢尾花协差阵存在显著差异。

表 3.3.6　组内协差阵对数行列式

GROUP	秩	对数行列式
第一类	4	5.353
第二类	4	7.546
第三类	4	9.494
总协差阵	4	8.462

表 3.3.7　协差阵 *Box* 检验

Box's M	146.663
F	7.045
df1	20
df2	77566.751
Sig.	.000

第 **4** 章

判别分析

在实践中,常常遇到根据历史资料对研究对象进行分类的问题。比如天气预报中,根据一段较长时间关于某地区每天气象的记录资料(气温、气压、湿度等)来预测未来是什么天气;在对企业进行信用评价时,根据既有已掌握的正常企业及破产企业的短期支付能力、盈利能力、生产效率等指标,对待定企业进行归类。这些问题都可以应用判别分析方法予以解决。判别分析的基本思想是,对各类有基本的了解,掌握各类的样本数据,根据判别要求建立判别函数与判别准则,再对待判的样品进行归类判别。判别分析是一种主要的、常用的多元统计方法。以下主要介绍距离判别法、Bayes 判别法和 Fisher 判别法。

4.1 距离判别法

4.1.1 马氏距离的概念

(1)欧氏距离

p 维向量 $(x_1, x_2, \cdots, x_p)'$ 的两个观测 $X_i = (x_{1i}, x_{2i}, \cdots, x_{pi})'$ 与 $X_j = (x_{1j}, x_{2j}, \cdots, x_{pj})'$ 的欧氏平方距离为

$$d^2(X_i, X_j) = (x_{1i} - x_{1j})^2 + (x_{2i} - x_{2j})^2 + \cdots + (x_{pi} - x_{pj})^2$$

$$= (x_{1i} - x_{1j} \quad x_{2i} - x_{2j} \quad \cdots \quad x_{pi} - x_{pj}) \begin{pmatrix} x_{1i} - x_{1j} \\ x_{2i} - x_{2j} \\ \vdots \\ x_{pi} - x_{pj} \end{pmatrix}$$

$$= (X_i - X_j)'(X_i - X_j) \tag{4.1.1}$$

当变量取不同的单位时,欧氏距离随之改变,这是欧氏距离的一个缺陷所在。比如二维向量 $(x_1, x_2)'$,x_1 代表重量,x_2 代表长度,现有 4 个观测:

$$A = (0\text{kg}, 5\text{cm})', B = (10\text{kg}, 0\text{cm})', C = (0\text{kg}, 10\text{cm})', D = (1\text{kg}, 0\text{cm})'$$

则有

A、B 两点的欧氏距离 $d^2(A,B)=(0\text{kg}-10\text{kg})^2+(5\text{cm}-0\text{cm})^2=125$

C、D 两点的欧氏距离 $d^2(C,D)=(0\text{kg}-1\text{kg})^2+(10\text{cm}-0\text{cm})^2=101$

此时 $d^2(A,B)>d^2(C,D)$

现在重量 x_1 的单位保持不变，长度 x_2 的单位变成 mm：

$A=(0\text{kg},50\text{mm})'$，$B=(10\text{kg},0\text{mm})'$，$C=(0\text{kg},100\text{mm})'$，$D=(1\text{kg},0\text{mm})'$

则有

A、B 两点的欧氏距离 $d^2(A,B)=(0\text{kg}-10\text{kg})^2+(50\text{mm}-0\text{mm})^2=2600$

C、D 两点的欧氏距离 $d^2(C,D)=(0\text{kg}-1\text{kg})^2+(100\text{mm}-0\text{mm})^2=10001$

此时 $d^2(A,B)<d^2(C,D)$

随着 x_2 的单位改变，由 $d^2(A,B)>d^2(C,D)$ 变成 $d^2(A,B)<d^2(C,D)$，这显然是不合理的。实际上，由于 x_1 与 x_2 度量单位的不同，欧氏距离的加法计算本身就没有意义。

（2）欧氏距离的改进：数据的标准化

数据的标准化变换能够有效消除量纲的影响，因此，考虑对向量的各维首先进行标准化变换，再计算欧氏距离。设 p 维向量 $(x_1,x_2,\cdots,x_p)'$ 的各个分量的均值与方差分别为 $\mu_l,\sigma_l,l=1,2,\cdots,p$。对 p 维向量 $(x_1,x_2,\cdots,x_p)'$ 进行标准化变换：

$$Z=(z_1,z_2,\cdots,z_p)'=(\frac{x_1-\mu_1}{\sigma_1},\frac{x_2-\mu_2}{\sigma_2},\cdots,\frac{x_p-\mu_p}{\sigma_p})'$$

观测 $Z_i=(z_{1i},z_{2i},\cdots,z_{pi})'$ 与 $Z_j=(z_{1j},z_{2j},\cdots,z_{pj})'$ 的欧氏平方距离为

$$d^2(Z_i,Z_j)=(z_{1i}-z_{1j})^2+(z_{2i}-z_{2j})^2+\cdots+(z_{pi}-z_{pj})^2$$

$$=(\frac{x_{1i}-\mu_1}{\sigma_1}-\frac{x_{1j}-\mu_1}{\sigma_1})^2+(\frac{x_{2i}-\mu_2}{\sigma_2}-\frac{x_{2j}-\mu_2}{\sigma_2})^2+\cdots+(\frac{x_{pi}-\mu_p}{\sigma_p}-\frac{x_{pj}-\mu_p}{\sigma_p})^2$$

$$=(\frac{x_{1i}-x_{1j}}{\sigma_1})^2+(\frac{x_{2i}-x_{2j}}{\sigma_2})^2+\cdots+(\frac{x_{pi}-x_{pj}}{\sigma_p})^2$$

$$=(x_{1i}-x_{1j}\quad x_{2i}-x_{2j}\quad \cdots\quad x_{pi}-x_{pj})\begin{pmatrix}\frac{1}{\sigma_1^2}&0&\cdots&0\\0&\frac{1}{\sigma_2^2}&0&\vdots\\\vdots&0&\ddots&0\\0&\cdots&0&\frac{1}{\sigma_p^2}\end{pmatrix}\begin{pmatrix}x_{1i}-x_{1j}\\x_{2i}-x_{2j}\\\vdots\\x_{pi}-x_{pj}\end{pmatrix}$$

$$=(X_i-X_j)'\begin{pmatrix}\sigma_1^2&0&\cdots&0\\0&\sigma_2^2&0&\vdots\\\vdots&0&\ddots&0\\0&\cdots&0&\sigma_p^2\end{pmatrix}^{-1}(X_i-X_j)=(X_i-X_j)'\Lambda^{-1}(X_i-X_j)\quad(4.1.2)$$

可以发现,数据标准化变换后的欧氏距离$(X_i-X_j)'\Lambda^{-1}(X_i-X_j)$比初始数据的欧氏距离$(X_i-X_j)'(X_i-X_j)$多考虑了对角阵$\Lambda$,以$\Lambda$作为$p$维向量$(x_1,x_2,\cdots,x_p)'$的方差－协方差矩阵,实际上是要求$p$维向量$(x_1,x_2,\cdots,x_p)'$任意两个分量线性无关的一种特例。若考虑到任意两个分量线性相关的更一般情况,采用p维向量$(x_1,x_2,\cdots,x_p)'$的方差－协方差矩阵Σ代替对角阵Λ,则得到马氏距离。

（3）马氏距离

马氏距离是印度统计学家马哈拉诺比斯（Mahalanobis）于 1936 年引入的距离。设p维向量$X=(x_1,x_2,\cdots,x_p)'$的方差－协方差矩阵$D(X)=\Sigma$,则任意两个观测$X_i=(x_{1i},x_{2i},\cdots,x_{pi})'$与$X_j=(x_{1j},x_{2j},\cdots,x_{pj})'$的马氏距离为

$$d_m^2(X_i,X_j) = (X_i-X_j)'\Sigma^{-1}(X_i-X_j) \tag{4.1.3}$$

马氏距离不仅有效地处理了各个变量量纲的问题,而且考虑了变量与变量之间的关联。显然,当Σ等于单位阵时,马氏距离退化为欧氏距离;当Σ等于对角阵时,马氏距离退化为标准化后的欧氏距离。因此,欧氏距离或者是标准化后的欧氏距离都是马氏距离的特例。

【例 4.1.1】已知$X=(x_1,x_2)'\sim N_2(\mu,\Sigma)$,其中$\mu=(0,0)'$,$\Sigma=\begin{bmatrix}1 & 0.9 \\ 0.9 & 1\end{bmatrix}$,有两个观测$A=(1,1)'$,$B=(1,-1)'$,分别计算$A$与$\mu$、$B$与$\mu$的欧氏距离$d^2(X_i,X_j)$,标准化后的欧氏距离$d_s^2(X_i,X_j)$,马氏距离$d_m^2(X_i,X_j)$,并比较三种距离的合理性。

解:①由欧氏距离计算公式:$d^2(X_i,X_j)=(X_i-X_j)'(X_i-X_j)$,得到

$d^2(A,\mu)=(1,1)(1,1)'=2$　　　$d^2(B,\mu)=(1,-1)(1,-1)'=2$

②由标准化后的欧氏距离计算公式:$d_s^2(X_i,X_j)=(X_i-X_j)'\Lambda^{-1}(X_i-X_j)$

由于$\sigma_1^2=1$,$\sigma_2^2=1$,所以Λ等于单位矩阵,因而

$d_s^2(A,\mu)=d^2(A,\mu)=2$　　　$d_s^2(B,\mu)=d^2(B,\mu)=2$

③由马氏距离计算公式:$d^2(X_i,X_j)=(X_i-X_j)'\Sigma^{-1}(X_i-X_j)$,

$$\Sigma^{-1}=\frac{1}{0.19}\begin{bmatrix}1 & -0.9 \\ -0.9 & 1\end{bmatrix}=\begin{bmatrix}5.2532 & -4.7368 \\ -4.7368 & 5.2632\end{bmatrix}$$

$d_m^2(A,\mu)=(1,1)\Sigma^{-1}(1,1)'=1.0526$　　　$d_m^2(B,\mu)=(1,-1)\Sigma^{-1}(1,-1)'=20$

由此得到的结论为,使用欧氏距离或者是标准化后的欧氏距离都得到A、B到μ点距离相等;但马氏距离认为A到μ的距离远小于B到μ的距离。我们用密度函数来验证,二元正态分布的密度函数为:

$$f(x_1,x_2)=\frac{1}{2\pi\sigma_1\sigma_2(1-r^2)^{1/2}}\exp\left\{-\frac{1}{2(1-r^2)}\left[\frac{(x_1-\mu_1)^2}{\sigma_1^2}-2r\frac{(x_1-\mu_1)(x_2-\mu_2)}{\sigma_1\sigma_2}\right.\right.$$
$$\left.\left.+\frac{(x_2-\mu_2)^2}{\sigma_2^2}\right]\right\}$$

此处，$r=0.9$，$\mu_1=\mu_2=0$，$\sigma_1=\sigma_2=1$ 代入密度函数，得到

对 μ 点，$f(0,0)=0.3651$；对 A 点，$f(1,1)=0.2157$；对 B 点，$f(1,-1)$ $=0.00001658$。

显然，A 到 μ 点更近；B 到 μ 点更远。因此，马氏距离更合理。

4.1.2 距离判别的思路及方法

基本思路：先根据已知分类的数据分别计算各类的重心（各类的均值向量），对任意一个观测样品，计算其与各类的马氏距离，哪个距离小，则判定样品属于哪一类。

设有两个总体 G_1 与 G_2，其均值向量分别为 μ_1 与 μ_2，假设协差阵 $\sum_1=\sum_2=\sum$。要判定某样品 X 来自哪个总体，按照距离判别的思想，分别计算 X 与 μ_1、μ_2 的马氏距离 $D^2(X,\mu_1)$ 与 $D^2(X,\mu_2)$，做如下判别

$$\begin{cases} X\in G_1, & \text{当 } D^2(X,\mu_1)<D^2(X,\mu_2) \\ X\in G_2, & \text{当 } D^2(X,\mu_1)>D^2(X,\mu_2) \\ \text{待判}, & \text{当 } D^2(X,\mu_1)=D^2(X,\mu_2) \end{cases} \tag{4.1.4}$$

或者求两个距离之差，可得

$$D^2(X,\mu_2)-D^2(X,\mu_1)$$
$$=(X-\mu_2)'\sum^{-1}(X-\mu_2)-(X-\mu_1)'\sum^{-1}(X-\mu_1)$$
$$=(X'\sum^{-1}X-2X'\sum^{-1}\mu_2+\mu'_2\sum^{-1}\mu_2)-(X'\sum^{-1}X-2X'\sum^{-1}\mu_1+\mu'_1\sum^{-1}\mu_1)$$
$$=2X'\sum^{-1}(\mu_1-\mu_2)-(\mu_1+\mu_2)'\sum^{-1}(\mu_1-\mu_2)$$
$$=2\left[X-\frac{1}{2}(\mu_1+\mu_2)\right]'\sum^{-1}(\mu_1-\mu_2)$$

令 $\bar{\mu}=\frac{1}{2}(\mu_1+\mu_2)=(\bar{\mu}_1,\bar{\mu}_2,\cdots,\bar{\mu}_p)'$，$\alpha=\sum^{-1}(\mu_1-\mu_2)=(a_1,a_2,\cdots,a_p)'$

$$W(X)=\left[X-\frac{1}{2}(\mu_1+\mu_2)\right]'\sum^{-1}(\mu_1-\mu_2)=\alpha'(X-\bar{\mu})$$
$$=a_1(x_1-\bar{\mu}_1)+a_2(x_2-\bar{\mu}_2)+\cdots+a_p(x_p-\bar{\mu}_p) \tag{4.1.5}$$

$W(X)$ 为两总体距离判别线性函数，$\alpha=(a_1,a_2,\cdots,a_p)'$ 为判别系数。使用判别函数，判别规则可写成

$$\begin{cases} X\in G_1, & \text{当 } W(X)>0 \\ X\in G_2, & \text{当 } W(X)<0 \\ \text{待判}, & \text{当 } W(X)=0 \end{cases} \tag{4.1.6}$$

在实际应用中，总体的均值和协方差矩阵一般是未知的，可由样本均值和样本协方差矩阵分别进行估计。设 $X_{(a)}=(X_{a1},X_{a2},\cdots,X_{ap})'$，$a=1,2,\cdots,n$ 为来自总体 G_1 的样本容量为 n 的样本，$Y_{(a)}=(Y_{a1},Y_{a2},\cdots,Y_{ap})'$，$a=1,2,\cdots,m$ 为来自总体 G_2 的样

本容量为 m 的样本,则 μ_1 与 μ_2 的无偏估计量为

$$\overline{X}=\frac{1}{n}\sum_{i=1}^{n}X_{(i)}, \ \ \overline{Y}=\frac{1}{m}\sum_{i=1}^{m}Y_{(i)}$$

Σ 的联合无偏估计为

$$\hat{\Sigma}=\frac{1}{n+m-2}(S_1+S_2)$$

S_1 与 S_2 分别为两个样本的样本离差阵

$$S_1=\sum_{i=1}^{n}(X_i-\overline{X})(X_i-\overline{X})', S_2=\sum_{i=1}^{m}(Y_i-\overline{Y})(Y_i-\overline{Y})'$$

应该注意,当两个总体 G_1 与 G_2 比较接近时,也即 $\mu_1 \approx \mu_2$ 时,无论用什么方法进行判别,误判的概率都比较大,这时进行判别分析就没有意义。因此在判别分析前必须对两总体均值是否有显著差异进行检验。

【例 4.1.2】在对企业进行信用评估时,已掌握正常企业与破产企业的相关指标:总负债率(x_1)、收益性指标(x_2)、短期支付能力(x_3)、生产效率指标(x_4),数据如表4.1.1所示。第一类为破产企业,第二类为正常企业,现有 8 个企业相关指标,试判别所属类别。

表 4.1.1　正常企业与破产企业距离判别

类别	企业	总负债率	收益指标	短期支付	生产效率	类别	企业	总负债率	收益指标	短期支付	生产效率
1	1	−0.45	−0.41	1.09	0.45	2	1	0.51	0.10	2.49	54.00
1	2	−0.56	−0.31	1.51	0.16	2	2	0.08	0.02	2.01	53.00
1	3	0.06	0.02	1.01	0.40	2	3	0.38	0.11	3.27	0.55
1	4	−0.07	−0.09	1.45	0.26	2	4	0.19	0.05	2.25	0.33
1	5	−0.10	−0.09	1.56	0.67	2	5	0.32	0.07	4.24	0.63
1	6	−0.14	−0.07	0.71	0.28	2	6	0.31	0.05	4.45	0.69
1	7	−0.23	−0.30	0.22	0.18	2	7	0.12	0.05	2.52	0.69
1	8	0.07	0.02	1.31	0.25	2	8	−0.02	0.02	2.05	0.35
1	9	0.01	0	2.15	0.70	2	9	0.22	0.08	2.35	0.40
1	10	−0.28	−0.23	1.19	0.66	2	10	0.17	0.07	1.8	0.52
1	11	0.15	0.05	1.88	0.27	2	11	0.15	0.05	2.17	0.55
1	12	0.37	0.11	1.99	0.38	2	12	−0.10	−1.01	2.50	0.58
1	13	−0.08	−0.08	1.51	0.42	2	13	0.14	−0.03	0.46	0.26
1	14	0.05	0.03	1.68	0.95	2	14	0.14	0.07	2.61	0.52
1	15	0.01	0	1.26	0.60	2	15	−0.33	−0.09	3.01	0.47
1	16	0.12	0.11	1.14	0.17	2	16	0.48	0.09	1.24	0.18
1	17	−0.28	−0.27	1.27	0.51	2	17	0.56	0.11	4.29	0.45

续表

类别	企业	总负债率	收益指标	短期支付	生产效率	类别	企业	总负债率	收益指标	短期支付	生产效率
						2	18	0.20	0.08	1.99	0.30
						2	19	0.47	0.14	2.92	0.45
						2	20	0.17	0.04	2.45	0.14
						2	21	0.58	0.04	5.06	0.13
待判	1	0.04	0.01	1.50	0.71	待判	5	0.15	0.06	2.23	0.56
待判	2	−0.06	−0.06	1.37	0.40	待判	6	0.16	0.05	2.31	0.20
待判	3	0.07	−0.01	1.37	0.34	待判	7	0.29	0.06	1.84	0.38
待判	4	−0.13	−0.14	1.42	0.44	待判	8	0.54	0.11	2.33	0.48

解:①计算正常企业与破产企业的样本均值向量

$$\hat{\mu}_1 = (\bar{\mu}_{11}, \bar{\mu}_{12}, \bar{\mu}_{13}, \bar{\mu}_{14})' = (-0.08, -0.09, 1.35, 0.43)'$$
$$\hat{\mu}_2 = (\bar{\mu}_{21}, \bar{\mu}_{22}, \bar{\mu}_{23}, \bar{\mu}_{24})' = (0.23, 0.01, 2.67, 5.49)'$$

②计算正常企业与破产企业的样本离差阵 S_1 与 S_2,进而得到 Σ 无偏估计

$$S_1 = \sum_{i=1}^{17}(X_i - \hat{\mu}_1)(X_i - \hat{\mu}_1)' = \begin{pmatrix} 0.84 & 0.54 & 0.69 & 0.06 \\ 0.54 & 0.40 & 0.53 & 0.05 \\ 0.69 & 0.53 & 3.50 & 0.65 \\ 0.06 & 0.05 & 0.65 & 0.81 \end{pmatrix}$$

$$S_2 = \sum_{i=1}^{21}(Y_i - \hat{\mu}_1)(Y_i - \hat{\mu}_1)' = \begin{pmatrix} 1.02 & 0.51 & 1.88 & 7.41 \\ 0.51 & 1.13 & 0.40 & 5.71 \\ 1.88 & 0.40 & 24.14 & -43.68 \\ 7.41 & 5.71 & -43.68 & 5097.23 \end{pmatrix}$$

$$\hat{\Sigma} = \frac{1}{36}(S_1 + S_2) = \begin{pmatrix} 0.05 & 0.03 & 0.07 & 0.21 \\ 0.03 & 0.04 & 0.03 & 0.16 \\ 0.07 & 0.03 & 0.77 & -1.20 \\ 0.21 & 0.16 & -1.20 & 141.61 \end{pmatrix}$$

③计算判别函数:$W(X) = -5.12x_1 + 2.33x_2 - 1.39x_3 - 0.04x_4 - 2.46$,以及 8 个待判样品的得分 $W(X_1) = 1.10$,$W(X_2) = 1.64$,$W(X_3) = 1.09$,$W(X_4) = 1.74$,前 4 个样品属第一类,$W(X_5) = -0.36$,$W(X_6) = -0.53$,$W(X_7) = -0.53$,$W(X_8) = -2.38$,后 4 个样品属第二类。

基于 Excel 的计算操作

步骤 1:计算两类的均值向量 $\overline{X}'$ 与 $\overline{Y}'$,并令第一类样本数据矩阵(C2:F18)为 A,

第二类样本数据矩阵(J2：M22)为 B。具体操作过程为，在 C24 框内按"＝"，输入命令 AVERAGE(C2：C18) 按回车键，得到－0.08，再把光标移动 C24 右下角的黑点上，光标由空心"十"字变成实心"十"字，按住鼠标左键拖至 F24，可得 $\overline{X}'$，类似可得到 $\overline{Y}'$。选择区域 C2：F18，把光标置于页面左上角目标框内，输入 A 并按回车键，A 自动跳到目标框中间，则把第一类样本数据矩阵命名为 A，类似可命名数据矩阵 B，如图4.1.1所示。

	A	B	C	D	E	F	G	H	I	J	K	L	M
	group	obs	x1	x2	x3	x4		group	obs	x1	x2	x3	x4
1	1	1	-0.45	-0.41	1.09	0.45		2	1	0.51	0.1	2.49	54
2	1	2	-0.56	-0.31	1.51	0.16		2	2	0.08	0.02	2.01	53
3	1	3	0.06	0.02	1.01	0.4		2	3	0.38	0.11	3.27	0.55
4	1	4	-0.07	-0.09	1.45	0.26		2	4	0.19	0.05	2.25	0.33
5	1	5	-0.1	-0.09	1.56	0.67		2	5	0.32	0.07	4.24	0.63
6	1	6	-0.14	-0.07	0.71	0.28		2	6	0.31	0.05	4.45	0.69
7	1	7	-0.23	-0.3	0.22	0.18		2	7	0.12	0.05	2.52	0.69
8	1	8	0.07	0.02	1.31	0.25		2	8	-0.02	0.02	2.05	0.35
9	1	9	0.01	0	2.15	0.7		2	9	0.22	0.08	2.35	0.4
10	1	10	-0.28	-0.23	1.19	0.66		2	10	0.17	0.07	1.8	0.52
11	1	11	0.15	0.05	1.88	0.27		2	11	0.15	0.05	2.17	0.55
12	1	12	0.37	0.11	1.99	0.38		2	12	-0.1	-1.01	2.5	0.58
13	1	13	-0.08	-0.08	1.51	0.42		2	13	0.14	-0.03	0.46	0.26
14	1	14	0.05	0.03	1.68	0.95		2	14	0.14	0.07	2.61	0.52
15	1	15	0.01	0	1.26	0.6		2	15	-0.33	-0.09	3.01	0.47
16	1	16	0.12	0.11	1.14	0.17		2	16	0.48	0.09	1.24	0.18
17	1	17	-0.28	-0.27	1.27	0.51		2	17	0.56	0.11	4.29	0.45
18								2	18	0.2	0.08	1.99	0.3
19						A		2	19	0.47	0.14	2.92	0.45
20								2	20	0.17	0.04	2.45	0.14
21								2	21	0.58	0.04	5.06	0.13
22													B
23	均值	$\overline{X}'$	-0.08	-0.09	1.35	0.43		均值	$\overline{Y}'$	0.23	0.01	2.67	5.49

图 4.1.1　计算均值向量与数据矩阵的命名

步骤 2：对第一类样本数据矩阵 A、第二类样本数据矩阵 B 进行数据的中心化处理，得到数据矩阵 YA 与 YB。具体操作为，选择区域 C30：F46，按"＝"，输入 A－C24：F24，再同时按"Ctrl""Shift""Enter"键，得到第一类样本的中心化数据，再把 C30：F46 命名为矩阵 YA 即可，同理可得第二类样本的中心化数据矩阵 YB，如图 4.1.2所示。

	A	B	C	D	E	F	G	H	I	J	K	L	M
	group	obs	x1	x2	x3	x4		group	obs	x1	x2	x3	x4
29	1	1	-0.37	-0.32	-0.26	0.02		2	1	0.28	0.09	-0.18	48.51
30	1	2	-0.48	-0.22	0.16	-0.27		2	2	-0.15	0.01	-0.66	47.51
31	1	3	0.14	0.11	-0.34	-0.03		2	3	0.15	0.10	0.60	-4.94
32	1	4	0.01	0.00	0.10	-0.17		2	4	-0.04	0.04	-0.42	-5.16
33	1	5	-0.02	0.00	0.21	0.24		2	5	0.09	0.06	1.57	-4.86
34	1	6	-0.06	0.02	-0.64	-0.15		2	6	0.08	0.04	1.78	-4.80
35	1	7	-0.15	-0.21	-1.13	-0.25		2	7	-0.11	0.04	-0.15	-4.80
36	1	8	0.15	0.11	-0.04	-0.18		2	8	-0.25	0.01	-0.62	-5.14
37	1	9	0.09	0.09	0.80	0.27		2	9	-0.01	0.07	-0.32	-5.09
38	1	10	-0.20	-0.14	-0.16	0.23		2	10	-0.06	0.06	-0.87	-4.97
39	1	11	0.23	0.14	0.53	-0.16		2	11	-0.08	0.04	-0.50	-4.94
40	1	12	0.45	0.20	0.64	-0.05		2	12	-0.33	-1.02	-0.17	-4.91
41	1	13	0.00	0.01	0.16	-0.01		2	13	-0.09	-0.04	-2.21	-5.23
42	1	14	0.13	0.12	0.33	0.52		2	14	-0.09	0.06	-0.06	-4.97
43	1	15	0.09	0.09	-0.09	0.17		2	15	-0.56	-0.10	0.34	-5.02
44	1	16	0.20	0.20	-0.21	-0.26		2	16	0.25	0.08	-1.43	-5.31
45	1	17	-0.20	-0.18	-0.08	0.08		2	17	0.33	0.10	1.62	-5.04
46								2	18	0.03	0.07	-0.68	-5.19
47						YA		2	19	0.24	0.13	0.25	-5.04
48								2	20	-0.06	0.03	-0.22	-5.35
49								2	21	0.35	0.03	2.39	-5.36
50													YB

图 4.1.2　数据矩阵中心化处理

步骤 3：把中心化数据矩阵转置后乘以本身，得到样本离差阵。具体操作为，选择

4 行 4 列的区域 C52:F55,按"＝",输入 MMULT(TRANSPOSE(YA),YA),再同时按"Ctrl""Shift""Enter"键,得到样本离差阵 S1,类似地在区域 J52:M55 求得样本离差阵 S2,见图 4.1.3。

	C52	▼	fx	{=MMULT(TRANSPOSE(YA),YA)}								
	A	B	C	D	E	F	G	H	I	J	K	L	M
52		S1	0.84	0.54	0.69	0.06			S2	1.02	0.51	1.88	7.41
53			0.54	0.40	0.53	0.05				0.51	1.13	0.40	5.71
54			0.69	0.53	3.50	0.65				1.88	0.40	24.14	-43.68
55			0.06	0.05	0.65	0.81				7.41	5.71	-43.68	5097.23

图 4.1.3　样本离差阵

步骤 4:在 Excel 中获取判别函数。第一类样本数 $n=17$,第二类样本数 $m=21$, $\hat{\Sigma}=(S1+S2)/(17+21-2)$,选择区域 C58:F61,计算得到 $\hat{\Sigma}$。选择区域 J58:M58, 使用公式 $\bar{\mu}'=\frac{1}{2}(\bar{X}+\bar{Y})'$,输入"＝",再输入"0.5*(均值 1＋均值 2)",同时按"Ctrl" "Shift""Enter"键,计算得到 $\bar{\mu}'$。选择区域 J61:M61,使用公式 $\alpha'=(\bar{X}-\bar{Y})'\Sigma^{-1}$,输入"＝",再输入"MMULT(均值 1－均值 2,MINVERSE(协差阵))",同时按"Ctrl" "Shift""Enter"键,计算得到 α'。如图 4.1.4 所示。由此得到判别函数

$$W(X)=-5.12(x_1-0.07)+2.33(x_2+0.04)-1.39(x_2+2.01)-0.04(x_p+2.96)$$

	J61	▼	fx	{=MMULT(均值1－均值2,MINVERSE(协差阵))}								
	A	B	C	D	E	F	G	H	I	J	K	L	M
56													
57	协差阵												
58		$\hat{\Sigma}$	0.05	0.03	0.07	0.21	$\bar{\mu}'=\frac{1}{2}(\bar{X}+\bar{Y})'$			0.07	-0.04	2.01	2.96
59			0.03	0.04	0.03	0.16							
60			0.07	0.03	0.77	-1.20							
61			0.21	0.16	-1.20	141.61	$\alpha'=(\bar{X}-\bar{Y})'\Sigma^{-1}$			-5.12	2.33	-1.39	-0.04
62													

图 4.1.4　获取判别函数

步骤 5:在 Excel 中计算判别函数的值。按照公式 $W(X)=(X-\bar{\mu})'\alpha$,在 G66 框内,计算第一个待判样品的判别函数值。输入"＝",再输入"MMULT(C66:F66－J$58:M$58,TRANSPOSE(J$61:M$61))",同时按"Ctrl""Shift""Enter"键,得到值为 1.1。在 $\bar{\mu}'$ 所指行向量 J58:M58 的数字前添加"$"符号,表示固定该行;同样, 在 α' 所指行向量 J61:M61 的数字前添加"$"符号,也表示固定行的意思。这样,算出第一个待判样品的判定函数值,把光标置于 G66 的右下角,按住鼠标左键,便可以拖出其他 7 个待判样品的判别函数值。如图 4.1.5 所示。

G66	▼	fx	{=MMULT(C66:F66−J$58:M$58, TRANSPOSE(J$61:M$61))}									
	A	B	C	D	E	F	G	H	I	J	K	L	M
56													
57	协差阵	$\hat{\Sigma}$	0.05	0.03	0.07	0.21	$\overline{\mu}' = \frac{1}{2}(\overline{X} + \overline{Y})'$			0.07	−0.04	2.01	2.96
58			0.03	0.04	0.03	0.16							
59			0.07	0.03	0.77	−1.20							
60			0.21	0.16	−1.20	141.61	$\alpha' = (\overline{X} − \overline{Y})'\Sigma^{-1}$			−5.12	2.33	−1.39	−0.04
61													
62													
63		$W(X) = (X − \overline{\mu})'\alpha$											
64													
65	待判样品	obs	x1	x2	x3	x4	W(X)	类别					
66		1	0.04	0.01	1.5	0.71	1.10						
67		2	−0.06	−0.06	1.37	0.4	1.64						
68		3	0.07	−0.01	1.37	0.34	1.09						
69		4	−0.13	−0.14	1.42	0.44	1.74						
70		5	0.15	0.06	2.23	0.56	−0.36						
71		6	0.16	0.05	2.31	0.2	−0.53						
72		7	0.29	0.06	1.84	0.38	−0.53						
73		8	0.54	0.11	2.33	0.48	−2.38						

图 4.1.5 计算判别函数的值

步骤 6：使用 IF 函数判别各个样品的类别。IF 函数的第一个框输入要求条件，第二个框输入满足该条件时候的赋值，第三个框输入不满足该条件时候的赋值。在 H66 框内，根据第一个待判样品的判别函数值判别其所属类别。输入"＝"，再输入"IF(G66>0,1,2)"，得到值为 1，表示第一个待判样品属于第一类。把光标置于 H66 的右下角，按住鼠标左键，便可以拖出其他 7 个待判样品所属类别。如图 4.1.6 所示。

H66	▼	fx	{=IF(G66>0, 1, 2)}									
	A	B	C	D	E	F	G	H	I	J	K	L	M
56													
57	协差阵	$\hat{\Sigma}$	0.05	0.03	0.07	0.21	$\overline{\mu}' = \frac{1}{2}(\overline{X} + \overline{Y})'$			0.07	−0.04	2.01	2.96
58			0.03	0.04	0.03	0.16							
59			0.07	0.03	0.77	−1.20							
60			0.21	0.16	−1.20	141.61	$\alpha' = (\overline{X} − \overline{Y})'\Sigma^{-1}$			−5.12	2.33	−1.39	−0.04
61													
62													
63		$W(X) = (X − \overline{\mu})'\alpha$											
64													
65	待判样品	obs	x1	x2	x3	x4	W(X)	类别					
66		1	0.04	0.01	1.5	0.71	1.10	1					
67		2	−0.06	−0.06	1.37	0.4	1.64	1					
68		3	0.07	−0.01	1.37	0.34	1.09	1					
69		4	−0.13	−0.14	1.42	0.44	1.74	1					
70		5	0.15	0.06	2.23	0.56	−0.36	2					
71		6	0.16	0.05	2.31	0.2	−0.53	2					
72		7	0.29	0.06	1.84	0.38	−0.53	2					
73		8	0.54	0.11	2.33	0.48	−2.38	2					

图 4.1.6 使用 IF 函数判别各个样品的类别

4.2 Bayes 判别法

贝叶斯(Bayes)判别法思路为假定对研究的对象有一定的认识，用先验概率描述这种认识。设有 k 个总体 $G_1, G_2, \cdots, G_k$，根据历史资料或者经验认为样品 x 来自它们的先验概率分别为 $p_1, p_2, \cdots, p_k$，各总体的密度函数分别为 $f_1(x), f_2(x), \cdots, f_k(x)$（在离散情况下为概率函数）。对某样品 x，由 Bayes 公式，它来自第 i 个总体的概率是

$$p(G_i | x) = \frac{p_i f_i(x)}{\sum\limits_{i=1}^{n} p_i f_i(x)} \quad i = 1, 2, 3 \cdots, k \tag{4.2.1}$$

此概率称为给定样品 x，来自第 i 个总体的后验概率（相对于先验概率而言）。根据判别准则的不同，Bayes 判别法包括后验概率最大法和平均损失最小法。

4.2.1 后验概率最大法

在式(4.2.1)中，$i=1,2,3\cdots,k$，可得到 k 个不同的后验概率，后验概率最大法即把样品 x 归类于后验概率最大的总体。

$$x\in G_h,若\ p(G_h\mid x)=\max_{1\leqslant i\leqslant k}p(G_i\mid x) \tag{4.2.2}$$

【例 4.2.1】有 3 个总体 G_1、G_2、G_3，已知样品来自它们的先验概率分别为 $p_1=0.55,p_2=0.15,p_3=0.30$。现有样品 x_0，$f_1(x_0)=0.46$，$f_2(x_0)=1.50$，$f_3(x_0)=0.70$，按照 Bayes 判别，样品应判给哪个总体？

解：$\sum\limits_{i=1}^{3}p_if_i(x_0)=0.55\times0.46+0.15\times1.50+0.30\times0.70=0.688$

计算样品 x_0 属于各个总体的后验概率分别为

$$p(G_1\mid x_0)=\frac{p_1f_1(x_0)}{\sum\limits_{i=1}^{3}p_if_i(x_0)}=\frac{0.55\times0.46}{0.688}=0.368$$

$$p(G_2\mid x_0)=\frac{p_2f_2(x_0)}{\sum\limits_{i=1}^{3}p_if_i(x_0)}=\frac{0.15\times1.50}{0.688}=0.327$$

$$p(G_3\mid x_0)=\frac{p_3f_3(x_0)}{\sum\limits_{i=1}^{3}p_if_i(x_0)}=\frac{0.30\times0.70}{0.688}=0.305$$

$\max\limits_{1\leqslant i\leqslant 3}p(G_i\mid x_0)=\max\{p(G_1\mid x_0),p(G_2\mid x_0),p(G_3\mid x_0)\}=p(G_1\mid x_0)$，所以 $x_0\in G_1$。

（1）多元正态总体的最大后验概率判别法

由例题可知，使用式(4.2.1)比较某样品 X 属于不同总体的后验概率大小，只需要比较分子的大小即可。对先验概率的简单处理，可令样品来自各个总体的先验概率相等，这时先验概率不起作用。当我们对多元正态总体的最大后验概率比较大小时，分子包含的与特定总体 G_i 无关的加减项是在计算各个后验概率的分子都会出现的相同的项，忽略这些项不会影响后验概率大小的比较。

当 k 个总体都服从正态分布 $N_p(\mu_i,\sum_i)$，$\sum_i>0,i=1,2,3\cdots,k$，此时密度函数为

$$f_i(x)=(2\pi)^{-p/2}\mid\sum_i\mid^{-1/2}\exp[-d^2(x,\mu_i)/2]$$

其中，$d^2(x,\mu_i)=(x-\mu_i)'\sum_i^{-1}(x-\mu_i)$ 是样品 x 到 μ_i 的马氏距离。式(4.2.2)判别准则可简化为 $\max\limits_{1\leqslant i\leqslant k}p_if_i(x)$，取对数不影响其大小顺序，$\max\limits_{1\leqslant i\leqslant k}\ln[p_if_i(x)]$ 等价于

$$\ln p_i-\frac{1}{2}\mid\sum_i\mid-\frac{1}{2}(x-\mu_i)'\sum_i^{-1}(x-\mu_i)\xrightarrow{h}\max \tag{4.2.3}$$

假定 $p_1=p_2=\cdots=p_k$，$\sum_1=\sum_2=\cdots=\sum_k=\sum$，再去除与 G_i 无关的加减项，简化

的判别函数等价于距离判别

$$y_i = -\frac{1}{2}(x-\mu_i)'\sum{}^{-1}(x-\mu_i)$$

对 $i=1,2,3,\cdots,k$，当 $i=h$ 使得 y_h 为最大时，当且仅当马氏距离 $d^2(x,\mu_i)$ 取到最小值。由此可知，距离判别作为 Bayes 判别的特例。上式可进一步简化为如下判别准则

$$\{x\in G_h \mid W(G_h \mid x)=\max_{1\leqslant i\leqslant k}[W(G_i\mid x)], W(G_i\mid x)=-\frac{1}{2}\mu'_i\sum{}^{-1}\mu_i+x'\sum{}^{-1}\mu_i\}$$

$$(4.2.4)$$

简化情形下后验概率的测算公式为

$$
\begin{aligned}
p(G_i\mid x) &= \frac{p_i f_i(x)}{\sum\limits_{i=1}^{n}p_i f_i(x)} = \frac{p_i(2\pi)^{-p/2}\mid\sum_i\mid^{-1/2}\exp[-d^2(x,\mu_i)/2]}{\sum\limits_{i=1}^{n}p_i(2\pi)^{-p/2}\mid\sum_i\mid^{-1/2}\exp[-d^2(x,\mu_i)/2]} \\
&= \frac{p(2\pi)^{-p/2}\mid\sum\mid^{-1/2}\exp[-d^2(x,\mu_i)/2]}{\sum\limits_{i=1}^{n}p(2\pi)^{-p/2}\mid\sum\mid^{-1/2}\exp[-d^2(x,\mu_i)/2]} \\
&= \frac{\exp[-d^2(x,\mu_i)/2]}{\sum\limits_{i=1}^{n}\exp[-d^2(x,\mu_i)/2]} \\
&= \frac{\exp\{-1/2[x'\sum{}^{-1}x-2x'\sum{}^{-1}\mu_i+\mu'_i\sum{}^{-1}\mu'_i]\}}{\sum\limits_{i=1}^{n}\exp\{-1/2[x'\sum{}^{-1}x-2x'\sum{}^{-1}\mu_i+\mu'_i\sum{}^{-1}\mu'_i]\}} \\
&= \frac{\exp\{x'\sum{}^{-1}\mu_i-1/2[\mu'_i\sum{}^{-1}\mu'_i]\}}{\sum\limits_{i=1}^{n}\exp\{x'\sum{}^{-1}\mu_i-1/2[\mu'_i\sum{}^{-1}\mu'_i]\}} = \frac{\exp[W(G_i\mid x)]}{\sum\limits_{i=1}^{n}\exp[W(G_i\mid x)]}
\end{aligned}
$$

$$(4.2.5)$$

（2）多元正态总体案例分析

【例 4.2.2】根据经验，今天的湿度差 x_1 与今天的温压差 x_2 是预报明天是否下雨的两个重要因素，近期下雨的概率是 0.3，不下雨的概率是 0.7，假定 $x=(x_1,x_2)'$ 服从二维正态分布。现收集数据如表 4.2.1 所示，测得今天的湿度差 x_1 为 0.6，今天的温压差 x_2 为 3.0，试用 Bayes 判别法判别明天是否会下雨。

表 4.2.1　湿度差与温压差

	Obs	1	2	3	4	5	6	7	8	9	10
雨天 G_1	x_1	−1.9	−6.9	5.2	5.0	7.3	6.8	0.9	−12.5	1.5	3.8
	x_2	3.2	10.4	2.0	2.5	0	12.7	−15.4	−2.5	1.3	6.8
非雨天 G_2	x_1	0.2	−0.1	0.4	2.7	2.1	−4.6	−1.7	−2.6	2.6	−2.8
	x_2	6.2	7.5	14.6	8.3	0.8	4.3	10.9	13.1	12.8	10.0

解：进行判别之前，先检验两总体 G_1 与 G_2 均值向量是否相等，当两总体均值向

量无显著差异时,误判的概率会较大,当两总体均值向量有显著差异时,判别的结果就比较可靠。再检验两总体协差阵是否相等,当两总体协差阵有显著差异时,应使用式(4.2.3)进行判别,当两总体协差阵无显著差异时,在式(4.2.3)中使用相同的$\sum$进行判别。两总体均值向量相等以及协差阵相等的检验属于第3章内容,这里不再重复,这里选用两总体协差阵相等的情况进行分析。在此例中,因为先验概率不等,协差阵相同,使用的判别准则由式(4.2.3)简化如下:

$$\{x \in G_h \mid W(G_h \mid x) = \max_{1 \leq i \leq 2}[W(G_i \mid x)], W(G_i \mid x) = \ln p_i - \frac{1}{2}\mu'_i \sum{}^{-1}\mu_i + x'\sum{}^{-1}\mu_i\}$$

由上述判别准则,需计算出两类样本的均值向量及其共同的协差阵。对给定的样品x,若下雨天的$W(G_1 \mid x)$大于非雨天$W(G_2 \mid x)$,则判x属于第一类下雨天,否则判属于第二类非雨天。

①计算下雨天与非下雨天的样本均值向量

$$\hat{\mu}_1 = (\bar{\mu}_{11}, \bar{\mu}_{12})' = (0.92, 2.10)' \quad \hat{\mu}_2 = (\bar{\mu}_{21}, \bar{\mu}_{22})' = (-0.38, 8.85)'$$

②计算下雨天与非下雨天的样本离差阵S_1与S_2,进而得到$\sum$无偏估计

$$S_1 = \sum_{i=1}^{10}(X_i - \hat{\mu}_1)(X_i - \hat{\mu}_1)' = \begin{pmatrix} 368.08 & 57.28 \\ 57.28 & 537.18 \end{pmatrix}$$

$$S_2 = \sum_{i=1}^{10}(Y_i - \hat{\mu}_1)(Y_i - \hat{\mu}_1)' = \begin{pmatrix} 55.88 & -3.04 \\ -3.04 & 166.91 \end{pmatrix}$$

$$\hat{\sum} = \frac{1}{18}(S_1 + S_2) = \begin{pmatrix} 23.55 & 3.01 \\ 3.01 & 39.12 \end{pmatrix}$$

③依据$W(G_i \mid x) = \ln p_i - \frac{1}{2}\mu'_i \sum{}^{-1}\mu_i + x'\sum{}^{-1}\mu_i, i = 1,2$计算判别函数,$W(G_1 \mid x) = -1.27 + 0.03x_1 + 0.05x_2$,$W(G_2 \mid x) = -1.38 - 0.05x_1 + 0.23x_2$,待判样品$X = (0.6, 3.0)'$得分,$W(G_1 \mid x) = -1.1$,$W(G_2 \mid x) = -0.72$,进而求得后验概率$P(G_1 \mid x) = 0.41$,$P(G_2 \mid x) = 0.59$,明天不下雨的概率更大。

基于 Excel 的计算分析

步骤1:计算两类的均值向量μ'_1与μ'_2,并令第一类样本数据矩阵(B5:C14)为A,第二类样本数据矩阵(E5:F14)为B,把μ'_1与μ'_2分别命名为"均值1""均值2"。具体操作过程为,在B17框内按"=",输入命令 AVERAGE(B2:B14) 按回车键,得到0.92,再把光标移到B17右下角的黑点上,光标由空心"十"字变成实心"十"字,按住鼠标左键拖至 F17,可得μ'_1、μ'_2。选择区域 B5:C14,把光标置于页面左上角目标框内,输入 A 并按回车键,A 自动跳到目标框中间,则把第一类样本数据命名为 A,类似可命名数据矩阵 B;选择区域 B17:C17,把光标置于页面左上角目标框内,输入"均值1"并按回车键,"均值1"自动跳到目标框中间,则把第一类样本数据命名为"均值1",

类似可命名"均值2"。如图4.2.1所示。

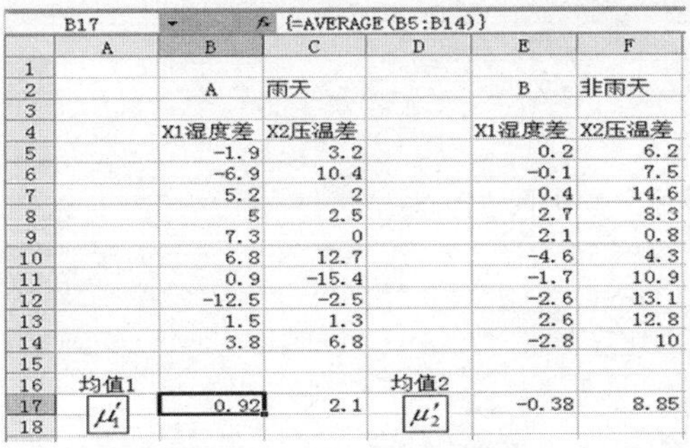

图 4.2.1　计算均值向量

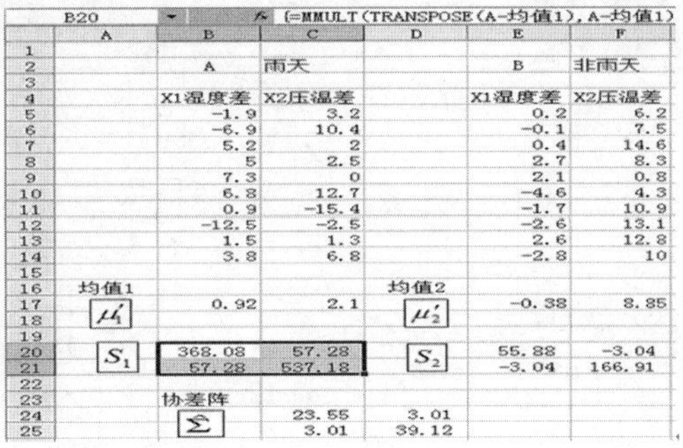

图 4.2.2　计算协差阵

步骤2:计算两类样本数据的样本协差阵 S_1 与 S_2,因为第一类、第二类样本容量都等于10,依据公式 $\hat{\Sigma}=(S_1+S_2)/(10+10-2)$ 获取 $\hat{\Sigma}$,如图4.2.2所示。具体操作过程为,选择区域 B20:C21,因为中心化数据矩阵的转置乘以其本身得到样本离差阵,选择区域 B20:C21,按"=",输入命令 MMULT(TRANSPOSE(A-均值1),A-均值1),同时按"Ctrl""Shift""Enter"键,得到样本离差阵 S_1,类似地,在区域 E20:F21 内,算出样本离差阵 S_2。选择区域 C24:D25,按"=",输入命令(B20:C21+E20:F21)/18,同时按"Ctrl""Shift""Enter"键,得到 $\hat{\Sigma}$,并命名为协差阵。

步骤3:依据 $W(G_i\,|\,x)=\ln p_i-\dfrac{1}{2}\mu'_i\Sigma^{-1}\mu_i+x'\Sigma^{-1}\mu_i$,先分别计算属于第一类与第二类的线性判别函数 $W(G_1\,|\,x)$ 与 $W(G_2\,|\,x)$,其中,常数项使用公式为 $\ln p_i-\dfrac{1}{2}\mu'_i\Sigma^{-1}\mu_i$,系数向量为 $\Sigma^{-1}\mu_i$。具体操作过程为,选择区域 E29,按"=",输入命令 ln(E25)-0.5*MMULT(MMULT(均值1,MINVERSE(协差阵)),TRANSPOSE(均值1)),同时按"Ctrl""Shift""Enter"键,得到常数项。选择区域 E30:E31,按"=",输入命令 MMULT(MINVERSE(协差阵),TRANSPOSE(均值1)),同时按"Ctrl""Shift""Enter"键,得到属第一类的系数,由此得到 $W(G_1\,|\,x)=-1.27+0.03x_1+0.05x_2$,类似地,得到 $W(G_2\,|\,x)=-1.38-0.05x_1+0.23x_2$,见图4.2.3。

| E29 | ▼ | f_x | {=LN(E25)-0.5*MMULT(MMULT(均值1,MINVERSE(协差阵)),TRANSPOSE(均值1))} | | | | | | |

	A	B	C	D	E	F	G	H	I	J
16	均值1			均值2						
17	μ_1'	0.92	2.1	μ_2'	-0.38	8.85				
18										
19										
20	S_1	368.08	57.28	S_2	55.88	-3.04				
21		57.28	537.18		-3.04	166.91				
22										
23	协差阵									
24	Σ	23.55	3.01		p_1	p_2				
25		3.01	39.12		0.3	0.7				
26										
27					$W(G_1\|X)$	$W(G_2\|X)$				
28		$\ln p_i - \dfrac{1}{2}\mu_i'\Sigma^{-1}\mu_i$									
29				常数项	-1.27	-1.38				
30		$\Sigma^{-1}\mu_i$		X1	0.03	-0.05				
31				X2	0.05	0.23				

图 4.2.3　计算线性判别函数得分

步骤 4：使用线性判别函数，分别计算每个观测及待判样品分别属于 G_1 与 G_2 的函数值，把观测或样品判为属于较大值的类别。如图 4.2.4 所示，选择区域 E3，按"="，输入命令 I\$6+I\$7＊\$C3＋I\$8＊\$D3，求出 obs1 属于 G_1 的判别函数值，再把光标移到 E3 右下角的黑点上，光标由空心"十"字变成实心"十"字，按住鼠标左键向下拖至 E23，可得所有观测在第一判别函数下得分。框住 E3：E23，把光标移到 E23 右下角的黑点上，按住鼠标左键向右拖至 F23，可直接得到所有观测在第二判别函数下得分。在 I6、I7、I8 的数字前加"\$"符号，是为固定第一判别函数 3 个系数所在的行，以便向下拖出所有观测的第一判别函数得分；在 C3、D3 的字母前加"\$"符号，是要固定两个指标数据所在的列，以便由所有观测的第一判别函数得分拖出所有观测的第二判别函数得分。

	E3		▼		fx	{=I$6+I$7*$C3+I$8*$D3}				
	A	B	C	D	E	F	G	H	I	J
1										
2		obs	X1	X2	$W(G_1|X)$	$W(G_2|X)$	类别			
3	雨天	1	-1.9	3.2	-1.17	-0.56	2			
4		2	-6.9	10.4	-0.96	1.32	2		$W(G_1|X)$	$W(G_2|X)$
5		3	5.2	2	-1.00	-1.16	1			
6		4	5	2.5	-0.98	-1.04	1	常数项	-1.27	-1.38
7		5	7.3	0	-1.04	-1.71	1	X1	0.03	-0.05
8		6	6.8	12.7	-0.40	1.23	2	X2	0.05	0.23
9		7	0.9	-15.4	-2.03	-4.96	1			
10		8	-12.5	-2.5	-1.81	-1.39	2			
11		9	1.5	1.3	-1.16	-1.15	2			
12		10	3.8	6.8	-0.80	0.01	2			
13	非雨天	1	0.2	6.2	-0.95	0.03	2			
14		2	-0.1	7.5	-0.89	0.35	2			
15		3	0.4	14.6	-0.51	1.95	2			
16		4	2.7	8.3	-0.76	0.40	2			
17		5	2.1	0.8	-1.16	-1.29	1			
18		6	-4.6	4.3	-1.20	-0.18	2			
19		7	-1.7	10.9	-0.77	1.20	2			
20		8	-2.6	13.1	-0.69	1.75	2			
21		9	2.6	12.8	-0.53	1.44	2			
22		10	-2.8	10	-0.85	1.04	2			
23		待判样品	0.6	3	-1.10	-0.72	2			

图 4.2.4 样品的回判与判别

选择区域 G3,按"＝",输入命令 IF(E3＞F3,1,2),按 Enter 键,得到函数值 2,表示判别 obs1 属于第二类,再把光标移到 G3 右下角的黑点上,光标由空心"十"字变成实心"十"字,按住鼠标左键向下拖至 G23,可得所有观测所属类别。IF 函数的第一空格填入某要求条件,第二空格填入条件为真时的赋值,第三空格填入条件为假时的赋值。在本例中,待判样品属于第二类,因此判断明天为非雨天。注意到既有样品的回判类别与原始类别有较大的差异,这是因为近期下雨、不下雨的先验概率 0.3、0.7 未必是观察数据的先验概率。若令观察数据下雨与不下雨的概率都为 0.5,就等同于使用距离判别方法,回判结果会更准确。

步骤 5:基于线性判别函数值计算后验概率,也可以进行类别判定。使用式(4.2.5),分别计算每个观测及待判样品分别属于 G_1 与 G_2 的后验概率。先计算 obs1 属于第一类的后验概率,选择区域 H3,按"＝",输入命令 EXP(E3)/(EXP($E3)＋EXP($F3)),同时按"Ctrl""Shift""Enter"键,得到后验概率 0.35,把光标移到 H3 右下角的黑点上,按住鼠标左键向下拖至 H23,可得所有观测属于第一类的后验概率。在 E、F 两字母前加"$"符号,对分母的 E、F 两列进行固定,框住 H3:H23,把光标移到 H23 右下角的黑点上,按住鼠标左键向右拖至 I23,可直接得到所有观测属于第二类的后验概率,如图 4.2.5 所示。观测 G、H、I 三列,显然,在哪一类的后验概率值较大,观测就属于哪一类。

H3	▼	fx	{=EXP(E3)/(EXP($E3)+EXP($F3))}								
	A	B	C	D	E	F	G	H	I	J	K	L
1												
2		obs	X1	X2	$W(G_1|X)$	$W(G_2|X)$	类别	P(G1)	P(G2)			
3	雨天	1	-1.9	3.2	-1.17	-0.56	2	0.35	0.65			
4		2	-6.9	10.4	-0.96	1.32	2	0.09	0.91		$W(G_1|X)$	$W(G_2|X)$
5		3	5.2	2	-1.00	-1.16	1	0.54	0.46			
6		4	5	2.5	-0.98	-1.04	1	0.51	0.49	常数项	-1.27	-1.38
7		5	7.3	0	-1.04	-1.71	1	0.66	0.34	X1	0.03	-0.05
8		6	6.8	12.7	-0.40	1.23	2	0.16	0.84	X2	0.05	0.23
9		7	0.9	-15.4	-2.03	-4.96	1	0.95	0.05			
10		8	-12.5	-2.5	-1.81	-1.39	2	0.40	0.60			
11		9	1.5	1.3	-1.16	-1.15	2	0.50	0.50			
12		10	3.8	6.8	-0.80	0.01	2	0.31	0.69		$p(G_i|x)=\dfrac{\exp[W(G_i|x)]}{\sum\limits_{i=1}^{n}\exp[W(G_i|x)]}$	
13	非雨天	1	0.2	6.2	-0.95	0.03	2	0.27	0.73			
14		2	-0.1	7.5	-0.89	0.35	2	0.22	0.78			
15		3	0.4	14.6	-0.51	1.95	2	0.08	0.92			
16		4	2.7	8.3	-0.76	0.40	2	0.24	0.76			
17		5	2.1	0.3	-1.16	-1.29	1	0.53	0.47			
18		6	-4.6	4.3	-1.20	-0.18	2	0.27	0.73			
19		7	-1.7	10.9	-0.77	1.20	2	0.12	0.88			
20		8	-2.6	13.1	-0.69	1.75	2	0.08	0.92			
21		9	2.6	12.8	-0.53	1.44	2	0.12	0.88			
22		10	-2.8	10	-0.85	1.04	2	0.13	0.87			
23		待判样品	0.6	3	-1.10	-0.72	2	0.41	0.59			

图 4.2.5　基于线性判别函数值计算后验概率

4.2.2　平均损失最小法

判别分析可能会导致误判,各种误判产生的后果可能不一样。比如,把不合格的样品判为合格样品可能比把合格样品判为不合格样品后果更严重。一个好的判别准则应该使误判损失最小,而后验概率最大的判别准则显然未考虑错判损失问题,或者说后验概率最大判别准则是平均损失最小判别准则中损失函数相同的特例。

（1）误判概率与误判损失

假定两个总体 G_1 与 G_2,其密度函数分别为 $f_1(x)$、$f_2(x)$,来自总体 G_i 的样品 X 被错判为来自总体 G_j 所造成的损失记为 $C(j|i)$,显然 $C(i|i)=0$。建立某判别规则 $R=(R_1,R_2)$,R 是对全集的一个划分,$R_1\bigcap R_2=\varphi$,$R_1\bigcup R_2=\Omega$。一个规则适当的划分可以实现准确的判别,当 X 落入 $R_i(i=1,2)$,判 $X\in G_i$。

来自总体 G_i 的样品 X 被误判为来自总体 G_j 的概率记为 $P(j|i)$。则样品 X 来自 G_1,而被规则判别为来自 G_1 与 G_2 的概率分别为

$$P(1|1)=P(X\in R_1|G_1)=\int_{R_1}f_1(x)dx \tag{4.2.6}$$

$$P(2|1)=P(X\in R_2|G_1)=\int_{R_2}f_1(x)dx \tag{4.2.7}$$

在规则 R 下样品 X 来自 G_1 的期望损失为 $P(1|1)C(1|1)+P(2|1)C(2|1)$,由于 $C(1|1)=0$,因此有

$$EC(G_1|R)=P(2|1)C(2|1) \tag{4.2.8}$$

类似地,对来自 G_2 的样品,判为来自 G_1 与 G_2 的概率分别为

$$P(1|2) = P(X \in R_1 | G_2) = \int_{R_1} f_2(x) dx \qquad (4.2.9)$$

$$P(2|2) = P(X \in R_2 | G_2) = \int_{R_2} f_2(x) dx \qquad (4.2.10)$$

在规则 R 下样品 X 来自 G_2 的期望损失为 $P(1|2)C(1|2) + P(2|2)C(2|2)$,由于 $C(2|2) = 0$,因此有

$$EC(G_2 | R) = P(1|2)C(1|2) \qquad (4.2.11)$$

假定总体 G_1 与 G_2 出现的先验概率分别为 p_1、p_2,则由判别规则 R 所致的平均误判损失(Expected Cost of Misclassification, ECM)为

$$ECM(R) = p_1 EC(G_1 | R) + p_2 EC(G_2 | R) = p_1 P(2|1)C(2|1) + p_2 P(1|2)C(1|2) \qquad (4.2.12)$$

若有多个总体 $G_i, i = 1, 2, \cdots, k$,来自总体 G_i 的先验概率为 p_i,判别规则 $R = (R_1, R_2, \cdots, R_k)$ 误判概率与误判损失分别为 $P(j|i)$、$C(j|i)$,则由判别规则 R 所致的平均误判损失为

$$ECM(R) = p_1 \sum_{j=1}^{k} P(j|1)C(j|1) + \cdots + p_k \sum_{j=1}^{k} P(j|k)C(j|k) \qquad (4.2.13)$$

一个最优的判别规则划分,应该是使 $ECM(R)$ 达到最小的 $R = (R_1, R_2, \cdots, R_k)$。

(2)平均误判损失最小的判别

对两个总体的情形,把 $P(2|1)$ 以及 $P(1|2)$ 使用式(4.2.7)以及式(4.2.9)代入式(4.2.12),得

$$ECM(R) = p_1 C(2|1) \int_{R_2} f_1(x) dx + p_2 C(1|2) \int_{R_1} f_2(x) dx$$

因为

$$\int_{\Omega} f_1(x) dx = \int_{R_2} f_1(x) dx + \int_{R_1} f_1(x) dx = 1$$

所以

$$ECM(R) = p_1 C(2|1) + \int_{R_1} [p_2 f_2(x) C(1|2) - p_1 f_1(x) C(2|1)] dx$$

在 R_1 内选择满足 $p_2 f_2(x) C(1|2) - p_1 f_1(x) C(2|1) < 0$ 的样品,即为使得 ECM(R) 最小的区域。因此,当 $p_1 f_1(x) C(2|1) > p_2 f_2(x) C(1|2)$ 时,由 ECM 准则,$X \in G_1$;类似地可证明,当 $p_1 f_1(x) C(2|1) < p_2 f_2(x) C(1|2)$ 时,$X \in G_2$;当 $p_1 f_1(x) C(2|1) = p_2 f_2(x) C(1|2)$ 时,样品 X 处于边界点,有待进一步判别。

因此建立平均损失最小判别准则:

$$
\begin{cases}
X \in G_1, p_1 f_1(x) C(2 \mid 1) > p_2 f_2(x) C(1 \mid 2) \\
X \in G_2, p_1 f_1(x) C(2 \mid 1) < p_2 f_2(x) C(1 \mid 2) \\
待判, p_1 f_1(x) C(2 \mid 1) = p_2 f_2(x) C(1 \mid 2)
\end{cases}
\tag{4.2.14}
$$

令损失函数 $C(2 \mid 1) = C(1 \mid 2) = 1$,平均损失最小判别准则(4.2.13)就简化为后验概率最大准则。因此,后验概率最大判别准则是平均损失最小判别准则在 $C(i \mid i) = 0$ 且 $C(j \mid i) = 1, i \neq j$ 时的特例。

判别准则(4.2.14)可改写为

$$
R_1 = \left\{ x \text{ 满足} \frac{f_1(x)}{f_2(x)} > \frac{p_2 C(1 \mid 2)}{p_1 C(2 \mid 1)} \right\}, R_2 = \left\{ x \text{ 满足} \frac{f_1(x)}{f_2(x)} < \frac{p_2 C(1 \mid 2)}{p_1 C(2 \mid 1)} \right\}
$$

$R = (R_1, R_2)$ 即为满足平均损失最小的判别规则划分。

当 $f_1(x)$、$f_2(x)$ 为正态分布 $N(\mu_1, \Sigma)$ 和 $N(\mu_2, \Sigma)$ 的密度函数时,

$$
\begin{aligned}
\frac{f_1(x)}{f_2(x)} &= \exp\left\{ -\frac{1}{2}(x - \mu_1)' \Sigma^{-1}(x - \mu_1) + \frac{1}{2}(x - \mu_2)' \Sigma^{-1}(x - \mu_2) \right\} \\
&= \exp\left\{ [x - (\mu_1 + \mu_2)/2]' \Sigma^{-1}(\mu_1 - \mu_2) \right\} \\
&= \exp W(x)
\end{aligned}
$$

其中,$W(x)$ 为式(4.1.5)定义的距离判别函数,当损失函数 $C(2 \mid 1) = C(1 \mid 2)$,且先验概率 $p_1 = p_2$ 时,平均损失最小判别准则就退化为距离判别准则。

对多总体情形,设有 k 个总体 $G_i, i = 1, 2, \cdots, k$,对应的密度函数为 $f_i(x)$,先验概率为 p_i,$C(j \mid i)$ 表示样品 X 来自总体 G_i 被错判为来自总体 G_j 所造成的损失。$R = (R_1, R_2, \cdots, R_k)$ 是某判别规则,$R_1, R_2, \cdots, R_k$ 完备互斥。

$$
p(j \mid i) = p(X \in R_j \mid G_i) = \int_{R_j} f_i(x) dx \quad i, j = 1, 2, \cdots, k
\tag{4.2.15}
$$

在规则 R 下样品 X 来自 G_i 的期望损失为

$$
EC(G_i \mid R) = \sum_{j=1}^{k} p(j \mid i) C(j \mid i)
\tag{4.2.16}
$$

考虑到来自各个总体的先验概率,总的平均误判损失为

$$
ECM(R) = \sum_{i=1}^{k} p_i \sum_{j=1}^{k} p(j \mid i) C(j \mid i)
\tag{4.2.17}
$$

对于多总体情况,合理的判别规则是寻找一种规则划分 $R = (R_1, R_2, \cdots, R_k)$ 使式(4.2.17)达到最小即可。

4.3 Fisher 判别法

费歇尔(Fisher)判别法是 1936 年提出来的。这种方法对总体分布无特殊要求,其基本思路是,针对多维空间下既定的分组类别,通过待定线性转化函数映射到一维空间,在一维空间内按照一元方差分析的思想,以使得组内差异尽可能小、组间差异尽

可能大的原则来确定线性转化函数的系数。其核心环节在于求出反映组间数据结构的矩阵 A，以及反映组内数据结构的矩阵 E，并求出 A 相对于 E 的特征根及特征向量，从而得到线性转化函数，进而对待判样品进行分类。

4.3.1　线性转化函数与降维

在 p 维空间内有 k 类 $G_1,\cdots G_i\cdots,G_k$，其中以 $\{X_{i1},X_{i2},\cdots,X_{in_i}\}$，$i=1,2,\cdots,k$ 表示从总体 G_i 获取的 n_i 个观测。对 k 个总体，分别计算均值向量 $\overline{X}_i$、总均值向量 $\overline{X}$ 及协差阵 $\sum_i$，$i=1,2,\cdots,k$。

设线性转化函数为

$$y(X)=c_1x_1+c_2x_2+\cdots+c_px_p=C'X \tag{4.2.18}$$

其中 $X=(x_1,x_2,\cdots,x_p)'$，表示某 p 维观测；$C=(c_1,c_2,\cdots,c_p)'$，$c_1,c_2,\cdots,c_p$ 为待定系数。

线性转化函数把 k 个 p 维总体 $\{X_{11},X_{12},\cdots,X_{1n_1}\},\cdots,\{X_{k1},X_{k2},\cdots,X_{kn_k}\}$ 映射为 k 组一维的 y 值：$\{y_{11},y_{12},\cdots,y_{1n_1}\},\{y_{21},y_{22},\cdots,y_{2n_2}\},\cdots,\{y_{k1},y_{k2},\cdots,y_{kn_k}\}$。这 k 组数据的平均数分别为 $\overline{y}_1=C'\overline{X}_1,\overline{y}_2=C'\overline{X}_2,\cdots,\overline{y}_k=C'\overline{X}_k$；$k$ 组数据总平均数为 $\overline{y}=C'\overline{X}$，$k$ 组数据的方差 $\sigma_i^2=D(C'X_i)=C'\sum_iC$，$i=1,2,\cdots,k$。由此得到一维空间 y 的 k 组数据的统计特征，均值分别为 $\overline{y}_1,\overline{y}_2,\cdots,\overline{y}_k$，总均值为 $\overline{y}$；方差分别为 $\sigma_1^2,\sigma_2^2,\cdots,\sigma_k^2$。

4.3.2　特征值与特征向量

在一维空间内，根据方差分析的思想，若既定的分组是合理的，则组间差异应该尽可能大，组内差异应该尽可能小。组间差异 SSA 使用各组平均数 $\overline{y}_1,\overline{y}_2,\cdots,\overline{y}_k$ 对总平均数 $\overline{y}$ 求差异并以各组频数 n_i 进行加权得到

$$
\begin{aligned}
SSA &= \sum_{i=1}^{k}n_i(\overline{y}_i-\overline{y})^2 \\
&= \sum_{i=1}^{k}n_i(C'\overline{X}_i-C'\overline{X})^2 \\
&= C'\Big[\sum_{i=1}^{k}n_i(\overline{X}_i-\overline{X})(\overline{X}_i-\overline{X})'\Big]C \\
&= C'AC
\end{aligned}
$$

其中，$A=\sum_{i=1}^{k}n_i(\overline{X}_i-\overline{X})(\overline{X}_i-\overline{X})'$，反映组间数据结构。

组内差异 SSE 通过各组组内差异（各组方差乘以各组频数 n_i）求和得到

$$
\begin{aligned}
SSE &= \sum_{i=1}^{k}n_i\sigma_i^2 \\
&= \sum_{i=1}^{k}n_iC'\sum_iC \\
&= C'\Big[\sum_{i=1}^{k}n_i\sum_i\Big]C \\
&= C'EC
\end{aligned}
$$

其中，$E = \sum\limits_{i=1}^{k} n_i \sum_i = \sum\limits_{i=1}^{k} \sum\limits_{j=1}^{n_i} (X_{ij} - \overline{X}_i)(X_{ij} - \overline{X}_i)'$，$E$ 为各组样本协方差的加权平均，反映组内数据结构，$\sum_i, i = 1, 2, \cdots, k$ 为 k 类 p 维总体的协差阵。

要使得组间差异尽可能大、组内差异尽可能小，求 λ 的最大值即可。

$$\lambda = \frac{C'AC}{C'EC} \tag{4.2.19}$$

根据极值存在的必要条件，令 $\frac{\partial \lambda}{\partial C} = 0$，利用向量求导可得

$$\frac{\partial \lambda}{\partial C} = \frac{\frac{\partial(C'AC)}{\partial C} C'EC - C'AC \frac{\partial(C'EC)}{\partial C}}{(C'EC)^2}$$

$$= \frac{2AC}{C'EC} - \frac{C'AC}{C'EC} \frac{2EC}{C'EC} = 0$$

由此得到：

$$AC = \lambda EC$$

因此，求出矩阵 $E^{-1}A$ 的特征根及特征向量，特征根即为最大比值 λ，特征向量 C 即为线性转化函数（4.2.18）的系数向量。

在有些问题中，仅用特征值最大的线性转化函数（p 维 $X \to$ 一维 y）不能很好地区别各个总体，这时可考虑追加特征值第二大的线性转化函数（p 维 $X \to$ 二维 y_1, y_2）来进行判别，依此类推。

当使用一个线性转化函数时，给定样品 X_0，使用判别准则为

$$\{x_0 \in G_h \mid [y(X_0) - y(\overline{X}_h)]^2 = \min_{1 \leqslant i \leqslant k} \{[y(X_0) - y(\overline{X}_i)]^2 \mid y(x) = C'X\}$$

使用两个转化函数 $y_1(X) = C'_1 X, y_2(X) = C'_2 X$ 时，构建向量 $Y_0 = [y_1(X_0), y_2(X_0)]'$，$\overline{Y}_i = [y_1(\overline{X}_i), y_2(\overline{X}_i)]'$，简单使用欧氏距离 $d^2(Y_0, \overline{Y}_i) = (Y_0 - \overline{Y}_i)'(Y_0 - \overline{Y}_i)$，判别准则为

$$\{x_0 \in G_h \mid d^2(Y_0, \overline{Y}_h) = \min_{1 \leqslant i \leqslant k} \{d^2(Y_0, \overline{Y}_i) \mid y_j(X) = C'_j X, j = 1, 2\}$$

4.4 基于 Excel 与 SPSS 对比的案例分析

【例 4.4.1】对三类鸢尾花分别是刚毛鸢尾花、变色鸢尾花、弗吉尼亚鸢尾花，各抽取样本容量为 50 的样本数据，测度鸢尾花的花萼长 x_1、花萼宽 x_2、花瓣长 x_3、花瓣宽 x_4，数据见表 3.3.1。试根据既有分类分别建立 Bayes 判别函数、Fisher 判别函数，计算既有样品的判别函数得分，并进行回判。

基于 SPSS 的操作

打开 SPSS 软件，首先建立数据文件：在 "Variable View（变量视图）" 中输入 Group（组别）、x_1、x_2、x_3、x_4，在 "Data View（数据视图）" 中输入数据。再在 "Analyze

(分析)"菜单中选择"Classify(分类)",打开"Discriminant（判别）"对话框,把变量 Group 输入"Grouping Variable(分组变量)"栏,这时"Define Range(定义范围)"被激活,点击该按钮,在"Minimum(最小值)"和"Maximum(最大值)"窗口分别输入 1 和 3。把 x_1、x_2、x_3、x_4 送入"Independent Variable(自变量)"窗口,再点击"Statistics(统计量)"对话框,在"Function Coefficient(函数系数)"方框内有 "Fisher"和"Unstandardized(未标准化)"两个选项,如图 4.4.1 所示。

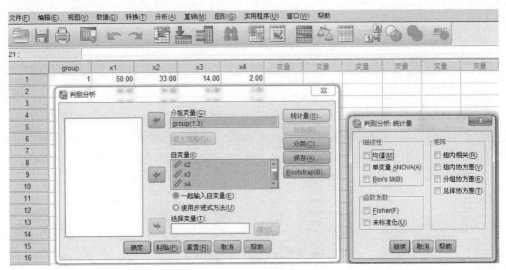

图 4.4.1　判别分析对话框

两个选项的含义如下:

Fisher 给出 Bayes 判别函数的系数(注意:这个选项不是要给出 Fisher 判别函数的系数,这里极易混淆,请小心辨别);

Unstandardized 给出了未标准化的 Fisher 判别函数的系数。

这里先勾选 Fisher,进行 Bayes 判别。点击"Continue(继续)"回到主对话框,点击"Classify(分类)"对话框,"Prior Probabilities(先验概率)"使用默认的"All groups equal(各组相等)",点击"Continue(继续)"回到主对话框,点击"Save(保存)"对话框按钮,勾选"Predicted group membership(预测组成员类别)","Discriminant scores(判别得分)",以及"Probabilities of membership（贝叶斯后验概率)",返回主对话框,单击"OK（确定)",运行 Bayes 判别过程。可得到判别函数如表 4.4.1 所示。同时在数据页面保留了对各个样品的类别判定(Dis_1),判别函数相对得分(Dis1_1、Dis2_1)以及各个样品的后验概率(Dis1_2、Dis2_2、Dis3_2),见图 4.4.2。

表 4.4.1　分类函数系数

	GROUP		
	1.00	2.00	3.00
X1	2.354	1.570	1.245
X2	2.359	0.707	0.369
X3	−1.643	0.521	1.277
X4	−1.740	0.643	2.108
（常量）	−86.308	−72.853	−104.368

图 4.4.2　Bayes 判别的回判结果

　　若勾选"Unstandardized(未标准化)"，进行 Fisher 判别。点击"Continue(继续)"回到主对话框，点击"Save(保存)"对话框按钮，勾选"Predicted group membership(预测组成员类别)"，返回主对话框，单击"OK（确定)"，运行 Fisher 判别过程。可得到 $E^{-1}A$ 的特征值如表 4.4.2 所示，Fisher 判别函数如表 4.4.3 所示。同时在数据页面保留了对各个样品的类别判定(Dis_1)，见图 4.4.3。

表 4.4.2　组间矩阵 A 相对于组内矩阵 E 的特征值

函数	特征值	方差的 %	累积 %	正则相关性
1	32.192	99.1	99.1	0.985
2	0.285	0.9	100.0	0.471

表 4.4.3　典型判别式函数系数

	判别函数 1	判别函数 2
$X1$	−0.083	0.002
$X2$	−0.153	0.216
$X3$	0.220	−0.093
$X4$	0.281	0.284
（常量）	−2.105	−6.661

文件(F) 编辑(E) 视图(V) 数据(D) 转换(T) 分析(A) 直销(M) 图形(G) 实用程序(U) 窗口(W) 帮助

1:	1.00000							
	group	x1	x2	x3	x4	Dis1_1	Dis2_1	Dis3_1
46	1	51.00	38.00	15.00	3.00	1.00000	.00000	.00000
47	1	54.00	34.00	17.00	2.00	1.00000	.00000	.00000
48	1	51.00	37.00	15.00	4.00	1.00000	.00000	.00000
49	1	52.00	35.00	15.00	2.00	1.00000	.00000	.00000
50	1	53.00	37.00	15.00	2.00	1.00000	.00000	.00000
51	2	65.00	28.00	46.00	15.00	.00000	.99559	.00441
52	2	62.00	22.00	45.00	15.00	.00000	.95957	.04043
53	2	59.00	32.00	48.00	18.00	.00000	.25323	.74677
54	2	61.00	30.00	46.00	14.00	.00000	.99809	.00191
55	2	60.00	27.00	51.00	16.00	.00000	.14339	.85661
56	2	56.00	25.00	39.00	11.00	.00000	1.00000	.00000
57	2	57.00	28.00	45.00	13.00	.00000	.99850	.00150
58	2	67.00	31.00	44.00	14.00	.00000	.99996	.00004
59	2	56.00	30.00	45.00	15.00	.00000	.98065	.01935
60	2	58.00	27.00	41.00	10.00	.00000	1.00000	.00000
61	2	60.00	29.00	45.00	15.00	.00000	.99252	.00748
62	2	57.00	26.00	35.00	10.00	.00000	1.00000	.00000
63	2	57.00	29.00	42.00	13.00	.00000	.99989	.00011

图 4.4.3　Fisher 判别的回判结果示例

基于 Excel 的 Bayes 判别

步骤 1：矩阵的命名及 $\hat{\Sigma}$ 的计算。把第一类刚毛鸢尾花 50 个样品 4 个指标的原始数据命名为 XA；把第二类变色鸢尾花数据矩阵命名为 XB；把第三类弗吉尼亚鸢尾花数据矩阵命名为 XC。类似地，把第一、第二、第三类鸢尾花的均值行向量命名为 MA、MB、MC，并把三类鸢尾花总的均值行向量命名为 MT。使用命令"MMULT (TRANSPOSE(XA−MA)：XA−MA)"计算 $S1$，类似地计算 $S2$、$S3$，并分别命名为 SA、SB、SC，在此基础上，使用公式 $(SA+SB+SC)/147$ 计算 $\hat{\Sigma}$，并把 $\hat{\Sigma}$ 命名为协差阵，如图 4.4.4 所示。

B15	▼	f_x	{=(SA+SB+SC)/147}						
	A	B	C	D	E	F	G	H	I	J
1										
2		第一类数据	第二类数据	第三类数据			S1	(SA)		
3		XA	XB	XC			608.82	486.16	80.14	50.62
4							486.16	704.08	57.32	45.56
5		X1	X2	X3	X4		80.14	57.32	147.78	29.74
6	均值一MA	50.06	34.28	14.62	2.46		50.62	45.56	29.74	54.42
7	均值二MB	59.36	27.7	42.6	13.26					
8	均值三MC	65.88	29.74	55.52	20.26		S2	(SB)		
9	总均值MT	58.43	30.57	37.58	11.99		1305.52	417.4	896.2	273.32
10							417.4	482.5	405	201.9
11		$\hat{\Sigma}=(S_1+S_2+S_3)/(n_1+n_2+n_3-3)$					896.2	405	1082	358.2
12							273.32	201.9	358.2	191.62
13										
14			协差阵				S3	(SC)		
15		26.50	9.27	16.75	3.84		1981.28	459.44	1486.12	240.56
16		9.27	11.54	5.52	3.27		459.44	509.62	349.76	233.38
17		16.75	5.52	18.52	4.27		1486.12	349.76	1492.48	239.24
18		3.84	3.27	4.27	4.19		240.56	233.38	239.24	369.62

图 4.4.4　矩阵的命名及协差阵的计算

步骤 2：依据 Bayes 后验概率公式计算三个类别判别函数。后验概率为 $\dfrac{p_i f_i(x)}{\sum\limits_{i=1}^{n} p_i f_i(x)}$，在 $\Sigma_1=\Sigma_2=\Sigma_3=\hat{\Sigma}$，$p_1=p_2=p_3$，以及 $f(X)$ 服从四维正态分布的假定下，对后验概率取对数并剔除与类别无关的共同项，判别函数简化为 $y=-\dfrac{1}{2}\mu_i'\Sigma^{-1}\mu_i+x'\Sigma^{-1}\mu_i$。为便于在计算出第一类别 Bayes 判别函数后拖拽出第二、三类 Bayes 判别函数，第一类均值向量不使用 MA 来表示（若使用命名的 MA，则在 Excel 中行列皆会固定）。第一类别 Bayes 判别函数的常数项为 $-\dfrac{1}{2}\mu_1'\Sigma^{-1}\mu_1$，系数行向量为 $(\Sigma^{-1}\mu_1)'=\mu_1'\Sigma^{-1}$，计算常数项先框住区域 L10，再使用命令“= −0.5 * MMULT(MMULT(B3:E3,MINVERSE(协差阵)),TRANSPOSE(B3:E3))”，计算系数向量先框住区域 H10:K10，再使用命令“= MMULT(B3:E3,MINVERSE(协差阵))”获取，然后框住 H10:L10，把光标放到右下角的黑点，往下拖拽得到第二、三类 Bayes 判别函数，如图 4.4.5 所示。

MDETERM	▼		=-0.5*MMULT(MMULT(B3:E3,MINVERSE(协差阵)),TRANSPOSE(B3:E3))								
	A	B	C	D	E	F	G	H	I	J	K	L
1												
2		X1	X2	X3	X4			假定 $\Sigma_1=\Sigma_2=\Sigma_3=\hat{\Sigma}$，$p_1=p_2=p_3$				
3	均值一MA	50.06	34.28	14.62	2.46			贝叶斯判别函数为				
4	均值二MB	59.36	27.70	42.60	13.26							
5	均值三MC	65.88	29.74	55.52	20.26			$y=-\dfrac{1}{2}\mu_i'\Sigma^{-1}\mu_i+x'\Sigma^{-1}\mu_i$				
6	总均值MT	58.43	30.57	37.58	11.99							
7												
8			协差阵						贝叶斯判别函数系数			
9		26.50	9.27	16.75	3.84				X1	X2	X3	X4	常数项
10		9.27	11.54	5.52	3.27		类别1	2.354	2.359	-1.643	-1.740	(B3:E3))
11		16.75	5.52	18.52	4.27		类别2	1.570	0.707	0.521	0.643	-71.754
12		3.84	3.27	4.27	4.19		类别3	1.245	0.369	1.277	2.108	-103.270

图 4.4.5　计算 Bayes 判别函数

步骤 3：计算各个样品的 Bayes 判别函数得分。计算判别函数得分有两种方法：方法一，使用矩阵工具直接计算 150 个样品的三类判别函数 y_1、y_2、y_3，选择区域 F4：H153，输入命令"$= TRANSPOSE(O6:O8) + MMULT(B4:E153, TRANSPOSE(K6:N8))$"，可直接获取 150 个样品的三类判别函数得分，如图 4.4.6 所示。

	A	B	C	D	E	F	G	H	I	J	K	L	M	N	O
						=TRANSPOSE(O6:O8)+MMULT(B4:E153, TRANSPOSE(K6:N8))									
1															
2		萼长	萼宽	瓣长	瓣宽						贝叶斯判别函数系数				
3	组别	x1	x2	x3	x4	y1	y2	y3							
4	1	50	33	14	2	:6:N8))	38.66	-6.79				X1	X2	X3	X4	常数项
5	1	46	34	14	3	75.07	33.73	-9.29				2.354	2.359	-1.643	-1.740	-85.210
6	1	46	36	10	2	88.10	32.42	-15.77		类别1	2.354	2.359	-1.643	-1.740	-85.210
7	1	51	33	17	5	76.07	43.72	4.61		类别2	1.570	0.707	0.521	0.643	-71.754
8	1	51	38	19	4	86.32	47.66	6.90		类别3	1.245	0.369	1.277	2.108	-103.270
9	1	49	30	14	2	74.44	34.97	-9.14							
10	1	51	35	14	2	90.94	41.64	-4.81							
19	1	55	35	13	2	102.00	47.40	-1.11							
20	1	48	31	16	2	71.16	35.15	-7.46							
50	1	54	34	17	2	90.72	47.21	2.39							
53	1	53	37	15	2	98.72	46.72	-0.31							
54	2	65	28	46	15	32.19	83.71	78.29							
60	2	57	28	45	13	18.48	69.34	62.84							
83	2	59	30	42	15	29.36	73.62	66.45							
84	2	60	22	40	10	24.33	65.77	61.66							
103	2	67	30	50	17	31.57	91.64	90.84							
104	3	64	28	56	22	1.23	91.86	104.57							
105	3	67	31	56	24	11.89	99.98	113.62							
153	3	63	33	60	25	-1.12	97.84	116.60							

图 4.4.6　计算 Bayes 判别函数得分方法一

方法二，如图 4.4.7 所示，把 Bayes 判别函数系数先转置，在区域 F4 内先计算第一类第一个样品的判别函数得分，使用命令为"$= K\$10 + MMULT(\$B4:\$E4, K\$6:K\$9)$"，在 K10 及 K6:K9 的数字前面加"$\$$"符号，是固定使用第一类判别函数系数，以便在计算出第一个样品的得分后拖拽出其他 149 个样品的第一类判别函数得分。在 B4：E4 的字母前面加"$\$$"符号，是固定所有样品所在的列，以便计算出 150 个样品的第一类判别函数得分后能够向右拖拽出所有样品的第二类、第三类判别函数得分。

	A	B	C	D	E	F	G	H	I	J	K	L	M
						{=K\$10+MMULT(\$B4:\$E4, K\$6:K\$9)}							
1													
2		萼长	萼宽	瓣长	瓣宽						贝叶斯判别函数系数		
3	组别	x1	x2	x3	x4	y1	y2	y3					
4	1	50	33	14	2	83.87	38.66	-6.79					
5	1	46	34	14	3	75.07	33.73	-9.29				类别1	类别2	类别3
6	1	46	36	10	2	88.10	32.42	-15.77		X1	2.354	1.570	1.245
7	1	51	33	17	5	76.07	43.72	4.61		X2	2.359	0.707	0.369
8	1	51	38	19	4	86.32	47.66	6.90		X3	-1.643	0.521	1.277
9	1	49	30	14	2	74.44	34.97	-9.14		X4	-1.740	0.643	2.108
10	1	51	35	14	2	90.94	41.64	-4.81		常数项	-85.210	-71.754	-103.270
19	1	55	35	13	2	102.00	47.40	-1.11					
20	1	48	31	16	2	71.16	35.15	-7.46					
50	1	54	34	17	2	90.72	47.21	2.39					
53	1	53	37	15	2	98.72	46.72	-0.31					
54	2	65	28	46	15	32.19	83.71	78.29					
60	2	57	28	45	13	18.48	69.34	62.84					
83	2	59	30	42	15	29.36	73.62	66.45					
84	2	60	22	40	10	24.33	65.77	61.66					
103	2	67	30	50	17	31.57	91.64	90.84					
104	3	64	28	56	22	1.23	91.86	104.57					
105	3	67	31	56	24	11.89	99.98	113.62					
153	3	63	33	60	25	-1.12	97.84	116.60					

图 4.4.7　计算 Bayes 判别函数得分方法二

　　步骤 4：计算各个样品的 Bayes 后验概率、回判所属类别。由于 Bayes 判别函数 $y = -\frac{1}{2}\mu'_i \Sigma^{-1}\mu_i + x'\Sigma^{-1}\mu_i$ 是对 $p_i f_i(X)$ 取对数并去除与类别 i 无关项获得，因此后验概率 $\dfrac{p_i f_i(x)}{\sum\limits_{i=1}^{n} p_i f_i(x)} = \dfrac{\exp(y_i)}{\sum \exp(y_i)}$。在图 4.4.8 中的 I4 区域，使用命令"EXP(F4)/SUM(EXP($F4：$H4))"得到第一个样品属于第一类的概率为 1，然后把光标放到该框右下角黑点上，按鼠标左键拖拽到 I153，得到 150 个样品各自属于第一类的后验概率；框住区域 I4：I153，把光标放到右下角黑点上，按鼠标左键拖拽到 K153，得到 150 个样品各自属于第二类、第三类的后验概率。

I4		fx	{=EXP(F4)/SUM(EXP($F4:$H4))}								
	A	B	C	D	E	编辑栏	G	H	I	J	K	L
1												
2		萼长	萼宽	瓣长	瓣宽	判别	函数得分			后验概率		
3	组别	x1	x2	x3	x4	y1	y2	y3	属第1类	属第2类	属第3类	回判归类
4	1	50	33	14	2	83.87	38.66	-6.79	1.000	0.000	0.000	1
5	1	46	34	14	3	75.07	33.73	-9.29	1.000	0.000	0.000	1
6	1	46	36	10	2	88.10	32.42	-15.77	1.000	0.000	0.000	1
7	1	51	33	17	5	76.07	43.72	4.61	1.000	0.000	0.000	1
8	1	51	38	19	4	86.32	47.66	6.90	1.000	0.000	0.000	1
9	1	49	30	14	2	74.44	34.97	-9.14	1.000	0.000	0.000	1
10	1	51	35	14	2	90.94	41.64	-4.81	1.000	0.000	0.000	1
19	1	55	35	13	2	102.00	47.40	-1.11	1.000	0.000	0.000	1
20	1	48	31	16	2	71.16	35.15	-7.46	1.000	0.000	0.000	1
50	1	54	34	17	2	90.72	47.21	2.39	1.000	0.000	0.000	1
53	1	53	37	15	2	98.72	46.72	-0.31	1.000	0.000	0.000	1
54	2	65	28	46	15	32.19	83.71	78.29	0.000	0.996	0.004	2
60	2	57	28	45	13	18.48	69.34	62.84	0.000	0.999	0.001	2
83	2	59	30	42	15	29.36	73.62	66.45	0.000	0.999	0.001	2
103	2	67	30	50	17	31.57	91.64	90.84	0.000	0.689	0.311	2
104	3	64	28	56	22	1.23	91.86	104.57	0.000	0.000	1.000	3
105	3	67	31	56	24	11.89	99.98	113.62	0.000	0.000	1.000	3
153	3	63	33	60	25	-1.12	97.84	116.60	0.000	0.000	1.000	3

图 4.4.8　计算 Bayes 后验概率及回判所属类别

　　步骤 5：根据后验概率的大小来判断各个样品所属类别，可使用 IF 函数。选择区域 L4，输入命令"＝IF(I4－MAX(I4：K4)＝0,1,IF(J4－MAX(I4：K4)＝0,2,3))"，其意为，当第一个样品属于第一类的概率(I4)大于属于第二、第三类的后验概率(J4,K4)，则取值为 1，否则再判断第一个样品属于第二类的后验概率(J4)是否为属于三类后验概率的最大值，是则取值为 2，否则就只能属于第三类。再往下拖拽出所有样品所属类别，如图 4.4.9 所示。

	A	B	C	D	E	F	G	H	I	J	K	L
L4				fx	{=IF(I4-MAX(I4:K4)=0,1,IF(J4-MAX(I4:K4)=0,2,3))}							
1												
2		萼长	萼宽	瓣长	瓣宽	判别	函数得分			后验概率		
3	组别	x1	x2	x3	x4	y1	y2	y3	属第1类	属第2类	属第3类	回判归类
4	1	50	33	14	2	83.87	38.66	-6.79	1.000	0.000	0.000	1
5	1	46	34	14	3	75.07	33.73	-9.29	1.000	0.000	0.000	1
6	1	46	36	10	2	88.10	32.42	-15.77	1.000	0.000	0.000	1
7	1	51	33	17	5	76.07	43.72	4.61	1.000	0.000	0.000	1
8	1	51	38	19	4	86.32	47.66	6.90	1.000	0.000	0.000	1
9	1	49	30	14	2	74.44	34.97	-9.14	1.000	0.000	0.000	1
10	1	51	35	14	2	90.94	41.64	-4.81	1.000	0.000	0.000	1
19	1	55	35	13	2	102.00	47.40	-1.11	1.000	0.000	0.000	1
20	1	48	31	16	2	71.16	35.15	-7.46	1.000	0.000	0.000	1
50	1	54	34	17	2	90.72	47.21	2.39	1.000	0.000	0.000	1
53	1	53	37	15	2	98.72	46.72	-0.31	1.000	0.000	0.000	1
54	2	65	28	46	15	32.19	83.71	78.29	0.000	0.996	0.004	2
60	2	57	28	45	13	18.48	69.34	62.84	0.000	0.999	0.001	2
83	2	59	30	42	15	29.36	73.62	66.45	0.000	0.999	0.001	2
84	2	60	22	40	10	24.83	65.76	51.66	0.000	0.689	0.311	2
103	2	67	30	50	17	31.57	91.64	90.84	0.000	0.689	0.311	2
104	3	64	28	56	22	1.23	91.86	104.57	0.000	0.000	1.000	3
105	3	67	31	56	24	11.89	99.98	113.62	0.000	0.000	1.000	3
153	3	63	33	60	25	-1.12	97.84	116.60	0.000	0.000	1.000	3

图 4.4.9　根据后验概率判断所属类别

基于 Excel 的 Fisher 判别

步骤 1：计算组间矩阵 A 相对于组内矩阵 E 的特征值与特征向量，由特征向量获得 Fisher 判别函数。在第 3 章 3.3 中已经获取矩阵 A 和 E，使用第 1 章 1.3.6 求特征值与特征向量的 SAS 程序，可获取 $E^{-1}A$ 的特征值与特征向量，如图 4.4.10 所示，使用属于特征值 32.19 的特征向量，得到第一判别函数 $y_1=0.21x_1+0.39x_2-0.55x_3-0.71x_4$，使用属于特征值 0.285 的特征向量，得到第二判别函数 $y_2=0.01x_1+0.59x_2-0.25x_3+0.77x_4$。

	A	B	C	D	E	F	G	H	I	J
B10			fx	{=MMULT(MINVERSE(E),A)}						
1										
2			A					E		
3		6321.21	-1995.27	16524.84	7127.93		3895.62	1363	2462.46	564.5
4		-1995.27	1134.49	-5723.96	-2293.27		1363	1696.2	812.08	480.84
5		16524.84	-5723.96	43710.28	18677.40		2462.46	812.08	2722.26	627.18
6		7127.93	-2293.27	18677.40	8041.33		564.5	480.84	627.18	615.66
7										
8			$E^{-1}A$			特征值	32.192	0.285	4.17E-10	-1.3E-09
9						特征向量				
10		-3.058	1.081	-8.112	-3.459		0.21	0.01	-0.81817	0.162999
11		-5.562	2.178	-14.965	-6.308		0.39	0.59	0.140671	0.277229
12		8.077	-2.943	21.512	9.142		-0.55	-0.25	0.092841	0.350535
13		10.497	-3.420	27.549	11.846		-0.71	0.77	0.549716	-0.8796

图 4.4.10　Fisher 判别特征值与特征向量的计算

步骤 2：计算每个样品判别函数值 y_1、y_2，以及三类均值向量对应的 $\bar{y}_1$、$\bar{y}_2$，在二维空间内计算每个样品与均值向量的欧氏距离。图 4.4.11 中，在 H3 区域内，使用命令"=MMULT(MA,TRANSPOSE(B4:E4))"获取第一类均值向量与第一判别函数系数向量的乘积转化为 $\bar{y}_1=13.849$，使用命令"=MMULT(MA,TRANSPOSE(B5:

E5))"获取第一类均值向量与第二判别函数系数向量的乘积转化为 $\bar{y}_2=18.636$；类似地，把第二类、第三类鸢尾花均值向量通过两判别函数进行转化。

　　在 F9 区域内，使用命令"MMULT(B9:E9,TRANSPOSE(B\$4:E\$4))"获取第一个样品的第一判别函数值 $y_1=14.01$，在 F10 区域内，使用命令"MMULT(B9:E9,TRANSPOSE(B\$5:E\$5))"获取第一个样品的第二判别函数值 $y_2=17.69$。

　　在二维 (y_1,y_2) 空间内，分别计算第一样品与三类均值向量的欧氏距离。在 I9 区域内，使用命令"SUM((F9:G9−H\$3:I\$3)^2)"获取第一个样品与第一类均值向量的欧氏距离 0.93，类似地，计算第一个样品与第二、第三类均值向量的欧氏距离 573.92、1149.78。在 K9 区域内，使用 IF 命令"=IF(H9−MIN(H9:J9)=0,1,IF(I9−MIN(H9:J9)=0,2,3))"回判第一个样品属于第一类。

　　框住区域 F9:K9，把光标放到该框右下角黑点上，按鼠标左键拖拽到 K158，得到150 个样品的 y_1、y_2 的值，与三类鸢尾花二维空间的欧氏距离，以及根据距离回判的类别归属。

	A	B	C	D	E	F	编辑栏	H	I	J	K
F9			f_x	{=MMULT(B9:E9,TRANSPOSE(B\$4:E\$4))}							
1								$\bar{y}_1$	$\bar{y}_2$		
2		判别	函数								
3		x1	x2	x3	x4		第一类均值	13.849	18.636		
4	y1	0.209	0.386	−0.554	−0.707		第二类均值	−9.892	16.081		
5	y2	0.007	0.587	−0.253	0.769		第三类均值	−19.852	19.443		
6											
7		萼长	萼宽	瓣长	瓣宽			与第一类距离	与第二类距离	与第三类距离	EXCEL
8	组别	x1	x2	x3	x4	y1	y2				判类
9	1	50	33	14	2	14.01	17.69	0.93	573.92	1149.78	1
10	1	46	34	14	3	12.85	19.02	1.13	526.03	1069.92	1
15	1	51	35	14	2	14.99	18.87	1.36	626.97	1214.45	1
16	1	50	34	16	4	11.87	19.31	4.35	484.18	1006.59	1
60	2	62	22	45	15	−14.10	13.49	807.79	24.46	68.53	2
61	2	59	32	48	18	−14.65	20.88	817.28	45.72	29.13	3
62	2	61	30	46	14	−11.07	17.15	623.06	2.53	82.41	2
70	2	57	26	35	10	−4.52	14.48	354.86	31.37	259.58	2
71	2	62	29	43	13	−9.77	15.78	642.97	11.98	112.06	2
80	2	54	30	45	15	−12.68	18.13	704.18	11.98	53.13	2
90	2	67	31	47	15	−10.69	18.29	602.32	5.54	85.25	2
100	2	57	28	41	13	−9.20	16.45	535.97	0.61	122.49	2
101	2	61	29	47	14	−12.01	16.31	674.00	4.53	71.33	2
102	2	56	30	45	15	−8.75	15.73	494.11	1.13	166.83	2
120	3	63	34	56	24	−21.72	24.68	1301.63	213.84	30.91	3
140	3	56	28	49	20	−18.79	19.80	1066.69	93.05	1.26	3
141	3	73	29	63	18	−21.20	15.43	1238.52	128.24	17.93	3
157	3	58	28	51	24	−22.31	22.39	1321.58	194.03	14.73	3
158	3	63	33	60	25	−25.03	23.85	1538.70	289.54	46.24	3

图 4.4.11　使用 Fisher 判别函数进行降维与分类

　　通过本案例的分析发现，尽管三类鸢尾花协差阵在假设检验中有显著差异，但当把它们近似相等处理时，无论是 Bayes 判别还是 Fisher 判别，回判的准确率还是很高。

第 5 章

聚类分析

早期的分类方法主要依靠经验和专业知识,很少利用数学知识。比如生物学分类,生物学家根据观测到的各种生物的特征,将其归属于不同的界、门、纲、目、科、属、种。但聚类分析的用途远超出生物学范围,在自然科学与社会、经济领域都有着广泛的应用。随着计算机技术的发展普及,数学与统计学这些工具逐渐被利用,形成数值分类学;而后随着多元分析理论和方法的发展,聚类分析又从数值分类学中分离出来,成为现代统计分析的一种重要方法。聚类分析的基本思想非常简单,对数值型变量,若一个样品与另一样品的距离比该样品与其他所有样品的距离都更短,就把这两个样品优先归为一类。这就如判别分析中以样品和各类均值向量距离的最小值进行归类一样。判别分析中的类是已知的,但聚类分析中的类是未知的,判别分析中的类仅限于马氏距离(或更简化的欧氏距离),而聚类分析中的距离则广泛得多。聚类分析通常分为 Q 型聚类与 R 型聚类,Q 型聚类主要是对样品进行分类处理,R 型聚类主要是对变量进行分类处理。

5.1 数据变换与相似性度量

5.1.1 数据变换

在如下数据矩阵中,每一行表示一个样品 $X_{(i)}$,$i=1,2,\cdots,n$;每一列表示一个指标(变量) x_j,$j=1,2,\cdots,p$。计算各个指标的均值 $\bar{x}_j$,标准差 $s_j = \sqrt{\frac{1}{n-1}\sum_{i=1}^{n}(x_{ij}-\bar{x}_j)^2}$,极差 $R_j = \max_{i=1,\cdots,n}(x_{ij}) - \min_{i=1,\cdots,n}(x_{ij})$。

$$
\begin{array}{c}
\text{变量} \quad x_1 \quad x_2 \quad \cdots \quad x_j \quad \cdots \quad x_p \\
\begin{bmatrix}
x_{11} & x_{12} & \cdots & x_{1j} & \cdots & x_{1p} \\
x_{21} & x_{22} & \cdots & x_{2j} & \cdots & x_{2p} \\
\vdots & \vdots & \ddots & \vdots & \ddots & \vdots \\
x_{n1} & x_{n2} & \cdots & x_{nj} & \cdots & x_{np}
\end{bmatrix}
\end{array}
$$

均值　$\overline{x}_1 \quad \overline{x}_2 \quad \cdots \quad \overline{x}_j \quad \cdots \quad \overline{x}_p$

标准差　$s_1 \quad s_2 \quad \cdots \quad s_j \quad \cdots \quad s_p$

极差　$R_1 \quad R_2 \quad \cdots \quad R_j \quad \cdots \quad R_p$

(1)中心化变换

把第 j 个变量 x_j 进行中心化变换：$y_j = x_j - \overline{x}_j$，变换后 $E(y_j) = 0, D(y_j) = D(x_j)$

$$
\begin{bmatrix}
x_{11} & x_{12} & \cdots & x_{1j} - \overline{x}_j & \cdots & x_{1p} \\
x_{21} & x_{22} & \cdots & x_{2j} - \overline{x}_j & \cdots & x_{2p} \\
\vdots & \vdots & \ddots & \vdots & \ddots & \vdots \\
x_{n1} & x_{n2} & \cdots & x_{nj} - \overline{x}_j & \cdots & x_{np}
\end{bmatrix}
$$

(2)标准化变换

把第 j 个变量 x_j 进行标准化变换：$z_j = x_j - \overline{x}_j$，变换后 $E(z_j) = 0, D(z_j) = 1$

$$
\begin{bmatrix}
x_{11} & x_{12} & \cdots & \dfrac{x_{1j} - \overline{x}_j}{s_j} & \cdots & x_{1p} \\
x_{21} & x_{22} & \cdots & \dfrac{x_{2j} - \overline{x}_j}{s_j} & \cdots & x_{2p} \\
\vdots & \vdots & \ddots & \vdots & \ddots & \vdots \\
x_{n1} & x_{n2} & \cdots & \dfrac{x_{nj} - \overline{x}_j}{s_j} & \cdots & x_{np}
\end{bmatrix}
$$

(3)极差规格化变换

把第 j 个变量 x_j 进行标准化变换：$g_j = \dfrac{x_j - \min(x_{ij})}{R_j}$，变换后数据映射到 $[0,1]$ 区间,有 $\min(g_j) = 0, \max(g_j) = 1$。类似地,若要映射到 $[a, b]$,变换为 $a + \dfrac{x_j - \min(x_{ij})}{R_j}(b - a)$。

$$\begin{bmatrix} x_{11} & x_{12} & \cdots & \dfrac{x_{1j}-\min(x_{ij})}{R_j} & \cdots & x_{1p} \\[2mm] x_{21} & x_{22} & \cdots & \dfrac{x_{2j}-\min(x_{ij})}{R_j} & \cdots & x_{2p} \\[2mm] \vdots & \vdots & \ddots & \vdots & \ddots & \vdots \\[2mm] x_{n1} & x_{n2} & \cdots & \dfrac{x_{nj}-\min(x_{ij})}{R_j} & \cdots & x_{np} \end{bmatrix}$$

（4）对数变换

若数据矩阵的各个元素 $x_{ij}>0$，$i=1,2,\cdots,n$，$j=1,2,\cdots,p$，则可进行对数变换。比如对第 j 个变量 x_j 进行对数变换：$l_j=\ln(x_j)$，变换后可降低数据的波动范围。对数变换也是把非线性模型转化为线性模型的有效途径，以及获取经济学弹性指标的方法。

$$\begin{bmatrix} x_{11} & x_{12} & \cdots & \ln(x_{1j}) & \cdots & x_{1p} \\ x_{21} & x_{22} & \cdots & \ln(x_{2j}) & \cdots & x_{2p} \\ \vdots & \vdots & \ddots & \vdots & \ddots & \vdots \\ x_{n1} & x_{n2} & \cdots & \ln(x_{nj}) & \cdots & x_{np} \end{bmatrix}$$

5.1.2　相似性度量

（1）距离

Q 型聚类，常用距离来测度样品之间的相似程度。每个样品有 p 维指标，构成一个 p 维向量。把 n 个样品看成 p 维空间 n 个点，令 $d_{i_1 i_2}$ 表示样品 X_{i_1} 与 X_{i_2} 的距离，i_1，$i_2=1,2,\cdots,n$，则可以按照不同的距离定义方法来测度两点距离。

◆闵可夫斯基距离

$$d_{i_1 i_2}(q)=\Big(\sum_{j=1}^{p}\big|x_{i_1 j}-x_{i_2 j}\big|^{q}\Big)^{1/q}$$

闵可夫斯基（Minkowski）距离简称闵氏距离，按照 q 的取值不同又可分为

①绝对距离（$q=1$）

$$d_{i_1 i_2}(1)=\sum_{j=1}^{p}\big|x_{i_1 j}-x_{i_2 j}\big|$$

②欧氏距离（$q=2$）

$$d_{i_1 i_2}(2)=\Big(\sum_{j=1}^{p}\big|x_{i_1 j}-x_{i_2 j}\big|^{2}\Big)^{1/2}$$

欧氏平方距离写成向量乘积形式

$$d_{i_1 i_2}^{2}(U)=\sum_{j=1}^{p}(x_{i_1 j}-x_{i_2 j})^{2}=(X_{i_1}-X_{i_2})'(X_{i_1}-X_{i_2})$$

③切比雪夫距离（$q=\infty$）

$$d_{i_1 i_2}(\infty)=\max_{1\leqslant j\leqslant p}\big|x_{i_1 j}-x_{i_2 j}\big|$$

◆马氏距离

X_{i_1} 与 X_{i_2} 是来自均值向量为 μ，协差阵为 $\sum(>0)$ 总体的 p 维样品，则两个样品的马氏距离为

$$d_{i_1 i_2}^2(M)=(X_{i_1}-X_{i_2})'\sum\nolimits^{-1}(X_{i_1}-X_{i_2})$$

当 $\sum=I$ 时，马氏距离特化为欧氏距离。因此，欧氏距离可看作马氏距离的特例。

欧氏距离是常用的距离，但以 p 维向量为点的距离测度，使得欧氏距离具有两个方面的不足：①量纲问题，不同量纲加总没有意义；②变量之间的相关性问题，不同的两个变量相关程度不同，不能按照相同的权重处理。针对各变量把数据进行标准化处理可以解决量纲问题，但数据的同向线性变换不会影响初始变量的相关性，也即，在一维空间对数据的标准化变换无法解决相关性问题。在 p 维空间对数据的标准化变换则可有效解决相关性问题。设 $X\sim N_p(\mu,\sum)$，$\sum>0$，令 $Y=\sum^{-1/2}(X-\mu)$，则有 $Y\sim N_p(0,I)$。对 Y 而言，其任意两个分量相互独立，此时计算 Y_{i_1} 与 Y_{i_2} 的欧氏距离即为 X_{i_1} 与 X_{i_2} 的马氏距离。

$$d_{i_1 i_2}^2(U)=(Y_{i_1}-Y_{i_2})'(Y_{i_1}-Y_{i_2})=[\sum\nolimits^{-1/2}(X_{i_1}-X_{i_2})]'[\sum\nolimits^{-1/2}(X_{i_1}-X_{i_2})]$$
$$=(X_{i_1}-X_{i_2})'\sum\nolimits^{-1}(X_{i_1}-X_{i_2})=d_{i_1 i_2}^2(M)$$

这表明，在正态分布的情况下，马氏距离也可看成 p 维空间数据标准化后的欧氏距离。

◆兰氏距离

$$d_{i_1 i_2}(L)=\frac{1}{p}\sum_{j=1}^p\frac{|x_{i_1 j}-x_{i_2 j}|}{x_{i_1 j}+x_{i_2 j}}$$

它适合 $x_{ij}>0,i=1,2,\cdots,n,j=1,2,\cdots,p$ 的情况。由于采用了相对数，兰氏距离克服了量纲的影响，对极端值不敏感，适合高度偏倚的数据。

(2)相似系数

R 型聚类，以相似系数来测度指标之间的相似程度，使用夹角余弦或相关系数来测度不同指标的相似程度。设有 n 个样品，每个样品有 p 维指标，构成一个 p 维向量。设第 j_1 个指标 x_{j_1} 在 n 个样品下的数据表现为 $x_{1j_1},x_{2j_1},\cdots,x_{nj_1}$，第 j_2 个指标 x_{j_2} 在 n 个样品下的数据表现为 $x_{1j_2},x_{2j_2},\cdots,x_{nj_2}$。

◆夹角余弦

$$\cos\theta_{j_1 j_2}=\frac{\sum_{i=1}^n x_{ij_1}x_{ij_2}}{\sqrt{\sum_{i=1}^n x_{ij_1}^2\sum_{i=1}^n x_{ij_2}^2}}$$

上式表示指标 x_{j_1} 与指标 x_{j_2} 的夹角余弦，显然，各个指标与自身的夹角余弦等于 1，也即 $\cos\theta_{jj}=1,j=1,2,\cdots,p$。一般地 $-1\leqslant\cos\theta_{j_1 j_2}\leqslant1$。

◆相关系数

$$r_{j_1 j_2} = \frac{\sum\limits_{i=1}^{n}(x_{ij_1} - \bar{x}_{j_1})(x_{ij_2} - \bar{x}_{j_2})}{\sqrt{\sum\limits_{i=1}^{n}(x_{ij_1} - \bar{x}_{j_1})^2 \sum\limits_{i=1}^{n}(x_{ij_2} - \bar{x}_{j_2})^2}}$$

上式表示指标 x_{j_1} 与指标 x_{j_2} 的相关系数,显然,各个指标与自身的相关系数等于 1,也即 $r_{jj} = 1, j = 1, 2, \cdots, p$。一般地 $-1 \leqslant r_{j_1 j_2} \leqslant 1$。

相似系数无论采用夹角余弦还是相关系数,当相似系数的绝对值等于 1 时,表示两个指标 x_{j_1} 与 x_{j_2} 完全相似,当其值接近 1,表明两指标非常相似;当相似系数的绝对值等于 0 时,表示两个指标 x_{j_1} 与 x_{j_2} 完全不同,当其值接近 0,表明两指标差异悬殊;我们把相似性高的指标聚为一类,而把相似性低的指标归为不同的类。

(3)距离矩阵与相似系数矩阵

样品 X_{i_1} 与 X_{i_2} 的距离 $d_{i_1 i_2}$ 具有以下特征:①非负性 $d_{i_1 i_2} \geqslant 0$;②自身性 $d_{ii} = 0$;③对称性 $d_{i_1 i_2} = d_{i_2 i_1}$。以 D 表示 n 个样品间的距离矩阵,则 D 主对角线上元素皆为 0,$D = D'$。以 $c_{j_1 j_2}$ 表示指标 x_{j_1} 与指标 x_{j_2} 的相似系数,则具有特征:①规范性 $-1 \leqslant c_{i_1 i_2} \leqslant 1$;②自身性 $c_{jj} = 1$;③对称性 $c_{j_1 j_2} = c_{j_2 j_1}$。使用 R 表示 p 个指标间的相关阵,则 R 主对角线上元素皆为 1,$R = R'$。我们同样可以类似地计算样品的相似系数,指标间的距离。简单地,可以使用相似系数与距离的转化公式 $d = 1 - |c|$ 或者 $d^2 = 1 - c^2$。

5.2 系统聚类法

系统聚类法(Hierarchical Clustering Method)是应用较广的一种聚类方法。其基本思想是,将相似性最高(也即距离最近或相似系数最大)的样品先聚成小类,再把已聚成的小类按照相似性再聚合,随着相似性的降低,最终将所有样品聚于一个大类,从而得到一个按相似性大小系统连接的谱系图。初始的聚类是把每个样品各看作一类,可采用上一节介绍的(诸如马氏、闵氏、兰氏距离等)某种方法计算距离,由此可得初始距离矩阵 $D(0)$。根据距离的特征,$D(0)$ 为对称矩阵,且主对角线上元素都等于 0,因此只需计算下三角矩阵(或上三角矩阵)。接下来,类与类之间的距离可采用不同的方法定义,从而得到不同系统聚类方法。类与类之间的距离测度方法包括最短距离法、最长距离法、中间距离法、重心法、类平均法、可变类平均法、可变法和离差平方和法。在 $D(0)$ 内寻找距离最小的样品聚为一类,重新计算各类之间的距离得到 $D(1)$,继而聚类得到 $D(2), D(3)\cdots$,直至聚为一个大类为止。

以下用 d_{ij} 表示样品 X_i 与 X_j 之间的距离,用 D_{ij} 表示类 G_i 与 G_j 之间的距离。

5.2.1 最短距离法

定义类 G_i 与 G_j 之间的距离为两类最近样品的距离,即

$$D_{ij} = \min_{X_i \in G_i, X_j \in G_j} d_{ij}$$

递推公式:设类 G_p 与 G_q 合并成一个新类 G_r,则任意一类 G_k 与 G_r 的距离是

$$D_{kr} = \min_{X_i \in G_k, X_j \in G_r} d_{ij}$$

$$= \min\{ \min_{X_i \in G_k, X_j \in G_p} d_{ij}, \min_{X_i \in G_k, X_j \in G_q} d_{ij} \}$$

$$= \min\{D_{kp}, D_{kq}\}$$

最短距离法聚类的步骤为:

(1)选择样品之间的距离测度方法,计算任意两样品间的距离,得到初始的样品距离矩阵 $D(0)$,此时是把每个样品自成一类,显然有 $D_{ij} = d_{ij}$。

(2)根据聚类的基本思想,在 $D(0)$ 非主对角线上寻找最小元素,假定是 G_p 与 G_q 的距离 D_{pq},把这两类合并成一个新类,记为 G_r,即 $G_r = \{G_p, G_q\}$。

(3)根据最小距离法的递推公式,计算新类 G_r 与其他类的距离,得到距离矩阵 $D(1)$。

(4)重复(2)与(3),得到 $D(2), D(3), \cdots$,直至所有元素都聚为一类为止。若非主对角线上最小元素不止一个,则可同时合并。

【例 5.2.1】设从某总体抽取 5 个样品,每个样品只观测 1 个指标,它们分别是 1、2、3.5、7、9。试用最短距离法对 5 个样品进行分类。

解:①样品采用绝对值距离,计算样品间距离矩阵 $D(0)$,见表 5.2.1。

表 5.2.1　样品间距离矩阵 $D(0)$

$D(0)$	G_1	G_2	G_3	G_4	G_5
$G_1 = \{X_1\}$	0				
$G_2 = \{X_2\}$	1	0			
$G_3 = \{X_3\}$	2.5	1.5	0		
$G_4 = \{X_4\}$	6	5	3.5	0	
$G_5 = \{X_5\}$	8	7	5.5	2	0

②$D(0)$ 中非对角线上最小元素为 1,即 $D_{12} = 1$,将 G_1 与 G_2 合并,记为 $G_6 = \{G_1, G_2\}$。

③删除 G_1 与 G_2 所在的行与列,计算新类 G_6 与其他类的距离,得 $D(1)$,见表5.2.2。

$$D_{k6} = \min\{D_{k1}, D_{k2}\} \quad k = 3, 4, 5$$

表 5.2.2　样品间距离矩阵 $D(1)$

$D(1)$	G_6	G_3	G_4	G_5
$G_6 = \{X_1, X_2\}$	0			
$G_3 = \{X_3\}$	1.5	0		
$G_4 = \{X_4\}$	5	3.5	0	
$G_5 = \{X_5\}$	7	5.5	2	0

④$D(1)$ 中最小元素为 1.5，即 $D_{36} = 1.5$，将 G_3 与 G_6 合并，记为 $G_7 = \{G_1, G_2, G_3\}$。在 $D(1)$ 中删除 G_3 与 G_6 所在的行与列，增加新类 G_7，按最短距离法计算 G_7 与其他类的距离，得到 $D(2)$，见表 5.2.3。

表 5.2.3　样品间距离矩阵 $D(2)$

$D(2)$	G_7	G_4	G_5
$G_7 = \{X_1, X_2, X_3\}$	0		
$G_4 = \{X_4\}$	3.5	0	
$G_5 = \{X_5\}$	5.5	2	0

⑤$D(2)$ 中最小元素为 2，即 $D_{45} = 2$，将 G_4 与 G_5 合并，记为 $G_8 = \{G_4, G_5\}$。在 $D(2)$ 中删除 G_4 与 G_5 所在的行与列，增加新类 G_8，按最短距离法计算 G_7 与 G_8 的距离，得到 $D(3)$，见表 5.2.4。

表 5.2.4　样品间距离矩阵 $D(3)$

$D(3)$	G_7	G_8
$G_7 = \{X_4, X_8\}$	3.5	0

最后把 G_7 与 G_8 合并成 G_9。至此，所有元素都归为一类。将上述聚类的过程可视化如图 5.2.1 所示，这个图称为谱系图或树形图。

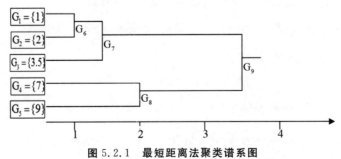

图 5.2.1　最短距离法聚类谱系图

5.2.2 最长距离法

定义类 G_i 与 G_j 之间的距离为两类最远样品的距离,即

$$D_{ij} = \max_{X_i \in G_i, X_j \in G_j} d_{ij}$$

递推公式:设类 G_p 与 G_q 合并成一个新类 G_r,则任意一类 G_k 与 G_r 的距离是

$$\begin{aligned}
D_{kr} &= \max_{X_i \in G_k, X_j \in G_r} d_{ij} \\
&= \max\{ \max_{X_i \in G_k, X_j \in G_p} d_{ij}, \max_{X_i \in G_k, X_j \in G_q} d_{ij} \} \\
&= \max\{ D_{kp}, D_{kq} \}
\end{aligned}$$

最长距离法聚类步骤:

(1)获取初始距离矩阵 $D(0)$。

(2)按照最小距离聚类,与最短距离法相同,只需把第三步改成:根据最长距离法的递推公式,计算新类 G_r 与其他类的距离即可。

5.2.3 中间距离法

中间距离法定义类与类之间的距离既不用两类样品间最短距离,也不用两类样品间最长距离,而是采用介于二者之间的距离,由此称为中间距离法。

将类 G_p 与 G_q 合并成一个新类 G_r,则任意一类 G_k 与 G_r 的距离是

$$D_{kr}^2 = \frac{1}{2} D_{kp}^2 + \frac{1}{2} D_{kq}^2 + \beta D_{pq}^2 \quad -\frac{1}{4} \leq \beta \leq 0$$

设 $D_{kq} > D_{kp}$,采用最短距离法 $D_{kr} = D_{kp}$,采用最长距离法 $D_{kr} = D_{kq}$。采用中间距离法,就是以 G_k 到 G_p 与 G_q 连线的中间某一点的距离作为 G_k 到 G_r 的距离。特别地,当 $\beta = -1/4$ 时,表示取中点算距离。计算公式为

$$D_{kr} = \sqrt{\frac{1}{2} D_{kp}^2 + \frac{1}{2} D_{kq}^2 - \frac{1}{4} D_{pq}^2}$$

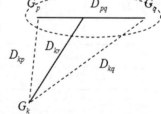

图 5.2.2 中间距离法

5.2.4 重心法

重心法定义类与类之间的距离就是两类重心(均值向量)之间的距离。设 G_p 与 G_q 分别有 n_p 与 n_q 个样品,均值向量分别为 $\overline{X}_p$ 和 $\overline{X}_q$,使用欧氏距离来定义,G_p 与 G_q 重心距离为

$$D_{pq}^2 = (\overline{X}_p - \overline{X}_q)'(\overline{X}_p - \overline{X}_q)$$

把 G_p 与 G_q 合并为新类 G_r,则 G_r 包含的样品个数 $n_r = n_p + n_q$,G_r 的重心 $\overline{X}_r = \frac{n_p \overline{X}_p + n_q \overline{X}_q}{n_r}$。某类 G_k 重心为 $\overline{X}_k$,G_k 与 G_r 的重心距离递推公式为

$$D_{kr}^2 = \frac{n_p}{n_r} D_{kp}^2 + \frac{n_q}{n_r} D_{kq}^2 - \frac{n_p n_q}{n_r^2} D_{pq}^2$$

推导过程为

$$D_{kr}^2 = (\overline{X}_k - \overline{X}_r)'(\overline{X}_k - \overline{X}_r)$$

$$= (\frac{n_p\overline{X}_k + n_q\overline{X}_k}{n_r} - \frac{n_p\overline{X}_p + n_q\overline{X}_q}{n_r})'(\frac{n_p\overline{X}_k + n_q\overline{X}_k}{n_r} - \frac{n_p\overline{X}_p + n_q\overline{X}_q}{n_r})$$

$$= [\frac{n_p(\overline{X}_k - \overline{X}_p)}{n_r} + \frac{n_q(\overline{X}_k - \overline{X}_q)}{n_r}]'[\frac{n_p(\overline{X}_k - \overline{X}_p)}{n_r} + \frac{n_q(\overline{X}_k - \overline{X}_q)}{n_r}]$$

$$= \frac{n_p^2}{n_r^2}(\overline{X}_k - \overline{X}_p)'(\overline{X}_k - \overline{X}_p) + \frac{n_q^2}{n_r^2}(\overline{X}_k - \overline{X}_q)'(\overline{X}_k - \overline{X}_q) + \frac{2n_p n_q}{n_r^2}(\overline{X}_k - \overline{X}_p)'(\overline{X}_k - \overline{X}_q)$$

利用下式代入

$$\frac{n_p^2}{n_r^2}(\overline{X}_k - \overline{X}_p)'(\overline{X}_k - \overline{X}_p) = \frac{n_p}{n_r}(\overline{X}_k - \overline{X}_p)'(\overline{X}_k - \overline{X}_p) - \frac{n_p n_q}{n_r^2}(\overline{X}_k - \overline{X}_p)'(\overline{X}_k - \overline{X}_p)$$

$$= \frac{n_p}{n_r}D_{kp}^2 - \frac{n_p n_q}{n_r^2}(\overline{X}_k - \overline{X}_p)'(\overline{X}_k - \overline{X}_p)$$

$$\frac{n_q^2}{n_r^2}(\overline{X}_k - \overline{X}_q)'(\overline{X}_k - \overline{X}_q) = \frac{n_q}{n_r}(\overline{X}_k - \overline{X}_q)'(\overline{X}_k - \overline{X}_q) - \frac{n_p n_q}{n_r^2}(\overline{X}_k - \overline{X}_q)'(\overline{X}_k - \overline{X}_q)$$

$$= \frac{n_q}{n_r}D_{kq}^2 - \frac{n_p n_q}{n_r^2}(\overline{X}_k - \overline{X}_q)'(\overline{X}_k - \overline{X}_q)$$

$$D_{kr}^2 = \frac{n_p}{n_r}D_{kp}^2 + \frac{n_q}{n_r}D_{kq}^2 - \frac{n_p n_q}{n_r^2}[(\overline{X}_k - \overline{X}_p)'(\overline{X}_k - \overline{X}_p) - 2(\overline{X}_k - \overline{X}_p)'(\overline{X}_k - \overline{X}_q) + (\overline{X}_k - \overline{X}_q)'(\overline{X}_k - \overline{X}_q)]$$

$$= \frac{n_p}{n_r}D_{kp}^2 + \frac{n_q}{n_r}D_{kq}^2 - \frac{n_p n_q}{n_r^2}[(\overline{X}_k - \overline{X}_p) - (\overline{X}_k - \overline{X}_q)]'[(\overline{X}_k - \overline{X}_p) - (\overline{X}_k - \overline{X}_q)]$$

$$= \frac{n_p}{n_r}D_{kp}^2 + \frac{n_q}{n_r}D_{kq}^2 - \frac{n_p n_q}{n_r^2}D_{pq}^2$$

【例 5.2.2】针对例 5.2.1，使用重心法对样品重新进行分类。

解：①样品采用欧氏平方距离，计算样品间平方距离矩阵 $D^2(0)$，见表 5.2.5。

表 5.2.5 样品间距离矩阵 $D(0)$

$D^2(0)$	G_1	G_2	G_3	G_4	G_5
$G_1 = \{X_1\}$	0				
$G_2 = \{X_2\}$	1	0			
$G_3 = \{X_3\}$	6.25	2.25	0		
$G_4 = \{X_4\}$	36	25	12.25	0	
$G_5 = \{X_5\}$	64	49	30.25	4	0

②$D^2(0)$中非对角线上最小元素为 1，即 $D_{12}=1$，将 G_1 与 G_2 合并，记为 $G_6 = \{G_1,$

G_2}。

③删除 G_1 与 G_2 所在的行与列,计算新类 G_6 的重心 $\overline{X}_6 = 1.5$ 与其他类重心的平方距离,得 $D^2(1)$,见表 5.2.6。

表 5.2.6　样品间距离矩阵 $D(1)$

$D(1)$	G_6	G_3	G_4	G_5
$G_6 = \{X_1, X_2\}$	0			
$G_3 = \{X_3\}$	4	0		
$G_4 = \{X_4\}$	30.25	12.25	0	
$G_5 = \{X_5\}$	56.25	30.25	4	0

其中,$D_{k6}^2 = \dfrac{n_1}{n_6} D_{k1}^2 + \dfrac{n_2}{n_6} D_{k2}^2 - \dfrac{n_1 n_2}{n_6^2} D_{12}^2 \quad k = 3,4,5$

如,$D_{56}^2 = \dfrac{1}{2} \times 64 + \dfrac{1}{2} \times 49 - \dfrac{1}{4} \times 1 = 56.25$

④$D^2(1)$ 最小元素为 4,即 $D_{36}^2 = 4$ 及 $D_{45}^2 = 4$,将 G_3 与 G_6 合并,记 $G_7 = \{G_1, G_2, G_3\}$,其重心 $\overline{X}_7 = 2.17$;将 G_4 与 G_5 合并,记为 $G_8 = \{G_4, G_5\}$,其重心 $\overline{X}_8 = 8$。在 $D^2(1)$ 中删除 G_3 与 G_6 所在的行与列,增加新类 G_7;在 $D^2(1)$ 中删除 G_4 与 G_5 所在的行与列,增加新类 G_8,计算 G_7 与 G_8 的重心距离,得到 $D^2(2)$,见表 5.2.7。其中,D_{78}^2 可直接使用定义求出,也可使用递推公式:

$$D_{74}^2 = \frac{n_6}{n_7} D_{64}^2 + \frac{n_3}{n_7} D_{34}^2 - \frac{n_6 n_3}{n_7^2} D_{63}^2 \text{ 即 } D_{74}^2 = \frac{2}{3} \times 30.25 + \frac{1}{3} \times 12.25 - \frac{2}{9} \times 4 = 23.361$$

$$D_{75}^2 = \frac{n_6}{n_7} D_{65}^2 + \frac{n_3}{n_7} D_{35}^2 - \frac{n_6 n_3}{n_7^2} D_{63}^2 \text{ 即 } D_{75}^2 = \frac{2}{3} \times 56.25 + \frac{1}{3} \times 30.25 - \frac{2}{9} \times 4 = 46.694$$

$$D_{78}^2 = \frac{n_4}{n_8} D_{74}^2 + \frac{n_5}{n_8} D_{75}^2 - \frac{n_4 n_5}{n_8^2} D_{45}^2$$

即 $D_{78}^2 = \dfrac{1}{2} D_{74}^2 + \dfrac{1}{2} D_{75}^2 - \dfrac{1}{4} \times 4 = 34.03$

表 5.2.7　样品间距离矩阵 $D(2)$

$D(2)$	G_7	G_8
$G_7 = \{X_1, X_2, X_3\}$	0	
$G_8 = \{X_4, X_5\}$	34.03	0

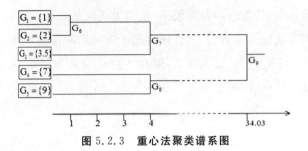

图 5.2.3 **重心法聚类谱系图**

5.2.5 类平均法

类平均法定义类与类之间的距离是两类样品之间的距离平方的平均数。设 G_p 与 G_q 分别有 n_p 与 n_q 个样品，G_p 与 G_q 的类平均距离为

$$D_{pq}^2 = \frac{1}{n_p n_q} \sum_{X_i \in G_p} \sum_{X_i \in G_q} d_{ij}^2$$

把 G_p 与 G_q 合并为新类 G_r，任意一类 G_k 与 G_r 的距离为

$$D_{kr}^2 = \frac{1}{n_k n_r} \sum_{X_i \in G_k} \sum_{X_i \in G_r} d_{ij}^2$$

$$= \frac{1}{n_k n_r} \left(\sum_{X_i \in G_k} \sum_{X_i \in G_p} d_{ij}^2 + \sum_{X_i \in G_k} \sum_{X_i \in G_q} d_{ij}^2 \right)$$

$$= \frac{n_p}{n_r} D_{kp}^2 + \frac{n_q}{n_r} D_{kq}^2$$

5.2.6 可变类平均法

类平均法递推公式中，把 G_p 与 G_q 合并为新类 G_r，计算任意一类 G_k 与 G_r 的距离时，没有反映 G_p 与 G_q 之间的距离 D_{pq} 的影响。若考虑距离 D_{pq} 的影响，把任意一类 G_k 与 G_r 的距离改写成

$$D_{kr}^2 = (1-\beta)\left(\frac{n_p}{n_r} D_{kp}^2 + \frac{n_q}{n_r} D_{kq}^2 \right) + \beta D_{pq}^2$$

则得到可变类平均聚类方法。其中 β 根据需要选取，$\beta < 1$。

5.2.7 可变法

在可变类平均法中，若取 $\frac{n_p}{n_r} = \frac{n_q}{n_r} = \frac{1}{2}$，则任意一类 G_k 与 G_r 的距离为

$$D_{kr}^2 = \frac{(1-\beta)}{2}(D_{kp}^2 + D_{kq}^2) + \beta D_{pq}^2$$

其中 β 是可变的，$\beta < 1$，因此把这种方法称为可变法。

可变类平均法与可变法的分类效果与 β 的关系很大，在实际应用中 β 常取负值。β 越接近 1，分类效果越不好。

5.2.8 离差平方和法

离差平方和法是 Ward 提出来的，因此也叫 Ward 法。Ward 法基本思想来源于

方差分析,若分类正确,各类内部差异较小,类与类之间的差异较大。先将 n 个样品各成一类,当某一类与其他类聚类时,应选择离差平方和增加得最小的进行归类。

设 G_p 与 G_q 分别有 n_p 与 n_q 个样品,把 G_p 与 G_q 合并为新类 G_r,则 G_r 样品数 n_r $=n_p+n_q$,设 G_p、G_q 与 G_r 的离差平方和分别为 S_p、S_q 与 S_r,则有

$$S_p=\sum_{i=1}^{n_p}(X_i-\overline{X}_p)'(X_i-\overline{X}_p)$$

$$S_q=\sum_{i=1}^{n_q}(X_i-\overline{X}_q)'(X_i-\overline{X}_q)$$

$$S_r=\sum_{i=1}^{n_r}(X_i-\overline{X}_r)'(X_i-\overline{X}_r)$$

它们反映了各类内部的波动与差异,当确定 G_p 与 G_q 进行归类,合并后增加的离差平方和定义为 G_p 与 G_q 的 Ward 法距离

$$D_{pq}^2=S_r-S_p-S_q$$

由定义可得

$$D_{pq}^2=\frac{n_p n_q}{n_p+n_q}(\overline{X}_p-\overline{X}_q)'(\overline{X}_p-\overline{X}_q)$$

也即,Ward 法距离与重心法距离存在着倍数关系。若求某类 G_k 与 G_r 的 Ward 距离,可由 G_k 与 G_p 距离、G_k 与 G_q 距离、G_p 与 G_q 距离得到,递推公式为

$$D_{kr}^2=\frac{n_k+n_p}{n_k+n_r}D_{kp}^2+\frac{n_k+n_q}{n_k+n_r}D_{kq}^2-\frac{n_k}{n_k+n_r}D_{pq}^2$$

证明如下:

$$S_r=\sum_{i=1}^{n_r}(X_i-\overline{X}_r)'(X_i-\overline{X}_r)$$

$$=\sum_{i=1}^{n_r}(\frac{n_p X_i+n_q X_i}{n_r}-\frac{n_p\overline{X}_p+n_q\overline{X}_q}{n_r})'(\frac{n_p X_i+n_q X_i}{n_r}-\frac{n_p\overline{X}_p+n_q\overline{X}_q}{n_r})$$

$$=\sum_{i=1}^{n_r}[\frac{n_p(X_i-\overline{X}_p)'+n_q(X_i-\overline{X}_q)'}{n_r}][\frac{n_p(X_i-\overline{X}_p)+n_q(X_i-\overline{X}_q)}{n_r}]$$

$$=\sum_{i=1}^{n_r}[\frac{n_p^2(X_i-\overline{X}_p)'(X_i-\overline{X}_p)}{n_r^2}+\frac{n_q^2(X_i-\overline{X}_q)'(X_i-\overline{X}_q)}{n_r^2}+\frac{2n_p n_q(X_i-\overline{X}_p)'(X_i-\overline{X}_q)}{n_r^2}]$$

$$=\sum_{i=1}^{n_r}[\frac{n_p(X_i-\overline{X}_p)'(X_i-\overline{X}_p)}{n_r}+\frac{n_q(X_i-\overline{X}_q)'(X_i-\overline{X}_q)}{n_r}-\frac{n_p n_q}{n_r^2}(\overline{X}_p-\overline{X}_q)'(\overline{X}_p-\overline{X}_q)]$$

$$=\sum_{i=1}^{n_p}[\frac{n_p(X_i-\overline{X}_p)'(X_i-\overline{X}_p)}{n_r}+\frac{n_q(X_i-\overline{X}_q)'(X_i-\overline{X}_q)}{n_r}]+$$

$$\sum_{i=1}^{n_q}[\frac{n_p(X_i-\overline{X}_p)'(X_i-\overline{X}_p)}{n_r}+\frac{n_q(X_i-\overline{X}_q)'(X_i-\overline{X}_q)}{n_r}]-\frac{n_p n_q}{n_r}(\overline{X}_p-\overline{X}_q)'(\overline{X}_p-\overline{X}_q)$$

$$=\frac{n_p}{n_r}S_p+\sum_{i=1}^{n_p}\frac{n_q(X_i-\overline{X}_p+\overline{X}_p-\overline{X}_q)'(X_i-\overline{X}_p+\overline{X}_p-\overline{X}_q)}{n_r}+$$

$$\sum_{i=1}^{n_q}\frac{n_p(X_i-\overline{X}_q+\overline{X}_q-\overline{X}_p)'(X_i-\overline{X}_q+\overline{X}_q-\overline{X}_p)}{n_r}+\frac{n_q}{n_r}S_q-\frac{n_pn_q}{n_r}(\overline{X}_p-\overline{X}_q)'(\overline{X}_p-\overline{X}_q)$$

$$=\frac{n_p}{n_r}S_p+\Big[\frac{n_q}{n_r}S_p+2\frac{n_q}{n_r}\sum_{i=1}^{n_p}(X_i-\overline{X}_p)(\overline{X}_p-\overline{X}_q)+\frac{n_pn_q}{n_r}(\overline{X}_p-\overline{X}_q)'(\overline{X}_p-\overline{X}_q)\Big]+$$

$$\Big[\frac{n_p}{n_r}S_q+2\frac{n_p}{n_r}\sum_{i=1}^{n_q}(X_i-\overline{X}_q)(\overline{X}_q-\overline{X}_p)+\frac{n_pn_q}{n_r}(\overline{X}_p-\overline{X}_q)'(\overline{X}_p-\overline{X}_q)\Big]+\frac{n_q}{n_r}S_q-$$

$$\frac{n_pn_q}{n_r}(\overline{X}_p-\overline{X}_q)'(\overline{X}_p-\overline{X}_q)$$

$$=S_p+S_q+\frac{n_pn_q}{n_r}(\overline{X}_p-\overline{X}_q)'(\overline{X}_p-\overline{X}_q)$$

所以

$$D_{pq}^2=S_r-S_p-S_q=\frac{n_pn_q}{n_p+n_q}(\overline{X}_p-\overline{X}_q)'(\overline{X}_p-\overline{X}_q)$$

由上式结合使用重心法递推公式

$$D_{kr}^2=\frac{n_kn_r}{n_k+n_r}(\overline{X}_k-\overline{X}_r)'(\overline{X}_k-\overline{X}_r)$$

$$=\frac{n_kn_r}{n_k+n_r}\Big[\frac{n_p}{n_r}(\overline{X}_k-\overline{X}_p)'(\overline{X}_k-\overline{X}_p)+\frac{n_q}{n_r}(\overline{X}_k-\overline{X}_q)'(\overline{X}_k-\overline{X}_q)$$

$$-\frac{n_pn_q}{n_r^2}(\overline{X}_p-\overline{X}_q)'(\overline{X}_p-\overline{X}_q)\Big]$$

$$=\frac{n_k+n_p}{n_k+n_r}\cdot\frac{n_kn_p}{n_k+n_p}(\overline{X}_k-\overline{X}_p)'(\overline{X}_k-\overline{X}_p)+\frac{n_k+n_q}{n_k+n_r}\cdot\frac{n_kn_q}{n_k+n_q}(\overline{X}_k-\overline{X}_q)'(\overline{X}_k-$$

$$\overline{X}_q)-\frac{n_k}{n_k+n_r}\cdot\frac{n_pn_q}{n_r}(\overline{X}_p-\overline{X}_q)'(\overline{X}_p-\overline{X}_q)$$

$$=\frac{n_k+n_p}{n_k+n_r}D_{kp}^2+\frac{n_k+n_q}{n_k+n_r}D_{kq}^2-\frac{n_k}{n_k+n_r}D_{pq}^2$$

上述介绍的八种系统聚类法,并类的原则都是先合并相似性较大(距离较小)的类,后合并相似性较小(距离较大)的类,并类的步骤也完全相同,所不同的是类与类之间的距离有不同的定义,从而得到不同的递推公式。兰斯(Lance)和威廉姆斯(Williams)于 1967 年给出了一个统一的公式:

$$D_{kr}^2=\alpha_pD_{kp}^2+\alpha_qD_{kq}^2+\beta D_{pq}^2+\gamma\,|\,D_{kp}^2-D_{kq}^2\,|$$

其中,α_p、α_q、β、γ 是参数,不同的系统聚类有不同的取值,见表 5.2.8。

表 5.2.8　不同系统聚类法递推公式的参数选取

方法	α_p	α_q	β	γ
最短距离法	1/2	1/2	0	$-1/2$
最长距离法	1/2	1/2	0	1/2
中间距离法	1/2	1/2	$-1/4$	0
重心法	$\dfrac{n_p}{n_r}$	$\dfrac{n_q}{n_r}$	$-\alpha_p\alpha_q$	0
类平均法	$\dfrac{n_p}{n_r}$	$\dfrac{n_q}{n_r}$	0	0
可变类平均法	$\dfrac{(1-\beta)n_p}{n_r}$	$\dfrac{(1-\beta)n_q}{n_r}$	$\beta(<1)$	0
可变法	$\dfrac{(1-\beta)}{2}$	$\dfrac{(1-\beta)}{2}$	$\beta(<1)$	0
离差平方和法	$\dfrac{(n_p+n_k)}{(n_r+n_k)}$	$\dfrac{(n_q+n_k)}{(n_r+n_k)}$	$\dfrac{-n_k}{(n_r+n_k)}$	0

5.3　有序样品的聚类分析

在系统聚类法中,样品的地位是彼此独立的,因而分类时彼此平等。但在有些实际问题中,要求样品分类时不能打乱次序。例如对动植物按照生长的年龄进行分类,年龄的顺序不能改变;又例如,在油田勘探中,需要通过岩心了解底层的结构,按照深度取样,样品的次序也不能改变。这实质上就是需要找到一些分点,将所有样品按照顺序分成不同的分段,因而存在如何确定分点达到最优分割的问题。如果用 $X_{(1)}$,$X_{(2)},\cdots,X_{(n)}$ 表示 n 个有序样品,则每一类必须是这样的形式,即 $X_{(i)}$,$X_{(i+1)}$,$\cdots$,$X_{(i+k)}$,其中 $1\leqslant i\leqslant n,k\geqslant 0,i+k\leqslant n$,即同类样品必须是次序相邻的,记该类的第一个样品 i 为分割点。这类问题称为有序样品的聚类分析。

5.3.1　有序样品可能的分类数目

n 个有序样品分成 k 类,则所有可能的分法有 C_{n-1}^{k-1} 种。由于是有序样品,因此样品的位置是固定的。比如有 8 个有序样品,中间有 7 个间隔。若要分成两类,只需在这 7 个间隔中的某一个插上一根"棍子";若要分成 3 类,只需在这 7 个间隔中插上两根"棍子";……若要分成 8 类,需在这 7 个间隔中插上 7 根"棍子"。类似地,n 个有序样品中间有 $n-1$ 个间隔,若要分成 k 类,只需在这 $n-1$ 个间隔中插上 $k-1$ 根"棍子",得到 C_{n-1}^{k-1} 种插法,如图 5.3.1 所示。

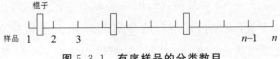

图 5.3.1　有序样品的分类数目

这就是 n 个有序样品分成 k 类的所有可能分法,比不讲究顺序的样品分类数要少得多。对于有限的分类结果,可以在某种损失函数意义下,求得最优解。本节介绍 Fisher 提出的一个算法来求最优解,也称为 Fisher 最优分割法。

5.3.2　Fisher 最优分割法

设有序样品依次为 $X_{(1)},X_{(2)},\cdots,X_{(n)}$($X_{(i)}$ 为 p 维向量),Fisher 最优分割法按照如下步骤计算:

(1)定义类的直径

设某一类 G 包含的样品为 $X_{(i)},X_{(i+1)},\cdots,X_{(j)}$,该类的均值坐标为

$$\overline{X}_G=\frac{1}{j-i+1}\sum_{t=i}^{j}X_{(t)}$$

用 $D(i,j)$ 表示这一类的直径,直径定义为

$$D(i,j)=\sum_{t=i}^{j}(X_{(t)}-\overline{X}_G)'(X_{(t)}-\overline{X}_G)$$

表示 G 类内部总差异的大小。

(2)定义分类的损失函数

按照方差分析的思想,若分类合理,各类内部的差异之总和应该尽可能的小。以 $b(n,k)$ 表示将 n 个有序样品分成 k 类的某种分法:

$G_1=\{i_1,i_1+1,\cdots,i_2-1\},G_2=\{i_2,i_2+1,\cdots,i_3-1\},\cdots,G_k=\{i_k,i_k+1,\cdots,n\}$

其中,分点 $1=i_1<i_2<\cdots<i_k\leqslant n$。定义这种分类法的损失函数为

$$L[b(n,k)]=\sum_{t=1}^{k}D(i_t,i_{t+1}-1)$$

其中,$i_{k+1}-1=n$。对于固定的 n 和 k,$L[b(n,k)]$ 越小表示各类的离差平方和越小,分类越合理。因此,要寻找一种分法 $b(n,k)$,使分类损失函数 L 达到最小,这种最优分割法记为 $p(n,k)$。

(3)最优分割法的递推公式

Fisher 最优分割法最核心的部分是以下两个递推公式:

$$\begin{cases}L[p(n,2)]=\min\{D(1,j-1)+D(j,n)\}\\L[p(n,k)]=\min\{L[p(j-1,k-1)]+D(j,n)\}\end{cases}$$

第一个式子表明,若把 n 个有序样品仅分成两类的最优分割,是先获取每一种分割所得两类的直径和,使得直径和最小的那种分割为最优分割。第二个式子表明,要获取 n 个有序样品分成 k 类的最优分割(假设最后那一类的分割点 $i_k=j$)必须建立在

把前面 $j-1$ 个样品分成 $k-1$ 类是最优分割的基础上。按照这种逻辑思路,在把前面 $j-1$ 个样品分成 $k-1$ 类(设最后那一类的分割点为 i_{k-1})必须建立在其前面 $i_{k-1}-1$ 个样品分成 $k-2$ 类是最优分割的基础上,…,把前面 i_3-1 个样品分成两类(假设分割点为 i_2)的最优分割是使得分割形成的两类直径和最小的那种分割。

实际操作。按照上述分析,要获取的直径不仅包括 $D(i_k,n)$,还包括 $D(i_{k-1},i_k-1)$、$D(i_{k-2},i_{k-1}-1)$……$D(1,i_2-1)$,而 $1=i_1<i_2<\cdots<i_k\leqslant n$,因此需把有序样品所有可能的直径都算出来,得到一个下三角的直径矩阵,如图 5.3.2 所示。

	A	B	C	D	E	F	G	H	I	J	K	L	M
1													
2			i										
3		j		1	2	3	4	5	6	7	8	9	……	n
4		1	0										
5		2	$D(1,2)$	0									
6		3	$D(1,3)$	$D(2,3)$	0								
7		4	$D(1,4)$	$D(2,4)$	$D(3,4)$	0							
8		5	$D(1,5)$	$D(2,5)$	$D(3,5)$	$D(4,5)$	0						
9		6	$D(1,6)$	$D(2,6)$	$D(3,6)$	$D(4,6)$	$D(5,6)$	0					
10		7	$D(1,7)$	$D(2,7)$	$D(3,7)$	$D(4,7)$	$D(5,7)$	$D(6,7)$	0				
11		8	$D(1,8)$	$D(2,8)$	$D(3,8)$	$D(4,8)$	$D(5,8)$	$D(6,8)$	$D(7,8)$	0			
12		⋮	⋮	⋮	⋮	⋮	⋮	⋮	⋮	⋮	⋮		
13		⋮	⋮	⋮	⋮	⋮	⋮	⋮	⋮	⋮	⋮	⋮	
14		n	$D(1,n)$	$D(2,n)$	$D(3,n)$	$D(4,n)$	$D(5,n)$	$D(6,n)$	$D(7,n)$	$D(8,n)$	$D(9,n)$	⋮	0

图 5.3.2 n 个有序样品构建的直径矩阵 $D(i,j)$

对既定的 n 个有序样品,到底要分成多少类合适?需计算出 n 个有序样品所有可能的最小分类损失函数 $L[p(n,2)]$、$L[p(n,3)]$……$L[p(n,n-1)]$,观测其变化轨迹,以其拐点为最优分类数。确定 k 值后,再确定这种分类情形下各类的具体分割点,因而需要计算 L 的矩阵。按照第二个递推公式,先获取 $L[p(3,2)]$、$L[p(4,2)]$……$L[p(n,2)]$,即获取所有最小分类损失函数矩阵的第 1 列,再联系直径矩阵获得 L 矩阵的第 2 列,…,直至获取完整的下三角 L 矩阵。

	A	B	C	D	E	F	G	H	I	J	K	L
1												
2			k									
3		l		2	3	4	5	6	7	8	9	……	n
4		2										
5		3	L[p(3,2)]	0								
6		4	L[p(4,2)]	L[p(4,3)]	0							
7		5	L[p(5,2)]	L[p(5,3)]	L[p(5,4)]	0						
8		6	L[p(6,2)]	L[p(6,3)]	L[p(6,4)]	L[p(6,5)]	0					
9		7	L[p(7,2)]	L[p(7,3)]	L[p(7,4)]	L[p(7,5)]	L[p(7,6)]	0				
10		8	L[p(8,2)]	L[p(8,3)]	L[p(8,4)]	L[p(8,5)]	L[p(8,6)]	L[p(8,7)]	0			
11		⋮	⋮	⋮	⋮	⋮	⋮	⋮	⋮	⋮		
12		⋮	⋮	⋮	⋮	⋮	⋮	⋮	⋮	⋮	⋮	
13		n	L[p(n,2)]	L[p(n,3)]	L[p(n,4)]	L[p(n,5)]	L[p(n,6)]	L[p(n,7)]	L[p(n,8)]	L[p(n,9)]		0

图 5.3.3 l 个有序样品分成 k 类的最优分割损失矩阵 $L[p(l,k)]$

5.3.3 案例分析及 Excel 实现

【例 5.3.1】为了解儿童生长发育规律,随机抽取统计了男孩从出生到 11 岁每年平均增长的重量数据,如表 5.3.1 所示。问男孩发育可分为几个阶段。

表 5.3.1　儿童每年平均增长重量

年龄(岁)	1	2	3	4	5	6	7	8	9	10	11
增重(千克)	9.3	1.8	1.9	1.7	1.5	1.3	1.4	2.0	1.9	2.3	2.1

通过有序样品的聚类来确定儿童发育阶段的划分。

①计算直径矩阵。把第 1 个样品与第 2 个样品聚为一类，均值$(9.3+1.8)/2=5.55$，故有 $D(1,2)=(9.3-5.55)^2+(1.8-5.55)^2=28.125$。如图 5.3.4 所示，在 C5 位置计算出 $D(1,2)$，并拖出任意连续两年增重的直径，即 C5:L5。类似地，在 C6 位置计算出 $D(1,3)$，拖出 C6:K6；…；在 C14 位置计算出 $D(1,11)$。图 5.3.4 的第 1 列即为下三角直径矩阵 $D(i,j)$ 的第 1 列；第 2 列即为下三角直径矩阵 $D(i,j)$ 的第 2 列；…；由此获取直径矩阵 $D(i,j)$，如图 5.3.5 所示。

图 5.3.4　获取直径矩阵的 Excel 操作

图 5.3.5　直径矩阵

②获取 L 矩阵第 1 列。要获取最小分类损失函数矩阵 L 的第 1 列，即求图 5.3.8 中的 R6:R14。因为 $L[p(3,2)]=\min\{D(1,1)+D(2,3),D(1,2)+D(3,3)\}=\min\{0+0.005,28.125+0\}$，在图 5.3.5 中即为 C4:C5 的两个数与 D6:E6 的两个数对应相加，再求最小值；类似地，$L[p(4,2)]=\min\{D(1,1)+D(2,4),D(1,2)+D(3,4),D(1,3)+D(4,4)\}=\min\{0+0.02,28.125+0.02,37.007+0\}$，在图 5.3.5 中即为 C4:C6 的

三个数与 D7:F7 的三个数对应相加,再求最小值;以此类推,$L[p(5,2)]$ 为图 5.3.5 中的 C4:C7 的四个数与 D8:G8 的四个数对应相加,再求最小值……

因此,在图 5.3.6 中,先复制 C4:C14,选择性粘贴(转置)到 D1:N1。再选择区域 D17:M25,并使 D17:M25＝D1:M1＋D6:M14,同时按"Ctrl""Shift""Enter"键。在 N17 格内求 D17:M17 的最小值,并拖至 N25,N17:N25 内的数值即为 L 矩阵的第 1 列。在图 5.3.4 中,由于 D17:M25 区域内每一行数据从左向右递增,故有

$$L[p(3,2)]＝\min\{D17:M17\}＝\min\{D17:E17\}＝\min\{D1+D6:E1+E6\}$$

$$L[p(4,2)]＝\min\{D18:M18\}＝\min\{D1+D7,E1+E7,F1+F7\}$$

…………

$$L[p(11,2)]＝\min\{D25:M25\}＝\min\{D1+D11,E1+E11,\cdots,M1+M11\}$$

在图 5.3.6 中,D19 中的数据 0.088 表示 $D(1,1)+D(2,5)＝0+0.088$,若 0.088 为最小值,则分割点为 2。本例使用 IF 嵌套函数,获取对应的分割点。由于在 Excel 中最多允许 6 重嵌套,因此在图 5.3.6 中 17～25 各行的 D～M 列分成 D～H 和 I～M 两部分,每部分分别求最小值和分割点,再获取最终的最小值和分割点。比如针对第 17 行,先在 P17 位置输入"＝min(D17:H17)",求 D17～H17 的最小值;再在 Q17 位置输入"＝IF(D17＝P17,2,IF(E17＝P17,3,IF(F17＝P17,4,IF(G17＝P17,5,6))))",表示 D17～H17 中哪个数值取到最小值则对应 D5～H5 的点为分割点。类似地,在 R17 位置求 I17～M17 的最小值,在 S17 使用 IF 函数求其对应的分割点。最后,通过比较 D17～H17 与 I17～M17 的最小值来获取最优分割点,在 O17 位置输入命令"＝IF(P17<R17,Q17,S17)"。

图 5.3.6 获取 L 矩阵的第 1 列

③获取 L 矩阵的第 2 列。只需在图 5.3.6 中把输入的原有数据 D1:N1 删除,复制输出框内的原有数据 N16:N24,选择性粘贴(选择转置、数值)到 F1:N1,在 E1 填入 0,在 D1 填入相对较大的数(如 100),输出框内即得到 L 矩阵的第 2 列。如图 5.3.7

所示。

在图 5.3.3 中的 $L[p(4,3)] = \min\{L[p(2,2)] + D(3,4), L[p(3,2)] + D(4,4)\}$，即图 5.3.7 中的 $\min\{E1 + E7, F1 + F7\}$，也即 $\min\{E17:F17\}$，即 $\min\{E17:M17\}$。类似地，$L[p(5,3)] = \min\{L[p(2,2)] + D(3,5), L[p(3,2)] + D(4,5), L[p(4,2)] + D(5,5)\}$，即图 5.3.6 中的 $\min\{E1 + E8, F1 + F8, G1 + G8\}$，也即 $\min\{E18:G18\}$，即 $\min\{E18:M18\}$。

	A	B	C	D	E	F	G	H	I	J	K	L	M	N	O
1			输入	100	0	0.005	0.02	0.088	0.232	0.28	0.417	0.467	0.802	0.909	
2		_j_ _i_													
3			1	2	3	4	5	6	7	8	9	10	11		
4		1	0.000												
5		2	28.125	0.000											
6		3	37.007	0.005	0.000										
7		4	42.208	0.020	0.020	0.000									
8		5	45.922	0.088	0.080	0.020	0.000								
9		6	49.128	0.232	0.200	0.080	0.020	0.000							
10		7	51.100	0.280	0.232	0.088	0.020	0.005	0.000						
11		8	51.529	0.417	0.393	0.308	0.290	0.287	0.180	0.000					
12		9	51.980	0.467	0.454	0.393	0.388	0.370	0.207	0.005	0.000				
13		10	52.029	0.802	0.800	0.774	0.773	0.708	0.420	0.087	0.080	0.000			
14		11	52.128	0.909	0.909	0.895	0.899	0.793	0.452	0.088	0.080	0.020	0.000		
15														输出	分割点
16			3	100.005	0	0.005	0.02	0.088	0.232	0.28	0.417	0.467	0.802	0	3
17			4	100.02	0.02	0.005	0.02	0.088	0.232	0.28	0.417	0.467	0.802	0.005	4
18			5	100.088	0.08	0.025	0.02	0.088	0.232	0.28	0.417	0.467	0.802	0.02	5
19			6	100.232	0.2	0.085	0.04	0.088	0.232	0.28	0.417	0.467	0.802	0.04	5
20			7	100.28	0.232	0.093	0.04	0.093	0.28	0.28	0.417	0.467	0.802	0.04	5
21			8	100.417	0.393	0.313	0.31	0.375	0.412	0.28	0.417	0.467	0.802	0.28	8
22			9	100.467	0.454	0.398	0.408	0.458	0.439	0.285	0.417	0.467	0.802	0.285	8
23			10	100.802	0.8	0.779	0.793	0.796	0.652	0.367	0.497	0.467	0.802	0.367	8
24			11	100.909	0.909	0.9	0.919	0.881	0.684	0.368	0.497	0.487	0.802	0.368	8

图 5.3.7　获取 L 矩阵的第 2 列

类似地迭代下去，依次获取 L 矩阵的第 3 列、第 4 列……第 8 列。得到结果如图 5.3.8 所示。

	P	Q	R	S	T	U	V	W	X	Y	Z	AA
1												
2					下三角矩阵 $L[p(l,k)]$							
3		_l_ _k_										
4			2	3	4	5	6	7	8	9	10	11
5	2		0									
6	3		0.005(2)	0								
7	4		0.02(2)	0.005(4)	0							
8	5		0.088(2)	0.02(5)	0.005(5)	0						
9	6		0.232(2)	0.040(5)	0.02(6)	0.005(6)	0					
10	7		0.28(2)	0.040(5)	0.025(6)	0.01(6)	0.005(6)	0				
11	8		0.417(2)	0.280(8)	0.04(8)	0.025(8)	0.01(8)	0.005(8)	0			
12	9		0.469(2)	0.285(8)	0.045(8)	0.03(8)	0.015(8)	0.01(3)	0.005(8)	0		
13	10		0.802(2)	0.367(8)	0.127(8)	0.045(10)	0.03(10)	0.015(10)	0.01(10)	0.005(8)	0	
14	11		0.909(2)	0.368(8)	0.128(8)	0.065(10)	0.045(11)	0.03(11)	0.015(11)	0.01(11)	0.005(11)	0

图 5.3.8　最小分类损失函数矩阵 L

④确定分类数目 k 的值。依据 $L[p(11,2)]$、$L[p(11,3)]$……$L[p(11,10)]$ 的变化特征（也即图 5.3.8 最后一行），损失函数 L 随 k 的变化轨迹如图 5.3.9 所示。因此，以 k 取值 3 或 4 为拐点皆可。

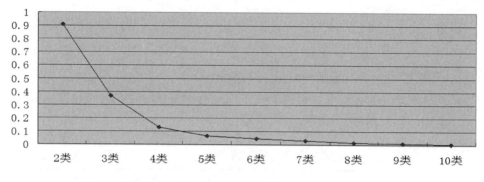

图 5.3.9   损失函数 L 随着分类数变化特征

⑤分成 4 类 $(k=4)$ 时的 Fisher 最优分割点。在图 5.3.8 中，$l=11,k=4$ 时最优分割点为 8，按照 Fisher 最优分割递推公式，$L[p(11,4)]=\min\{L[p(7,3)],D(8,11)\}$，查图 5.3.8 中 $L[p(7,3)]$ 的最优分割点为 5，再由递推公式 $L[p(7,3)]=\min\{L[p(4,2)],D(5,7)\}$，查图 5.3.8 中 $L[p(4,2)]$ 的最优分割点为 2。也即 $G_1=\{1\}$，$G_2=\{2,3,4\}$，$G_3=\{5,6,7\}$，$G_4=\{8,9,10,11\}$，如图 5.3.10 所示。

年龄(岁)	1	2	3	4	5	6	7	8	9	10	11
增重(千克)	9.3	1.8	1.9	1.7	1.5	1.3	1.4	2.0	1.9	2.3	2.1

图 5.3.10   分为 4 类时的 Fisher 最优分割

第 6 章

主成分分析

主成分分析（Principal Components Analysis，PCA）是多变量统计降维（Dimensionality Reduction）的重要方法。在社会经济的研究中，为了全面系统地分析和研究问题，必须考虑许多经济指标，这些指标能从不同的侧面反映我们所研究的对象的特征，但在某种程度上存在信息重叠，具有一定的相关性。指标（变量）太多，彼此又可能相关，增加了计算量和分析问题的复杂性。在定量分析中，我们希望涉及的变量较少，而得到的信息又较多，主成分分析是理想的工具。

主成分分析的基本思想体现为：用少数几个彼此线性无关的综合指标来代替较多的原始分析变量，同时又保留较多的信息，从而实现降维。通过对原始变量特征矩阵（协方差矩阵或相关矩阵）内部关系的研究，找出影响某一经济过程的少数几个综合指标，使综合指标成为原始变量的线性组合。综合指标不仅保留了原始变量的主要信息，同时彼此又不相关，比原始变量更优越，既简洁又抓住主要矛盾。

比如，为用户定制服装要测量多个指标，包括身高、袖长、胸围、领围、肩宽、肩厚、坐高、裤长、下档、前胸、后背、肋围、腿肚等，服装厂若按照这些详细的要求生产，服装型号必然太多，使得生产成本增加。在对 100 名成年男子收集上述指标数据基础上，按主成分分析思想设法把原多个变量重新组合成少数几个彼此无关的变量，在只损失少数信息的情况下使问题得到简化处理。利用主成分方法对收集数据进行分析，把上述指标综合为 3 项指标（综合指标）：反映身高的指标（称为号）；反映胖瘦（胸围、腰围）的指标（称为型）；反映特殊体型的指标（用 A、B、C 表示）。这样，生产出来的服装虽然不是对每个人都很合体，但基本能满足大多数人的需求，从而降低了企业生产成本、提高了企业经济效益。

6.1 主成分模型

6.1.1 主成分的基本特征

原始分析变量之间存在较高的相关性，必然存在着起支配作用的共同因素。因此,通过对原始数据获取的相关矩阵或协差阵内部关系的研究,利用原始变量的线性组合形成几个综合主成分,在保留原始变量主要信息的前提下实现降维与简化的作用。

假设 p 个原始变量为 $x_1,x_2,\cdots,x_p$,原始变量线性组合得到的综合变量 y_i 为

$$y_i = a_{1i}x_1 + a_{2i}x_2 + \cdots + a_{pi}x_p \quad i=1,2,\cdots,p \tag{6.1.1}$$

如果使用少数几个综合变量 $y_1,y_2,\cdots,y_m,m<p$ 可以保留大部分原始变量信息,则实现了降维目的。数据的"信息"如何表征?一般用统计特征指标方差来表示指标的信息含量。$\text{var}(y_i)$ 方差越大,表示 y_i 包含的信息越多。因此,选择系数向量 $(a_{1i},a_{2i},\cdots,a_{pi})'$ 使得 y_1 的方差最大,则 y_1 可称为第一主成分,依此类推有第二主成分 $y_2,\cdots$,第 p 主成分 y_p。在式(6.1.1)中,记 $X=(x_1,x_2,\cdots,x_p)'$,其协差阵为 $\sum$,$a_i=(a_{1i},a_{2i},\cdots,a_{pi})'$,则 $y_i=a'_iX$,于是有

$$D(y_i)=D(a'_iX)=a'_i\sum a_i$$

在做线性变换时如果对系数向量 a_i 没有限制,比如放大常数 c 倍,有

$$D(ca'_iX)=ca'_i\sum a_i c=c^2a'_i\sum a_i$$

当 $c \to \infty$,会使 $D(y_i) \to \infty$,$D(y_i)$ 任意增大,用方差来表示信息含量就变得没有意义。为满足信息从原始变量传递到综合变量上来,对 a_i 添加了单位化约束:

$$a'_ia_i=1,即 \ a_{1i}^2+a_{2i}^2+\cdots+a_{pi}^2=1 \quad i=1,2,\cdots,p$$

基于原始变量之间具有高度相关性,提取的主成分更加优越,可实现降维,主成分的特征体现为:

①每一主成分都是原始变量的线性组合,并可以做出符合实际背景和意义的解释。

②各个主成分互不相关,信息没有重叠。

③少数几个主成分便可保留众多原始变量的大部分信息。

④为保证原始变量的信息有效地传递到主成分,对线性变换的系数向量 a_i 加以约束。

6.1.2 主成分模型

设 p 维随机向量 $X=(x_1,x_2,\cdots,x_p)'$,其均值 $E(X)=\mu=(\mu_1,\mu_2,\cdots,\mu_p)'$,协差阵 $D(X)=\sum$,对 X 进行线性变换,形成新的综合变量如下:

$$\begin{cases} y_1 = u_{11}x_1 + u_{12}x_2 + \cdots + u_{1p}x_p \\ y_2 = u_{21}x_1 + u_{22}x_2 + \cdots + u_{2p}x_p \\ \qquad\qquad\qquad \vdots \\ y_p = u_{p1}x_1 + u_{p2}x_2 + \cdots + u_{pp}x_p \end{cases} \tag{6.1.2}$$

线性变换要满足下列条件:

① $u_{1i}^2 + u_{2i}^2 + \cdots + u_{pi}^2 = 1 \quad i=1,2,\cdots,p$

② $\mathrm{cov}(y_i,y_j)=0 \quad i \neq j, i,j=1,2,\cdots,p$

③ $D(y_1) \geqslant D(y_2) \geqslant \cdots \geqslant D(y_p)$

满足上述条件的综合变量 $y_1, y_2, \cdots, y_p$ 分别称为原始变量的第一主成分、第二主成分……第 p 主成分,一般仅取前面少数几个主成分即可。令 $Y=(y_1,y_2,\cdots,y_p)'$,对式(6.1.2),我们注重考查 y_i 线性组合系数向量 $u_i=(u_{1i},u_{2i},\cdots,u_{pi})', i=1,2,\cdots,p$,则有

$$U=(u_1,u_2,\cdots,u_p)=\begin{bmatrix} u_{11} & u_{21} & \cdots & u_{p1} \\ u_{12} & u_{22} & \cdots & u_{p2} \\ \vdots & \vdots & \ddots & \vdots \\ u_{1p} & u_{2p} & \cdots & u_{pp} \end{bmatrix}, U'=\begin{bmatrix} u_{11} & u_{12} & \cdots & u_{1p} \\ u_{21} & u_{22} & \cdots & u_{2p} \\ \vdots & \vdots & \ddots & \vdots \\ u_{p1} & u_{p2} & \cdots & u_{pp} \end{bmatrix}$$

式(6.1.2)也可改写成以下形式

$$Y=U'X \tag{6.1.3}$$

6.2　主成分分析的几何意义

6.2.1　正交矩阵

要把 p 个高度相关的原始变量 $x_1, x_2, \cdots, x_p$ 综合提炼为互不相关的变量 $y_1, y_2, \cdots, y_m, m<p$,就必须通过特殊的线性变换——正交变换来实现。也即,通过式(6.1.3)正交变换 $Y=U'X$ 来实现降维,关键是求正交矩阵。这可依据对称矩阵的谱分解得到。

若 p 阶对称矩阵 A 有 p 个不同的特征值,因为实对称矩阵的不同特征值对应的特征向量正交,分别求出属于各个特征值的特征向量,并单位化即可得到正交矩阵。

若 p 阶对称矩阵 A 存在相同的特征值,则可依据以下步骤获取 A 的 p 个彼此正交的特征向量。

第一步:设 p 阶方阵 A 有 k 个单位正交的特征向量 $\gamma_1, \gamma_2, \cdots, \gamma_k(1 \leqslant k < p$,因为 A 中至少可以找到 1 个单位长度的特征向量),相应的特征值为 $\lambda_1, \lambda_2, \cdots, \lambda_k$(允许有相同的特征值),这时总找得到 $X \neq 0$,使得 X 分别与 $\gamma_1, \gamma_2, \cdots, \gamma_k$ 正交。

比如,三维向量 γ_1 与 γ_2 正交,现找一三维非零向量 X,使得 X 与 γ_1, γ_2 正交。设 $\gamma_1=(t_{11},t_{12},t_{13})', \gamma_2=(t_{21},t_{22},t_{23})', X=(x_1,x_2,x_3)'$,要使得 $X'\gamma_1=0, X'\gamma_2=0$,即

$$\begin{cases} t_{11}x_1+t_{12}x_2+t_{13}x_3=0 \\ t_{21}x_1+t_{22}x_2+t_{23}x_3=0 \end{cases}$$

因为 γ_1 与 γ_2 正交,所以 γ_1 与 γ_2 线性无关,因而在系数矩阵 $\begin{bmatrix} t_{11} & t_{12} & t_{13} \\ t_{21} & t_{22} & t_{23} \end{bmatrix}$ 中,一

定存在二阶子方阵行列式不等于 0，若设 $\begin{vmatrix} t_{11} & t_{12} \\ t_{21} & t_{22} \end{vmatrix} \neq 0$，令 $x_3 = 1$，使用克莱姆法则可求出 x_1 与 x_2，从而得到与 γ_1 与 γ_2 都正交的非零向量 X。

第二步：找 A 的特征向量 u，使得 u 与特征向量 $\gamma_1, \gamma_2, \cdots, \gamma_k$ 正交。

设 p 阶方阵 A 的特征多项式 $f(\lambda) = |\lambda I - A|$，则 $f(\lambda)$ 在复数域中可分解成 p 个一次因式的乘积，即 $f(\lambda) = (\lambda - \lambda_1)(\lambda - \lambda_2) \cdots (\lambda - \lambda_p)$，这些 λ_i 就是 A 的特征值。

形式地，定义

$$f(X) = (X - \lambda_1 I)(X - \lambda_2 I) \cdots (X - \lambda_p I)$$

由于 $f(\lambda) = |\lambda I - A|$，当 λ 取值矩阵 A 时，$f(A) = |A \cdot I - A| = 0$，也即有 $f(A) = (A - \lambda_1 I)(A - \lambda_2 I) \cdots (A - \lambda_p I) = 0$。对任意 p 维向量 X，都有 $f(A)X = 0$，这也即，当 $\lambda_1, \lambda_2, \cdots, \lambda_p$ 是 A 特征值，则有

$$(A - \lambda_1 I)(A - \lambda_2 I) \cdots (A - \lambda_p I)X = 0$$

取 $u = (A - \lambda_2 I) \cdots (A - \lambda_n I)X$，则有 $(A - \lambda_1 I)u = 0$，即 u 是 A 的特征向量。

而 u 显然是 $X, AX, A^2 X, \cdots$ 的线性组合。X 与 $\gamma_1, \gamma_2, \cdots, \gamma_k$ 正交，则 AX 也会与 $\gamma_1, \gamma_2, \cdots, \gamma_k$ 正交。这是因为，$(AX)' \gamma_i = X' A' \gamma_i = \lambda_i X' \gamma_i = 0$。$A^2 X$ 也会与 $\gamma_1, \gamma_2, \cdots, \gamma_k$ 正交……作为 $X, AX, A^2 X, \cdots$ 的线性组合，u 也会与 $\gamma_1, \gamma_2, \cdots, \gamma_k$ 正交。用这个方法一直增到 p 个特征向量为止，因而找到 A 的 p 个彼此正交的单位特征向量 $\gamma_1, \gamma_2, \cdots, \gamma_p$。从而得到正交矩阵 $\Gamma = (\gamma_1, \gamma_2, \cdots, \gamma_p)$。

6.2.2　正交变换的几何意义

设有 n 个样本观测点，两个原始观测变量 x_1、x_2，在坐标系内显示如图 6.2.1 所示。数据波动最大的方向（也即信息含量最大的方向），既不在横轴方向，也不在纵轴方向，如果只考虑 x_1 或 x_2 方向上的方差，都会有较大的信息损失。因此考虑使用坐标旋转变换，使得旋转后得到的新变量沿着变异（方差）最大的方向，如图 6.2.2 所示。

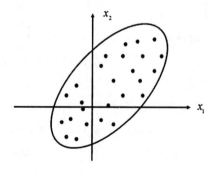
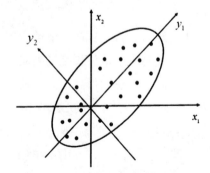

图 6.2.1　n 个二维样品　　　　图 6.2.2　二维变量的正交变换

考察 P 点在不同坐标系下的坐标变换，如图 6.2.3 所示，P 点在原始坐标系下的

坐标为(x_1, x_2),把坐标系逆时针旋转θ角度后得到新的坐标系,在新的坐标系下的坐标为(y_1, y_2)。

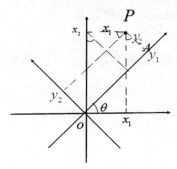

图 6.2.3 正交变换的几何解释

显然有

$$\begin{cases} x_1 \cos\theta + x_2 \sin\theta = y_1 \\ \dfrac{x_1}{\cos\theta} + y_2 \operatorname{tg}\theta = y_1 \end{cases} \Rightarrow \begin{cases} y_1 = x_1 \cos\theta + x_2 \sin\theta \\ y_2 = -x_1 \sin\theta + x_2 \cos\theta \end{cases}$$

上述方程组可写成

$$Y = \begin{bmatrix} y_1 \\ y_2 \end{bmatrix} = \begin{bmatrix} \cos\theta & \sin\theta \\ -\sin\theta & \cos\theta \end{bmatrix} \begin{bmatrix} x_1 \\ x_2 \end{bmatrix} = U'X$$

$$U'U = \begin{bmatrix} \cos\theta & \sin\theta \\ -\sin\theta & \cos\theta \end{bmatrix} \begin{bmatrix} \cos\theta & -\sin\theta \\ \sin\theta & \cos\theta \end{bmatrix} = \begin{bmatrix} 1 & 0 \\ 0 & 1 \end{bmatrix}$$

坐标旋转矩阵U'为正交矩阵,坐标旋转变换即为正交变换。变换后y_1轴方向上离散程度最大,即y_1方向方差最大,y_1方向汇聚了原始数据绝大部分信息。即使不考虑变量y_2也无损大局。由分析两个变量x_1、$x_2 \to$只要分析一个变量y_1,也即实现了降维。

提取主成分的过程就是坐标系旋转的过程,主成分的表达反映了新坐标系与原始坐标系的转换关系。在新坐标系下,主要坐标轴的方向即原始数据方差最大的方向。

6.3 总体主成分的推导

6.3.1 总体主成分推导过程

提取主成分,也即寻找原始变量$x_1, x_2, \cdots, x_p$的线性组合$y_i = a'_i X$,在对系数向量予以单位约束$a'_i a_i = 1$的条件下,来确定$a'_i = (a_{i1}, a_{i2}, \cdots, a_{ip})$,使得$D(y_i)$最大。

设$X = (x_1, x_2, \cdots, x_p)'$,$D(X) = \sum$,则$D(y_i) = D(a'_i X) = a'_i \sum a_i$。第一主成分$y_1 = a'_1 X$,需满足$a'_1 a_1 = 1$,使得$D(y_1) = a'_1 \sum a_1$达到最大;第二主成分$y_2 = a'_2 X$,必

须满足 $a'_2 a_2 = 1$，使得 $\mathrm{cov}(y_1, y_2) = 0$，也即 $a'_1 \sum a_2 = 0$，且 $D(y_2) = a'_2 \sum a_2$ 达到最大。依此类推，在一般情形下，第 k 主成分 $y_k = a'_k X$，必须满足 $a'_k a_k = 1$，使得 $\mathrm{cov}(y_i, y_k) = 0$，$1 \leqslant i \leqslant k$ 且 $D(y_k) = a'_k \sum a_k$ 达到最大。

(1)求第一主成分

目标函数为 $\max a'_1 \sum a_1$，约束条件为 $a'_1 a_1 = 1$，为此构造函数

$$\varphi_1(a_1, \lambda) = a'_1 \sum a_1 - \lambda(a'_1 a_1 - 1)$$

$$\frac{\partial \varphi_1}{\partial a_1} = 2 \sum a_1 - 2\lambda a_1 = 0$$

化简为

$$\sum a_1 = \lambda a_1 \tag{6.3.1}$$

在式(6.3.1)两边乘以 a'_1 得

$$a'_1 \sum a_1 = \lambda \tag{6.3.2}$$

式(6.3.1)的解释为，提取原始变量 $x_1, x_2, \cdots, x_p$ 的第一主成分，使得其线性组合信息含量(方差)最大，也即求 $D(X) = \sum$ 的特征值与对应特征向量，由于 $a'_1 \sum a_1 = D(y_1)$，式(6.3.2)表明特征值即为主成分综合变量的方差，因此取 $\sum$ 最大的特征值 λ_1 对应的特征向量 a_1，就求得第一主成分 $y_1 = a'_1 X$。

(2)求第二主成分

目标函数为 $\max a'_2 \sum a_2$，第一个约束条件为 $a'_2 a_2 = 1$；$\mathrm{cov}(y_1, y_2) = a'_1 \sum a_2 = a'_2 \sum a_1$，而 y_1、y_2 线性无关，由式(6.3.1)可知 $\mathrm{cov}(y_1, y_2) = \lambda a'_2 a_1 = 0$，由此得第二个约束为 $a'_2 a_1 = 0$ 或者 $a'_1 a_2 = 0$(这表明，第一主成分的系数向量与第二主成分的系数向量是正交的)。为此构造函数

$$\varphi_2(a_2, \lambda, \rho) = a'_2 \sum a_2 - \lambda(a'_2 a_2 - 1) - \rho(a'_1 a_2)$$

$$\frac{\partial \varphi_2}{\partial a_2} = 2 \sum a_2 - 2\lambda a_2 - \rho a_1 = 0 \tag{6.3.3}$$

两边左乘 a'_1 得

$$2 a'_1 \sum a_2 - 2\lambda a'_1 a_2 - \rho a'_1 a_1 = 0 \tag{6.3.4}$$

由于 $a'_1 \sum a_2 = \mathrm{cov}(y_1, y_2) = 0$，$a'_1 a_2 = 0$ 可得 $\rho a'_1 a_1 = 0$，也即 $\rho = 0$，代回式(6.3.3)，得

$$\sum a_2 = \lambda a_2 \tag{6.3.5}$$

两边左乘 a'_2 得

$$a'_2 \sum a_2 = \lambda \tag{6.3.6}$$

式(6.3.5)表明求 $\sum$ 的特征值与对应特征向量，式(6.3.6)表明特征值即为最大方差，如果 X 的协差阵 $\sum$ 的特征值为 $\lambda_1 \geqslant \lambda_2 \geqslant \cdots \geqslant \lambda_p \geqslant 0$，知第二主成分 y_2 的最大方差为 λ_2，对应的单位化特征向量为 a_2，由此得第二主成分 $y_2 = a'_2 X$。

一般地,第 k 主成分应该是在 $a'_k a_k = 1$ 且 $a'_k a_i = 0$ 或 $a'_i a_k = 0 (i < k)$ 的条件下 (也即 a_k 与 a_i 正交, $i < k$),使得 $D(y_k) = a'_k \sum a_k$ 达到最大的 $y_k = a'_k X$。这样我们构造如下函数

$$\varphi_k(a_k, \lambda, \rho_i) = a'_k \sum a_k - \lambda(a'_k a_k - 1) - \sum_{i=1}^{k-1} \rho_i(a'_i a_k) \tag{6.3.7}$$

函数 $\varphi_k(a_k, \lambda, \rho_i)$ 对 a_k 求偏导有

$$\frac{\partial \varphi_k}{\partial a_k} = 2\sum a_k - 2\lambda a_k - \sum_{i=1}^{k-1} \rho_i a_i = 0 \tag{6.3.8}$$

用 $a'_i, i = 1, 2, \cdots, k-1$ 分别左乘式(6.3.8)有

$$2a'_i \sum a_k - 2\lambda a'_i a_k - a'_i \cdot \sum_{i=1}^{k-1} \rho_i a_i = 0 \tag{6.3.9}$$

即有 $\rho_i a'_i a_i = 0$,因此 $\rho_i = 0 (i = 1, 2, \cdots, k-1)$。从而

$$\sum a_k = \lambda a_k \tag{6.3.10}$$

而且

$$a'_k \sum a_k = \lambda \tag{6.3.11}$$

X 的协差阵 $\sum$ 的特征值为 $\lambda_1 \geq \lambda_2 \geq \cdots \geq \lambda_p \geq 0$,由式(6.3.10)和式(6.3.11)知道 y_k 的最大方差为 λ_k,对应的单位化特征向量为 a_k,由此得第 k 主成分 $y_k = a'_k X$。

综上所述,设 $X = (x_1, x_2, \cdots, x_p)'$ 的协差阵为 $\sum$,其特征根为 $\lambda_1 \geq \lambda_2 \geq \cdots \geq \lambda_p \geq 0$,相应的单位化的特征向量为 $a_1, a_2, \cdots, a_p$。那么,由此所确定的主成分为 $y_1 = a'_1 X, y_2 = a'_2 X, \cdots, y_k = a'_k X$,各主成分的方差分别为 $\sum$ 的特征根。

6.3.2　由相关阵推导主成分

(1)相关阵是特殊的协差阵

设随机向量 $X = (x_1, x_2, \cdots, x_p)'$, $E(X) = (\mu_1, \mu_2, \cdots, \mu_p)' = \mu$, X 的协差阵为

$$D(X) = \sum = (\sigma_{ij})_{p \times p}, \sigma_{ii} = \sigma_i^2 = D(x_i), R = (r_{ij})_{p \times p}, r_{ij} = \frac{\text{cov}(x_i, x_i)}{\sqrt{D(x_i)} \sqrt{D(x_j)}} = \frac{\sigma_{ij}}{\sigma_i \sigma_j}$$

记 $V = \begin{bmatrix} \sigma_1 & & 0 \\ & \ddots & \\ 0 & & \sigma_p \end{bmatrix}$,则有 $V^{-1} = \begin{bmatrix} \dfrac{1}{\sigma_1} & & 0 \\ & \ddots & \\ 0 & & \dfrac{1}{\sigma_p} \end{bmatrix}$,由此得

$$R = V^{-1} \sum V^{-1}$$

对原始变量 $x_1, x_2, \cdots, x_p$ 进行数据的标准化处理 $z_i = \dfrac{x_i - \mu_i}{\sigma_i}, i = 1, 2, \cdots, p$,得

$$Z = \begin{pmatrix} z_1 \\ z_2 \\ \vdots \\ z_p \end{pmatrix} = \begin{pmatrix} \dfrac{1}{\sigma_1} & & 0 \\ & \ddots & \\ 0 & & \dfrac{1}{\sigma_p} \end{pmatrix} \begin{pmatrix} x_1 - \mu_1 \\ x_2 - \mu_2 \\ \vdots \\ x_p - \mu_p \end{pmatrix} = V^{-1}(X - \mu)$$

Z 的协差阵为

$$D(Z) = D[V^{-1}(X-\mu)] = V^{-1} \cdot D(X-\mu) \cdot V^{-1} = V^{-1}\sum V^{-1} = R$$

也即,相关阵是将原始数据标准化得到的协差阵。由相关阵 R 推导主成分和基于协差阵 $\sum$ 推导主成分思路完全相同。

(2)R 与 $\sum$ 的选取

由协差阵 $\sum$ 出发去求主成分与由相关阵 R 出发去求主成分的结果有很大差异,不仅主成分的表述有显著差异,主成分的方差贡献率有很大不同,且二者之间不存在简单的线性关系。一般而言,当原始变量 $x_1, x_2, \cdots, x_p$ 的量纲不同,或者取值差异非常大时,不宜由协差阵 $\sum$ 出发去推导主成分,而应考虑将数据标准化后去求主成分,即从相关阵 R 出发去推导主成分,对于研究经济问题所涉及的变量单位大都不统一,通常采用 R 求主成分。但数据的标准化会抹杀原始变量离散程度的差异,因此,对同度量或者取值范围在同量级的原始数据,还是直接从协差阵 $\sum$ 出发去推导主成分更适当。

6.4 主成分的性质

设 $Y = (y_1, y_2, \cdots, y_p)'$,$y_i = u'_i X$,$i = 1, 2, \cdots, p$ 是原始变量 $x_1, x_2, \cdots, x_p$ 的主成分,令 $X = (x_1, x_2, \cdots, x_p)'$,则 $Y = U'X$,$U = (u_1, u_2, \cdots, u_p)$。主成分具有如下性质:

性质 6.4.1   主成分的协差阵 $D(Y)$ 是对角阵 $\Lambda = diag(\lambda_1, \lambda_2, \cdots, \lambda_p)$,其中 $\lambda_1, \lambda_2, \cdots, \lambda_p$ 是 $D(X) = \sum$ 的特征值。

证明:在 6.3 节主成分的推导中已得,$D(y_i) = \lambda_i$,$\mathrm{cov}(y_i, y_j) = 0$,$i, j = 1, 2, \cdots, p$,$i \neq j$,因此有

$$D(Y) = D\begin{pmatrix} y_1 \\ y_2 \\ \vdots \\ y_p \end{pmatrix} = \begin{pmatrix} D(y_1) & \cdots & \mathrm{cov}(y_1, y_p) \\ \vdots & \ddots & \vdots \\ \mathrm{cov}(y_p, y_1) & \cdots & D(y_p) \end{pmatrix} = \begin{pmatrix} \lambda_1 & \cdots & 0 \\ \vdots & \ddots & \vdots \\ 0 & \cdots & \lambda_p \end{pmatrix} = \Lambda$$

另一个思路是采用 $\sum$ 的谱分解来证明:若 $\sum$ 的特征值为 $\lambda_1, \lambda_2, \cdots, \lambda_p$,对应的单位特征向量为 $u_1, u_2, \cdots, u_p$,$\sum$ 不同特征值对应的特征向量正交,设 $U = (u_1, u_2, \cdots, u_p)$,则 U 为正交矩阵,$U'U = I$。

$$\sum u_i = \lambda_i u_i \Rightarrow (\sum u_1, \sum u_2, \cdots, \sum u_p) = (\lambda_1 u_1, \lambda_2 u_2, \cdots, \lambda_p u_p)$$

$$\sum (u_1, u_2, \cdots, u_p) = (u_1, u_2, \cdots, u_p)\begin{pmatrix} \lambda_1 & \cdots & 0 \\ \vdots & \ddots & \vdots \\ 0 & \cdots & \lambda_p \end{pmatrix} \tag{6.4.1}$$

可写成矩阵形式

$$\Sigma U = U\Lambda \Rightarrow \Sigma UU' = U\Lambda U'$$

也即

$$\Sigma = U\Lambda U' \qquad (6.4.2)$$

$$\Sigma = (u_1, u_2, \cdots, u_p) \begin{pmatrix} \lambda_1 & \cdots & 0 \\ \vdots & \ddots & \vdots \\ 0 & \cdots & \lambda_p \end{pmatrix} \begin{pmatrix} u'_1 \\ u'_2 \\ \vdots \\ u'_p \end{pmatrix}$$

$$\Sigma = \sum_{i=1}^{p} \lambda_i u_i u'_i \qquad (6.4.3)$$

由式(6.4.2)可得

$$D(Y) = D(U'X) = U'\Sigma U = U'(U\Lambda U')U = \Lambda$$

性质 6.4.2 p 个主成分 $y_1, y_2, \cdots, y_p$ 的方差之和等于 p 个原始变量 $x_1, x_2, \cdots, x_p$ 方差之和。

证明:使用矩阵"迹"的方法,Σ 的迹为 $tr(\Sigma)$,等于 Σ 主对角线上元素之和;在可乘的情况下,对矩阵 A、B,有 $tr(AB) = tr(BA)$。

$$\sum_{i=1}^{p} \sigma_i^2 = tr(\Sigma) = tr(U'\Lambda U) = tr(\Lambda UU') = tr(\Lambda) = \sum_{i=1}^{p} \lambda_i \qquad (6.4.4)$$

或者

$$\sum_{i=1}^{p} \sigma_i^2 = tr(\Sigma) = tr(\Sigma UU') = tr(U'\Sigma U) = tr(\Lambda) = \sum_{i=1}^{p} \lambda_i \qquad (6.4.5)$$

性质 2 表明,主成分分析把 p 个原始变量 $x_1, x_2, \cdots, x_p$ 的总方差 $tr(\Sigma)$ 分解成 p 个相互独立的变量 $y_1, y_2, \cdots, y_p$ 的方差之和 $\sum_{i=1}^{p} \lambda_i$,也即原始变量所有的信息都被提取到了新的综合变量中来。由于 $D(y_i) = \lambda_i, i = 1, 2, \cdots, p, \lambda_1 \geqslant \lambda_2 \geqslant \cdots \geqslant \lambda_p \geqslant 0$,也即 y_1 的信息含量最大,其信息提取量为 $\dfrac{\lambda_1}{\sum_{i=1}^{p} \lambda_i}$;$y_2$ 的信息含量次,其信息提取量为 $\dfrac{\lambda_2}{\sum_{i=1}^{p} \lambda_i}$;$\cdots$;$y_p$ 的信息含量最小。Kaiser(1959)提出保留特征值大于 1 的主成分准则。更一般的做法是,取前面 m 个主成分,使得方差贡献率累计达 85%,也即 $\dfrac{\sum_{i=1}^{m} \lambda_i}{\sum_{i=1}^{p} \lambda_i} \geqslant 85\%$,来实现降维。

性质 6.4.3 任意某一主成分 y_k 与任意某一原始变量 x_i 的相关系数 $\rho(y_k, x_i) = \dfrac{\sqrt{\lambda_k}}{\sigma_i} u_{ki}$。

证明:

$$y_k = (u_{k1}, u_{k2}, \cdots, u_{kp}) \begin{bmatrix} x_1 \\ x_2 \\ \vdots \\ x_p \end{bmatrix} = u'_k X \; ; \; x_i = (0, \cdots, 1, \cdots, 0) \begin{bmatrix} x_1 \\ x_2 \\ \vdots \\ x_p \end{bmatrix} = e'_i X$$

$$\mathrm{cov}(y_k, x_i) = \mathrm{cov}(u'_k X, e'_i X) = u'_k \sum e_i = e'_i \sum u_k = \lambda_k e'_i u_k = \lambda_k u_{ki}$$

$$\rho(y_k, x_i) = \frac{\mathrm{cov}(y_k, x_i)}{\sqrt{\lambda_k} \sqrt{\sigma_i^2}} = \frac{\lambda_k u_{ki}}{\sigma_i \sqrt{\lambda_k}} = \frac{\sqrt{\lambda_k}}{\sigma_i} u_{ki} \tag{6.4.6}$$

性质 6.4.4　$\sum\limits_{i=1}^{p} \rho^2(y_k, x_i)\sigma_i^2 = \lambda_k$

证明:由性质 3 有

$$\sum_{i=1}^{p} \rho^2(y_k, x_i)\sigma_i^2 = \sum_{i=1}^{p} \lambda_k u_{ki}^2 = \lambda_k \sum_{i=1}^{p} u_{ki}^2 = \lambda_k \tag{6.4.7}$$

也即,第 k 个主成分与 p 个原始变量 $x_1, x_2, \cdots, x_p$ 的 p 个相关系数平方分别乘以各个原始变量 $x_1, x_2, \cdots, x_p$ 的方差之后求和,等于第 k 个主成分的方差。若原始变量经过标准化处理,则有第 k 个主成分与 p 个原始变量 $x_1, x_2, \cdots, x_p$ 的 p 个相关系数平方和,等于第 k 个主成分的方差。

性质 6.4.5　$\sum\limits_{k=1}^{p} \rho^2(y_k, x_i) = \frac{1}{\sigma_i^2}\sum\limits_{k=1}^{p} \lambda_k u_{ki}^2 = 1$

问题由缘:$\dfrac{\sum\limits_{i=1}^{m} \lambda_i}{\sum\limits_{i=1}^{p} \lambda_i}$ 度量了前 m 个主成分提取原始变量 $x_1, x_2, \cdots, x_p$ 中信息的比例。那么,单个原始变量 x_i 中的信息被 $y_1, y_2, \cdots, y_m (m < p)$ 提取多大的信息比例?

回顾复相关系数概念。在一元线性回归中,拟合优度 R^2 等于被解释变量与解释变量相关系数的平方;在多元线性回归中,被解释变量与多个解释变量相关性采用一个指标表示,即复相关系数,复相关系数等于被解释变量与其拟合值的简单相关系数,复相关系数的平方也等于多元线性回归的拟合优度 R^2。

根据性质 2,原始变量所有的信息都被提取到主成分 $y_1, y_2, \cdots, y_p$ 中。因此,原始变量 x_i 中的信息也被完全提取于主成分 $y_1, y_2, \cdots, y_p$ 中。这意味着 x_i 与 $y_1, y_2, \cdots, y_p$ 复相关系数的平方 $\rho^2_{i \cdot 12 \cdots p}$ 等于 1(也即 x_i 对 $y_1, y_2, \cdots, y_p$ 做多元回归的可决系数等于 1,相关关系已精确为函数关系),由于 $y_1, y_2, \cdots, y_p$ 互不相关,因此 $\rho^2_{i \cdot 12 \cdots p}$ 等于 x_i 分别与 $y_1, y_2, \cdots, y_p$ 的 p 个单相关系数的平方和,因此,性质 5 成立。

由此可知:单个原始变量 x_i 被前 m 个主成分 $y_1, y_2, \cdots, y_m (m < p)$ 提取信息的比例为

$$\sum_{k=1}^{m} \rho^2(y_k, x_i) = \frac{1}{\sigma_i^2}\sum_{k=1}^{m} \lambda_k u_{ki}^2 \tag{6.4.8}$$

也即 x_i 与前 m 个主成分 $y_1,y_2,\cdots,y_m$ 的复相关系数 $\rho_{i\cdot 12\cdots p}$ 的平方,或者说是 x_i 与前 m 个主成分 $y_1,y_2,\cdots,y_m$ 的相关系数 $\rho(x_i,y_1)$、$\rho(x_i,y_2)$……$\rho(x_i,y_m)$ 的平方和。

6.5 样本主成分与实例分析

6.5.1 样本主成分的推导

(1)样本协差阵及相关阵测算

在实际的数据分析工作中,总体协差阵 Σ 与相关阵 R 通常是未知的,需要通过样本数据来估计。设有 n 个样品,每个样品有 p 个指标,原始数据矩阵 X 如下:

$$\begin{array}{c} \text{指标1 \quad 指标2 \quad \cdots \quad 指标}p \\ \begin{array}{c}\text{观测}1\\\text{观测}2\\\vdots\\\text{观测}n\end{array} \begin{bmatrix} x_{11} & x_{12} & \cdots & x_{1p} \\ x_{21} & x_{22} & \cdots & x_{2p} \\ \vdots & \vdots & \ddots & \vdots \\ x_{n1} & x_{n2} & \cdots & x_{np} \end{bmatrix} = X=(x_1,x_2,\cdots,x_p) \end{array} \quad (6.5.1)$$

记 $\overline{X}=(\overline{x}_1,\overline{x}_2,\cdots,\overline{x}_p)$,样本离差阵 $S=(s_{ij})_{p\times p}$,其中 $s_{ij}=\sum_{k=1}^{n}(x_{ki}-\overline{x}_i)(x_{kj}-\overline{x}_j)$,对原始数据矩阵进行数据的中心化处理,得到数据矩阵 Y 如下:

$$\begin{bmatrix} x_{11}-\overline{x}_1 & x_{12}-\overline{x}_2 & \cdots & x_{1p}-\overline{x}_p \\ x_{21}-\overline{x}_1 & x_{22}-\overline{x}_2 & \cdots & x_{2p}-\overline{x}_p \\ \vdots & \vdots & \ddots & \vdots \\ x_{n1}-\overline{x}_1 & x_{n2}-\overline{x}_2 & \cdots & x_{np}-\overline{x}_p \end{bmatrix}=Y$$

由可获取样本离差阵 S,进而可得样本协差阵 $\hat{\Sigma}$,且 $\hat{\Sigma}$ 是 Σ 的无偏估计量。

$$S=Y'Y \quad (6.5.2)$$

$$\hat{\Sigma}=\frac{1}{n-1}Y'Y=\left(\frac{s_{ij}}{n-1}\right)_{p\times p} \quad (6.5.3)$$

记 $\hat{\sigma}_i^2=\frac{s_{ii}}{n-1}$,$i=1,2,\cdots,p$,则对原始数据矩阵进行数据的标准化处理,得到数据矩阵 Z 如下:

$$\begin{bmatrix} \dfrac{x_{11}-\overline{x}_1}{\hat{\sigma}_1} & \dfrac{x_{12}-\overline{x}_2}{\hat{\sigma}_2} & \cdots & \dfrac{x_{1p}-\overline{x}_p}{\hat{\sigma}_p} \\ \dfrac{x_{21}-\overline{x}_1}{\hat{\sigma}_1} & \dfrac{x_{22}-\overline{x}_2}{\hat{\sigma}_2} & \cdots & \dfrac{x_{2p}-\overline{x}_p}{\hat{\sigma}_p} \\ \vdots & \vdots & \ddots & \vdots \\ \dfrac{x_{n1}-\overline{x}_1}{\hat{\sigma}_1} & \dfrac{x_{n2}-\overline{x}_2}{\hat{\sigma}_2} & \cdots & \dfrac{x_{np}-\overline{x}_p}{\hat{\sigma}_p} \end{bmatrix}=Z=(z_{ij})_{p\times p} \quad (6.5.4)$$

则可获取相关阵 $\hat{R}$ R

$$\hat{R} = \frac{1}{n-1} Z'Z = \left(\frac{z_{ij}}{n-1}\right)_{p \times p} \tag{6.5.5}$$

（2）特征值与特征向量测度

由于基于协差阵求主成分与基于相关阵求主成分的过程完全一致，以相关阵 R 为例求主成分，即使用线性代数方法求 Σ 的特征值 λ 与非零特征向量 η 的过程。要使 $\Sigma\eta = \lambda\eta$，可通过求解 $|\Sigma - \lambda I| = 0$，获取已知矩阵 Σ 的特征值 λ，再代回 $\Sigma\eta = \lambda\eta$，求得属于特征值的特征向量。

【例 6.5.1】$X = (x_1, x_2, x_3)'$，$\Sigma = \begin{pmatrix} 1 & -2 & 0 \\ -2 & 5 & 0 \\ 0 & 0 & 2 \end{pmatrix}$，求 X 的主成分。

解：在例 1.3.1 中已求得特征值 $\lambda_1 = 3 + \sqrt{8}$，$\lambda_2 = 2$，$\lambda_3 = 3 - \sqrt{8}$，属于不同特征值的单位特征向量 $\eta_1 \doteq (0.383, -0.924, 0)'$，$\eta_2 = (0, 0, 1)'$，$\eta_3 \doteq (0.924, 0.383, 0)'$。

由于 $\dfrac{\lambda_1}{\sum\limits_{i=1}^{3}\lambda_i} = 72.86\%$，$\dfrac{(\lambda_1 + \lambda_2)}{\sum\limits_{i=1}^{3}\lambda_i} = 97.86\%$，选择两个主成分：

$$y_1 = \eta'_1 X = (0.383, -0.924, 0)\begin{pmatrix} x_1 \\ x_2 \\ x_3 \end{pmatrix} = 0.383x_1 - 0.924x_2$$

$$y_2 = \eta'_2 X = (0, 0, 1)\begin{pmatrix} x_1 \\ x_2 \\ x_3 \end{pmatrix} = x_3$$

【例 6.5.2】2010 年我国部分省会城市和计划单列市的主要经济指标为人均地区生产总值 X_1（元）、客运量 X_2（万人）、货运量 X_3（万吨）、地方财政预算内收入 X_4（亿元）、固定资产投资总额 X_5（亿元）、城乡居民储蓄年末余额 X_6（亿元）、在岗职工平均工资 X_7（元）、社会商品零售总额 X_8（亿元）、货物进出口总额 X_9（亿美元），如表 6.5.1 所示。使用原始数据求协差阵及相关阵，并基于相关阵求主成分。

表 6.5.1　全国主要城市 2010 年主要经济指标

地区	X_1	X_2	X_3	X_4	X_5	X_6	X_7	X_8	X_9
北京	112208	140663	21886	2354	5494	16874	65682	6229	3016.22
天津	93664	24873	40368	1069	6511	5634	52964	2903	822.01
石家庄	34383	12401	19689	164	2958	2920	31459	1410	109.74
太原	48647	4800	13851	138	899	2387	38839	826	79.13

续表

地区	X_1	X_2	X_3	X_4	X_5	X_6	X_7	X_8	X_9
沈阳	69727	30658	17348	465	439	3338	41900	2066	78.56
大连	87957	17805	31073	501	4048	3375	44615	1640	519.82
长春	43867	12796	10863	181	2638	2063	35271	1287	132.24
哈尔滨	36943	13068	10129	238	2652	2580	32411	1770	43.73
上海	121545	17434	80835	2874	5318	16249	71875	6071	3688.69
南京	81127	39688	30592	519	3306	3512	48782	2289	435.18
杭州	86330	33772	25915	671	2753	4991	48772	2146	523.55
宁波	89935	34905	31377	531	2193	3312	43476	1704	829.04
合肥	54583	19805	18873	259	3067	1234	39291	839	99.58
福州	48357	18916	14911	248	2317	2329	34804	1624	246.00
厦门	114315	12375	10086	289	1010	1385	40283	685	570.36
南昌	43805	10684	8326	146	1952	1418	35038	765	53.04
济南	64735	16478	23146	266	1987	2188	37854	1802	74.11
青岛	74200	23805	26971	453	3022	2912	37803	1961	570.60
郑州	41962	30121	20599	387	2757	2911	32778	1678	51.57
武汉	66520	22896	40288	390	3753	3591	39302	2570	180.55
长沙	69697	33984	22817	314	3193	2172	38338	1865	60.89
广州	133330	62596	56644	873	3264	9302	54494	4476	1037.68
深圳	368704	156407	26174	1107	1945	6717	50455	3001	3467.49
南宁	25450	10153	19171	156	1483	1376	37040	906	22.13
海口	37097	31503	8003	50	353	772	34192	327	39.45
重庆	23992	126804	81385	1018	6935	5840	35367	2878	124.26
成都	48312	100998	44087	527	4255	5071	38603	2418	224.50
贵阳	33273	30384	10397	136	1019	1089	31128	485	22.75
昆明	36308	11627	14906	254	2161	2342	32022	956	101.09
西安	41413	31118	34332	242	3251	3678	37872	1637	103.93
兰州	34011	3798	8032	73	661	1296	33964	545	10.60
西宁	28446	4868	2978	35	403	576	32220	232	6.67
银川	48452	4378	10547	64	649	634	39816	225	9.98
乌鲁木齐	55076	3820	15192	148	500	1243	40649	564	59.85

基于 Excel 计算协差阵与相关阵

步骤 1:计算各个指标的均值及标准差,并命名原始数据为 X。在 B38 框内输入命令"＝AVERAGE(B3:B36)",按回车键,得到指标 X_1 的均值 70540,再把光标移到 B38 右下角的黑点上,光标由空心"十"字变成实心"十"字,按住鼠标左键拖至 J38,可得 8 个指标的均值。类似地,在 B39 框内输入命令"＝STDEV(B3:B36)",按回车键,得到指标 X_1 的标准差 60226,再拖拽至 J39,可得 8 个指标的标准差。选择区域 B3: J36,把光标置于页面左上角目标框内,输入 X 并按回车键,X 自动跳到目标框中间,则把原始数据矩阵命名为 X,如图 6.5.1 所示。

	B38	▼	f_x	=AVERAGE(B3:B36)					
	A	B	C	D	E	F	G	H	I	J
1					X					
2	地区	X_1	X_2	X_3	X_4	X_5	X_6	X_7	X_8	X_9
3	北京	112208	140663	21886	2354	5494	16874	65682	6229	3016.22
4	天津	93664	24873	40368	1069	6511	5634	52964	2903	822.01
5	石家庄	34383	12401	19689	164	2958	2920	31459	1410	109.74
10	哈尔滨	36943	13068	10129	238	2652	2580	32411	1770	43.73
15	合肥	54583	19805	18873	259	3067	1234	39291	839	99.58
20	青岛	74200	23805	26971	453	3022	2912	37803	1961	570.60
25	深圳	368704	156407	26174	1107	1945	6717	50455	3001	3467.49
26	南宁	25450	10153	19171	156	1483	1376	37040	906	22.13
27	海口	37097	31503	8003	50	353	772	34192	327	39.45
28	重庆	23992	126804	81385	1018	6935	5840	35367	2878	124.26
29	成都	48312	100998	44087	527	4255	5071	38603	2418	224.50
30	贵阳	33273	30384	10397	136	1019	1089	31128	485	22.75
31	昆明	36308	11627	14906	254	2161	2342	32022	956	101.09
32	西安	41413	31118	34332	242	3251	3678	37872	1637	103.93
33	兰州	34011	3798	8032	73	661	1296	33964	545	10.60
34	西宁	28446	4868	2978	35	403	576	32220	232	6.67
35	银川	48452	4378	10547	64	649	634	39816	225	9.98
36	乌鲁木齐	55076	3820	15192	148	500	1243	40649	564	59.85
37										
38	均值	70540	33835	25053	504	2622	3744	40864	1846	512.21
39	标准差	60226	38841	18553	611	1702	3766	9391	1439	951.66

图 6.5.1 计算各个指标的均值及标准差

步骤 2:把原始数据进行中心化处理及标准化处理,并把中心化数据矩阵、标准化数据矩阵分别命名为 Y、Z。选择区域 L3:L36,输入命令"B3:B36－B38",同时按"Ctrl""Shift""Enter"键,则在区域 L3:L36 内得到指标 X_1 的中心化数值 Y_1。再框住区域 L3:L36 拖拽至 T36,可得 8 个指标的中心化数值。选择区域 L3:T36,把光标置于页面左上角目标框内,输入 Y 并按回车键,Y 自动跳到目标框中间,则把中心化数据矩阵命名为 Y,如图 6.5.2 所示。

类似地,选择区域 V3:V36,输入命令"(B3:B36－B38)/B39",同时按"Ctrl""Shift""Enter"键,则在区域 V3:V36 内得到指标 X_1 的标准化数值 Z_1。再框住区域 V3:V36 拖拽至 AD36,可得 8 个指标的标准化数值。选择区域 V3:AD36,把光标置于页面左上角目标框内,输入 Z 并按回车键,则把标准化数据矩阵命名为 Z。

V3　　f_x {=(B3:B36-B38)/B39}

	A	B	C	H I	J	K	编辑栏	M	N	R	S	T	U	V	W	X	AB	AC	AD
1		X						Y							Z				
2	地区	X_1	X_2	X_7 X_8	X_9		Y_1	Y_2	Y_3	Y_7	Y_8	Y_9		Z_1	Z_2	Z_3	Z_7	Z_8	Z_9
3	北京	112208	#	#	3016.22		41668	106828	#	24819	4383	2504		0.692	2.750	##	2.643	3.045	2.631
4	天津	93664	#	#	822.01		23124	-8962	#	12101	1057	310		0.384	-0.231	##	1.289	0.734	0.326
5	石家庄	34383	#	#	109.74		-36157	-21434	#	-9405	-436	-402		-0.600	-0.552	##	-1.001	-0.303	-0.423
10	哈尔滨	36943	#	#	43.73		-33597	-20767	#	-8453	-76	-468		-0.558	-0.535	##	-0.900	-0.053	-0.492
15	合肥	54583	#	#	99.58		-15957	-14030	#	-1573	-1007	-413		-0.265	-0.361	##	-0.167	-0.700	-0.434
20	青岛	74200	#	#	570.60		3660	-10030	#	-3061	115	58		0.061	-0.258	##	-0.326	0.080	0.061
25	深圳	368704	#	#	3467.49		298164	122572	#	9592	1155	2955		4.951	3.156	##	1.021	0.802	3.105
26	南宁	25450	#	#	22.13		-45090	-23682	#	-3824	-940	-490		-0.749	-0.610	##	-0.407	-0.653	-0.515
27	海口	37097	#	#	39.45		-33443	-2332	#	-6672	-1519	-473		-0.555	-0.060	##	-0.710	-1.056	-0.497
28	重庆	23992	#	#	124.26		-46548	92969	#	-5497	1032	-388		-0.773	2.394	##	-0.585	0.717	-0.408
29	成都	48312	#	#	224.50		-22228	67163	#	-2261	572	-288		-0.369	1.729	##	-0.241	0.397	-0.302
30	贵阳	33273	#	#	22.75		-37267	-3451	#	-9736	-1361	-489		-0.619	-0.089	##	-1.037	-0.946	-0.514
31	昆明	36308	#	#	101.09		-34232	-22208	#	-8842	-890	-411		-0.568	-0.572	##	-0.941	-0.619	-0.432
32	西安	41413	#	#	103.93		-29127	-2717	#	-2992	-209	-408		-0.484	-0.070	##	-0.319	-0.146	-0.429
33	兰州	34011	#	#	10.60		-36529	-30037	#	-6900	-1301	-502		-0.607	-0.773	##	-0.735	-0.904	-0.527
34	西宁	28446	#	#	6.67		-42094	-28967	#	-8644	-1614	-506		-0.699	-0.746	##	-0.920	-1.122	-0.531
35	银川	48452	#	#	9.98		-22088	-29457	#	-1048	-1621	-502		-0.367	-0.758	##	-0.112	-1.127	-0.528
36	乌鲁木齐	55076	#	#	59.85		-15464	-30015	#	-215	-1282	-452		-0.257	-0.773	##	-0.023	-0.891	-0.475
37																			
38	均值	70540	#	#	512.21														
39	标准差	60226	#	#	951.66														

图 6.5.2　**原始数据的中心化、标准化处理**

步骤 3：因为在步骤 1 中求标准差使用了命令“STDEV”，所得到的是样本标准差。总观测数为 34，因此框住 9 行 9 列的区域，使用命令“=MMULT(TRANSPOSE(Y)，Y)/33”可得到协差阵，使用命令“=MMULT(TRANSPOSE(Z)，Z)/33”可得到相关阵。若在步骤 1 中使用命令“STDEVP”，求得总体标准差，则使用命令“=MMULT(TRANSPOSE(Y)，Y)/34”可得到协差阵，使用命令“=MMULT(TRANSPOSE(Z)，Z)/34”可得到相关阵。如图 6.5.3 所示。

B12　　f_x {=MMULT(TRANSPOSE(Z),Z)/33}

	A	B	C	D	编辑栏	F	G	H	I	J
1										
2		3627221035	1345689540	231795719	16882068	11193694	97892746	314694160	38877990	44023546
3		1345689540	1508651192	312135511	12470627	31433452	83240113	142618519	32756076	20872774
4		231795719	312135511	344223252	7503964	24307412	44691484	95369684	18832332	7633765
5	协差阵	16882068	12470627	7503964	373332	681729	2219618	5113940	813857	511659
6		11193694	31433452	24307412	681729	2898326	4115391	7882026	1749555	625376
7		97892746	83240113	44691484	2219618	4115391	14182434	30973334	5232501	3029696
8		314694160	142618519	95369684	5113940	7882026	30973334	88189428	11445013	7510718
9		38877990	32756076	18832332	813857	1749555	5232501	11445013	2071614	1077667
10		44023546	20872774	7633765	511659	625376	3029696	7510718	1077667	905657
11										
12		1.000	0.575	0.207	0.459	0.109	0.432	0.556	0.448	0.768
13		0.575	1.000	0.433	0.525	0.475	0.569	0.391	0.586	0.565
14	相关阵	0.207	0.433	1.000	0.662	0.770	0.640	0.547	0.705	0.432
15		0.459	0.525	0.662	1.000	0.655	0.965	0.891	0.925	0.880
16		0.109	0.475	0.770	0.655	1.000	0.642	0.493	0.714	0.386
17		0.432	0.569	0.640	0.965	0.642	1.000	0.876	0.965	0.845
18		0.556	0.391	0.547	0.891	0.493	0.876	1.000	0.847	0.840
19		0.448	0.586	0.705	0.925	0.714	0.965	0.847	1.000	0.787
20		0.768	0.565	0.432	0.880	0.386	0.845	0.840	0.787	1.000

图 6.5.3　**计算协差阵与相关阵**

基于 SAS 计算特征值与特征向量

①使用相关阵求特征值与特征向量的 SAS 程序

```
proc iml;
reset print;
```

R＝{

1.000	0.575	0.207	0.459	0.109	0.432	0.556	0.448	0.768,
0.575	1.000	0.433	0.525	0.475	0.569	0.391	0.586	0.565,
0.207	0.433	1.000	0.662	0.770	0.640	0.547	0.705	0.432,
0.459	0.525	0.662	1.000	0.655	0.965	0.891	0.925	0.880,
0.109	0.475	0.770	0.655	1.000	0.642	0.493	0.714	0.386,
0.432	0.569	0.640	0.965	0.642	1.000	0.876	0.965	0.845,
0.556	0.391	0.547	0.891	0.493	0.876	1.000	0.847	0.840,
0.448	0.586	0.705	0.925	0.714	0.965	0.847	1.000	0.787,
0.768	0.565	0.432	0.880	0.386	0.845	0.840	0.787	1.000

};

b1＝eigval(R)；

b2＝eigvec(R)；

quit；

②使用原始数据求相关阵的特征值与特征向量之 SAS 程序

data a；

input   x1－x9；

cards；

| 112208 | 140663 | 21886 | 2354 | 5494 | 16874 | 65682 | 6229 | 3016.22 |
| 93664 | 24873 | 40368 | 1069 | 6511 | 5634 | 52964 | 2903 | 822.01 |

....

....

| 48452 | 4378 | 10547 | 64 | 649 | 634 | 39816 | 225 | 9.98 |
| 55076 | 3820 | 15192 | 148 | 500 | 1243 | 40649 | 564 | 59.85 |

；

proc iml；

reset print；

use a；

read all into matrixa；

close a；

b1＝corr(matrixa)；

b2＝eigval(b1)；

b3＝eigvec(b1)；

quit；

两个 SAS 程序皆可获得相同结果,如图 6.5.4 所示。

	A	B	C	D	E	F	G	H	I	J
1		λ_1	λ_2	λ_3	λ_4	λ_5	λ_6	λ_7	λ_8	λ_9
2										
3	特征值	6.159	1.288	0.770	0.360	0.199	0.118	0.082	0.015	0.007
4		η_1	η_2	η_3	η_4	η_5	η_6	η_7	η_8	η_9
5	特征向量									
6		0.240	0.615	0.251	0.502	0.246	0.072	-0.252	-0.086	0.335
7		0.270	0.155	0.755	-0.421	-0.227	0.167	0.262	-0.024	-0.089
8		0.293	-0.438	0.184	0.629	-0.525	-0.097	0.042	0.074	-0.031
9		0.387	-0.040	-0.227	-0.151	-0.038	-0.352	0.282	-0.675	0.338
10		0.285	-0.510	0.250	0.048	0.759	-0.046	0.065	0.108	0.003
11		0.385	-0.049	-0.192	-0.323	-0.162	-0.030	-0.214	0.573	0.554
12		0.358	0.105	-0.392	0.119	0.049	0.671	0.461	0.069	-0.149
13		0.386	-0.108	-0.089	-0.175	-0.057	0.234	-0.714	-0.307	-0.373
14		0.357	0.345	-0.146	0.008	0.060	-0.570	0.119	0.303	-0.545
15										

图 6.5.4　基于 SAS 计算特征值与特征向量

由特征值可知,前两个主成分的方差贡献率达到 82.75%,由此得到两个主成分分别为

$$y_1 = \eta'_1 X = 0.24x_1 + 0.27x_2 + 0.29x_3 + 0.39x_4 + 0.29x_5 + 0.39x_6 + 0.36x_7 + 0.39x_8 + 0.36x_9$$

$$y_2 = \eta'_2 X = 0.62x_1 + 0.16x_2 - 0.44x_3 - 0.04x_4 - 0.51x_5 - 0.05x_6 + 0.11x_7 - 0.11x_8 + 0.35x_9$$

6.5.2　其他相关问题

(1)主成分分析的适合性讨论

进行主成分分析时,原始数据有 p 个指标就可以得到 p 个主成分。因此原始数据指标需具有较强的相关性,否则进行主成分分析就不能起到良好的降维作用。以相关阵做简略的估判,当大部分变量的相关系数都小于 0.3 时,运用主成分分析不会得到好的效果。Bartlett(1951)提出了球形检验(Bartlett test of sphercity)来判断变量间的相关性是否适合做主成分分析,这需要在 p 维向量 X 服从正态分布的假设下进行。

Bartlett 球形检验是对原始数据的协差阵是否是数量矩阵的一种检验,数量矩阵的协差阵意味着各变量之间互不相关,不适合做主成分分析。原假设为

$$H_0 : \Sigma = \sigma^2 I \ (H_1 : \Sigma \neq \sigma^2 I)$$

这个检验的似然比统计量为

$$\Lambda = |\hat{\Sigma}|^{n/2} / [tr(\hat{\Sigma})/p]^{np/2} = [\prod_{i=1}^{p}\lambda_i / (\sum_{i=1}^{p}\lambda_i/p)]^{n/2} \tag{6.5.6}$$

其中,n 为观测个数,p 为指标个数,$\hat{\Sigma}$ 是样本协差阵,其行列式 $|\hat{\Sigma}|$ 等于主成分的协差阵的行列式,也即 $\prod\limits_{i=1}^{p}\lambda_i$,$\lambda_i(i=1,2,\cdots,p)$ 是 $\hat{\Sigma}$ 的 p 个特征值。在 H_0 成立时,$-2\alpha\ln\Lambda$ 近似服从 $\chi^2(f)$,$\alpha=1-(2p^2+p+2)/[6p(n-1)]$,$f=(p+2)(p-1)/2$。当 $\Sigma=\sigma^2 I$ 时,常数密度的轮廓线是球面,因此称为球形检验。当原始变量之间的相关性越高,所得到的 χ^2 值越大,表示越适合做主成分。

但 Bartlett 球形检验统计量对样本容量 n 相当敏感,在实际应用中,很少看到球形检验会出现接受原假设而不适宜做主成分分析的结果。Kaiser(1970,1974)提出一个抽样适足性指数(Kaiser－Meyer－Olkin Measure of Sampling Adequacy,简称 KMO 或者 MSA)。KMO 指标为

$$KMO=\frac{\sum\limits_{i\neq j}\sum r_{ij}^2}{\sum\limits_{i\neq j}\sum r_{ij}^2+\sum\limits_{i\neq j}\sum r_{ij\cdot 12\cdots k}^2} \tag{6.5.7}$$

式中,r_{ij} 为简单相关系数,$r_{ij\cdot 12\cdots k}$ 为偏相关系数。其检验的原理是,如果原始变量之间确实存在涵盖主要信息的成分,则各原始变量之间的偏相关系数应该很小,此时,KMO 的值越接近1,原始数据适合做主成分分析。KMO 的值介于 0 到 1 之间,越接近 1,表示原始变量之间相关性越高,越适合做主成分。

(2)利用主成分进行综合评价

对某研究对象进行系统评估需要科学全面地确定评价指标体系,当研究对象涉及众多的评价单元进行排序时,以太多的指标很难比较各评估单元的优劣,将多指标问题综合成单一指标,在一维空间进行排序评估是合意的分析比较模式。在对多指标进行加权综合时,对各指标的赋权反映了不同指标的重要程度,主观赋予权重可能受到人为偏好的定向影响,从而影响综合评价的客观与准确性。主成分分析能从指标体系中提取出大部分信息,根据指标的相对重要性进行客观加权,从而避免综合评价中的主观影响,为客观进行综合评价提供了一条有效路径。

主成分综合评价是以主成分 $y_1,y_2,\cdots,y_m$ 的方差贡献率 $\dfrac{\lambda_1}{\sum\limits_{i=1}^{p}\lambda_i},\dfrac{\lambda_2}{\sum\limits_{i=1}^{p}\lambda_i},\cdots,\dfrac{\lambda_m}{\sum\limits_{i=1}^{p}\lambda_i}$ 为权进行综合,设 $\delta_i=\dfrac{\lambda_i}{\sum\limits_{i=1}^{p}\lambda_i}$,$i=1,2,\cdots,m$,得到综合评价值 F,有

$$F=\delta_1 y_1+\delta_2 y_2+\cdots+\delta_m y_m \tag{6.5.8}$$

但在实践中经常发现其应用效果并不理想,主要原因是构建主成分的特征向量的各分量符号不一致,导致排序评价的困难。由此,主成分评价的思路之二是只用第一主成分进行评估,因为第一主成分从原始变量中提取的信息含量最多,第一主成分与各原始变量的复相关系性也最高,容易克服思路一的不足。

6.6　基于 Excel 与 SPSS 对比的案例分析

主成分分析一般是基于特定研究主题构建相对完备的指标体系,再对指标体系提炼主成分以对研究主题进行综合评价。例 6.6.1 是针对数字经济构建相对完备指标体系的具体案例,侧重指标体系的构建。例 6.6.2 则针对交通基础设施按照数据的可获取性提出一系列指标,侧重实践上的可操作性,使用 SPSS 软件展开分析,并与 Excel 的分析结果进行对照。

【例 6.6.1】以云计算、大数据、人工智能为代表的第四次信息革命催生经济社会大变革,在全球经济数字化转型的背景下,各主要国家纷纷将发展数字经济作为推动实体经济提质增效、提高本国经济发展能级、重塑核心竞争力的重要举措。

基于数字经济发展的两大基本特征“产业数字化”和“数字产业化”,本案例从数字基础设施、数字消费需求、数字生产供给、数字公共服务四个层面构建反映数字经济发展的指标体系,如表 6.6.1 所示。①为反映各地区数字经济基础设施的发展程度,以各地区单位面积光缆路线长度 x_1 反映网络的发展基础条件;以每百人拥有互联网域名个数 x_2、每百人互联网宽带接入端口个数 x_3 表示互联网的普及率;以百人移动电话交换机容量 x_4 反映移动网络基础设施发展状况;以电子及通信设备制造业有效发明专利数占各地有效发明专利的比重 x_5 反映数字创新研发水平,表现数字基础设施的动态演进特征。②产业数字化推动着数字经济与实体经济的融合,重塑着传统商业消费模式,以网络零售市场交易额在社会消费品零售总额中占比 x_6 反映互联网平台消费的发展;数字产业化创造新业态和新的消费模式,以互联网家庭宽带接入用户占各地区家庭户数的比重 x_7 表征互联网家庭宽带普及率;以移动互联网用户占总人口的比重 x_8 表示移动互联网普及率;以移动与固定电话年末用户占总人口的比重 x_9 表示电话覆盖率。③传统产业通过数字技术改造提升产品数量和质量,也重塑着原有的生产模式、产业业态,通过有电子商务交易活动企业的比例 x_{10}、每百家企业拥有网站数 x_{11}、电子商务销售额占 GRP 比重 x_{12} 等指标反映产业数字化水平。以软件业务出口占各地区出口额比重 x_{13}、云服务收入占各地区企业营业总收入的比重 x_{14} 反映数字产业化发展。④以地方政府网站数、政府机构微博数、政务头条号数量分别除以各地区县级行政区划数 x_{15}、x_{16}、x_{17},以及人均百度移动端政务服务搜索次数 x_{18} 反映各地区数字公共服务治理程度。数据来源于各年《中国统计年鉴》《中国信息年鉴》等。

表 6.6.1　数字经济发展评价指标体系

综合指标	研究层面	指标名称及计量单位
数字经济发展	数字基础设施	X_1 每平方公里光缆线路长度(公里)
		X_2 每百人拥有域名数(个)
		X_3 每百人互联网宽带接入端口(个)
		X_4 每百人移动电话交换机容量(户)
		X_5 各地发明专利中电子及通信设备有效发明专利占比(%)
	数字消费需求	X_6 社会消费品零售总额中网络消费额的比例(%)
		X_7 互联网家庭宽带普及率(%)
		X_8 移动互联网普及率(%)
		X_9 固定电话、移动电话普及率(%)
	数字生产供给	X_{10} 有电子商务交易活动企业的比例(%)
		X_{11} 每百家企业拥有网站数(%)
		X_{12} 电子商务销售额占 GRP 比重(%)
		X_{13} 软件业务出口占各地区出口额比重(%)
		X_{14} 云服务收入占各地区企业营业总收入的比重(%)
	数字公共服务	X_{15} 地方政府网站分布
		X_{16} 政府机构微博分布
		X_{17} 政务头条号数量分布
		X_{18} 百度移动端政务服务搜索量(次/人)

【例 6.6.2】反映交通基础设施的指标通常用每平方公里土地上交通路线的长度来度量,但这仅仅是反映基础设施供给的指标。根据交通运输与经济发展的适应性理论,交通运输基础设施必须与经济的发展相适应并适度超前,才有利于经济发展与效率的提高。因此综合考虑以下指标:每年各地区旅客周转量 x_1、各地区货物周转量 x_2、民用汽车拥有量 x_3、私人汽车拥有量 x_4、公路运输汽车载客拥有量 x_5、公路运输汽车载货拥有量 x_6、邮电业务总量 x_7、移动电话年末用户 x_8,数据来源于《中国统计年鉴 2007》,见表 6.6.2。本案例通过提取非标准化的主成分来反映交通运输与通信基础设施的实际使用与成果(见参考文献 7、11)。

表 6.6.2 各省级单元交通运输与通信设施指标

地区	X_1	X_2	X_3	X_4	X_5	X_6	X_7	X_8
北京	168.3	653.2	239.12	176.42	31.83	53.89	503.49	1571
天津	132.5	12240.8	79.22	54.82	22.1	27.3	225.38	601.2
河北	1068.6	5556.6	229.34	163.88	75.26	215.78	638.54	2251
山西	300.2	1734.1	121.55	73.58	30.9	143.69	329.76	989.6
内蒙古	321.7	1713.6	83.79	56.82	46.9	182.03	254.24	874.1
辽宁	658.4	4044.4	159.22	75.03	116.72	159.56	559.76	1611
吉林	263	611.7	72.25	42.46	45.89	57.36	336.72	1137
黑龙江	475.8	1210.7	94	51.69	85.44	51.66	406.81	1266
上海	142.7	13830.2	107.04	50.94	190.38	68.64	553.49	1609
江苏	1330.7	3548.2	240.48	148.37	130.85	162.42	997.38	2873
浙江	929.1	4363.8	248.36	172.41	106.02	120.66	1034.33	3012.3
安徽	864.1	1702.7	94.61	44.42	87.28	100.76	355.16	1216.7
福建	432.1	1900.2	89.57	56.99	49.31	63.2	631.49	1538.9
江西	644.6	951.9	58.07	23.37	37.76	52.24	318.31	933.3
山东	930.2	6387.4	299.23	199.24	141.01	227.52	968.46	2916
河南	1094.4	2438.2	183.38	105.59	120.69	184.11	717.34	2353
湖北	698.5	1489	98.74	52.37	85.27	80.3	457.79	1683
湖南	1073.7	1743.5	91.76	58.83	92.39	66.48	491.1	1494
广东	1573.2	4045	428.95	303.25	235.62	278.11	2657.14	7117
广西	607.7	1220.6	66.14	36.03	63.87	54.69	385.92	1204
海南	99.7	656.7	19.23	9.75	19.55	5.91	97.76	239
四川	741	968.7	157.23	127.86	114.5	73.71	590.69	1976
贵州	349.8	681	49.36	31.97	47.77	28.41	223.47	649
云南	313.3	694.2	114.72	77.78	69.55	75.79	327.7	1069
西藏	22	38.3	9.82	5.44	9.2	11.15	21.52	60.5
陕西	517.5	1081.7	75.7	46.33	72.05	45.89	424.49	1183.6
甘肃	347.2	1042.8	37.26	14.9	43.15	38.11	167.24	546

续表

地区	X_1	X_2	X_3	X_4	X_5	X_6	X_7	X_8
青海	51.2	144.2	13.34	6.4	20.86	14.22	39.96	172.6
宁夏	67.5	277.8	16.86	9.53	17.23	25.72	59.92	218.6
新疆	338	893.2	62.63	29.1	54.07	100.37	228.8	671

基于 SPSS 的操作

SPSS 并未提供主成分分析的专用功能,而是把主成分作为因子分析中的因子,按照因子模型的要求,因子的方差等于 1,所以要把主成分进行方差单位化处理。通过本章学习我们知道,若 p 维随机向量 $X=(x_1,\cdots,x_p)'$ 样本协差阵 $\sum$ 特征值为 λ_i,$i=1,2,\cdots,p$,对应的单位特征向量分别为 u_i,$i=1,2,\cdots,p$。则可得第 i 主成分 $y_i=u'_iX$,$D(y_i)=\lambda_i$,把主成分进行方差单位化处理,即

$$\frac{y_i}{\sqrt{\lambda_i}}=\frac{u'_iX}{\sqrt{\lambda_i}} \tag{6.6.1}$$

打开 SPSS 软件,首先建立数据文件:在"Variable View(变量视图)"中输入地区,以及 x_1、x_2、x_3、x_4、x_5、x_6、x_7、x_8,在"Data View(数据视图)"中输入数据。然后在 SPSS 窗口选择"Analyze(分析)"→"Data Reduction(降维)"→"Factor(因子分析)",进入主对话框,把 $x_1\sim x_8$ 移入"Variables(变量框)",如图 6.6.1 所示。

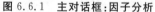

图 6.6.1 主对话框:因子分析

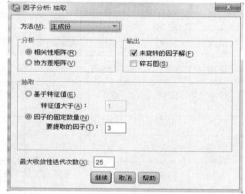

图 6.6.2 次对话框:抽取方式

点击"Extraction(抽取)",进入次级对话框,如图 6.6.2 所示。在该对话框按默认的"Principal components(主成分)方法","Correlation Matrix(相关性矩阵)"分析,以及"Unrotated factor solution(未旋转的因子得分)"。在"Extract(抽取)"点"Number of factors(因子的固定数量)",输入 3,可获得前 3 个特征值对应的单位特征

向量 u_1、u_2、u_3，点击"Continue（继续）"回到主对话框。在主对话框点击"Scores（得分）"，在"Factor Scores（因子得分）"对话框勾选"Save as variables（保存为变量）"，按默认的"Regression（回归）"方法，以及"Display factor score coefficient matrix（显示因子得分系数矩阵）"，如图 6.6.3 所示。点击"Continue（继续）"回到主对话框，并在主对话框点击"OK（确定）"。

图 6.6.3　次对话框：因子得分

得到结果截图如图 6.6.4 所示，由图 6.6.4(a)可知，基于相关系数矩阵获取的前 3 个特征值 λ_1、λ_2、λ_3 分别为 5.962、0.988、0.410，第 1 特征值的方差贡献率为 74.531%，前三特征值的累计方差贡献率达到 92.008%。

解释的总方差

成分	初始特征值			提取平方和载入		
	合计	方差的 %	累积 %	合计	方差的 %	累积 %
1	5.962	74.531	74.531	5.962	74.531	74.531
2	.988	12.348	86.879	.988	12.348	86.879
3	.410	5.129	92.008	.410	5.129	92.008
4	.353	4.413	96.420			
5	.177	2.218	98.638			
6	.100	1.249	99.887			
7	.007	.083	99.970			
8	.002	.030	100.000			

提取方法：主成分分析。

图 6.6.4(a)　特征值与方差贡献率

成分得分系数矩阵

	成分		
	1	2	3
X1	.142	-.255	.786
X2	.060	.934	-.094
X3	.161	-.039	-.597
X4	.156	-.073	-.773
X5	.145	.228	.877
X6	.144	-.072	-.276
X7	.160	-.071	.071
X8	.163	-.082	.075

提取方法：主成分。

图 6.6.4(b)　标准化的主成分因子

由图 6.6.4(b)以及式(6.6.1)可知，前三个主成分因子分别为

$$\frac{y_1}{\sqrt{\lambda_1}} = 0.142x_1 + 0.06x_2 + 0.161x_3 + 0.156x_4 + 0.145x_5 + 0.144x_6 + 0.160x_7 + 0.163x_8$$

$$\frac{y_2}{\sqrt{\lambda_2}} = -0.255x_1 + 0.934x_2 - 0.039x_3 - 0.073x_4 + 0.228x_5 - 0.072x_6 - 0.071x_7 - 0.082x_8$$

$$\frac{y_3}{\sqrt{\lambda_3}}=0.786x_1-0.094x_2-0.597x_3-0.773x_4+0.877x_5-0.276x_6+0.071x_7+$$

$$0.075x_8$$

第 1 特征值对应的单位特征向量 u_1 为右表第 1 列数乘以 $\sqrt{\lambda_1}$ 得到,即

$$u_1=(0.346,0.146,0.393,0.381,0.354,0.351,0.390,0.399)'$$

类似得到:

$$u_2=(-0.254,0.928,-0.039,-0.073,0.226,-0.071,-0.071,-0.081)'$$

$$u_3=(0.504,-0.060,-0.382,-0.495,0.561,-0.177,0.045,0.048)'$$

基于 Excel 的操作

步骤 1:数据的标准化处理。把指标 X_1 减去其均值再除以其标准差可得标准化指标 Z_1,具体操作为:选择区域 K3:K32,输入命令"=(B3:B32-AVERAGE(B3:B32))/STDEV(B3:B32)",同时按"Ctrl""Shift""Enter"键,则在区域 K3:K32 内得到指标 X_1 标准化数值 Z_1。再框住区域 K3:K32 拖拽至 R32,可得 8 个指标的标准化数值 $Z_1\sim Z_8$,如图 6.6.5 所示。

图 6.6.5　数据的标准化处理

步骤 2:计算相关系数矩阵 R。由式(6.5.5)计算标准化处理的数据的协差阵,即可获得相关系数矩阵。选择区域 L3:R32,并在名称框输入 Z,按回车键,则经标准化处理的数据被命名为矩阵 Z。如图 6.6.6 所示,选择一个 8×8 的区域(比如 T21:AA28),输入命令"MMULT(TRANSPOSE(Z),Z)/29",同时按"Ctrl""Shift""Enter"键,则在区域 T21:AA28 内得到相关系数矩阵 R。

图 6.6.6 的电子表格（公式栏：`T21` `=MMULT(TRANSPOSE(Z),Z)/29`）

标准化数据

	Z_1	Z_2	Z_3	Z_4	Z_5	Z_6	Z_7	Z_8
3	-0.9415	-0.5952	1.2234	1.4338	-0.8309	-0.5421	0.0069	0.0526
4	-1.0294	2.9557	-0.4379	-0.3173	-1.0162	-0.9172	-0.5647	-0.6779
5	1.2682	0.9074	1.1218	1.2532	-0.0036	1.7415	0.2845	0.5647
6	-0.6178	-0.2640	0.0019	-0.0471	-0.8486	0.7246	-0.3502	-0.3853
7	-0.5650	-0.2702	-0.3904	-0.2885	-0.5438	1.2654	-0.5054	-0.4723
8	0.2614	0.4440	0.3933	-0.0262	0.7862	0.9485	0.1225	0.0827
9	-0.7091	-0.6079	-0.5103	-0.4953	-0.5630	-0.4932	-0.3359	-0.2743
10	-0.1868	-0.4243	-0.2843	-0.3623	0.1903	-0.5736	-0.1918	-0.1772
20	1.2807	-0.2611	-0.3076	-0.2595	0.3227	-0.3645	-0.0186	-0.0054
21	2.5067	0.4442	3.1956	3.2602	3.0511	2.6208	4.4333	4.2298
22	0.1370	-0.4213	-0.5738	-0.5879	-0.2205	-0.5309	-0.2348	-0.2239
23	-1.1099	-0.5941	-1.0611	-0.9663	-1.0648	-1.2190	-0.8270	-0.9507
24	0.4642	-0.4985	0.3726	0.7345	0.7439	-0.2626	0.1861	0.3576
25	-0.4960	-0.5867	-0.7481	-0.6463	-0.5272	-0.9016	-0.5686	-0.6419
26	-0.5856	-0.5826	-0.0690	0.0134	-0.1123	-0.2332	-0.3544	-0.3255
27	-1.3006	-0.7836	-1.1589	-1.0284	-1.2619	-1.1450	-0.9837	-1.0851
28	-0.0844	-0.4639	-0.4744	-0.4395	-0.0647	-0.6550	-0.1555	-0.2392
29	-0.5024	-0.4758	-0.8738	-0.8921	-0.6152	-0.7647	-0.6842	-0.7195
30	-1.2289	-0.7512	-1.1223	-1.0145	-1.0398	-1.1017	-0.9458	-1.0007
31	-1.1889	-0.7102	-1.0857	-0.9695	-1.1090	-0.9395	-0.9048	-0.9661
32	-0.5250	-0.5216	-0.6102	-0.6877	-0.4072	0.1135	-0.5577	-0.6253

相关系数矩阵R

1	0.1022	0.7481	0.7058	0.7160	0.7415	0.7719	0.8098
0.1022	1	0.3133	0.2742	0.4647	0.2597	0.2616	0.2623
0.7481	0.3133	1	0.9878	0.7433	0.8218	0.8955	0.9205
0.7058	0.2742	0.9878	1	0.6848	0.7754	0.8803	0.9044
0.7160	0.4647	0.7433	0.6848	1	0.6667	0.8207	0.8379
0.7415	0.2597	0.8218	0.7754	0.6667	1	0.7345	0.7698
0.7719	0.2616	0.8955	0.8803	0.8207	0.7345	1	0.9932
0.8098	0.2623	0.9205	0.9044	0.8379	0.7698	0.9932	1

图 6.6.6 计算相关系数矩阵 R

步骤 3：使用 SAS 程序计算相关系数矩阵 R 的特征值与对应的单位特征向量。

```
proc iml;
reset print;
R={
1       0.1022  0.7481  0.7058  0.7160  0.7415  0.7719  0.8098,
0.1022  1       0.3133  0.2742  0.4647  0.2597  0.2616  0.2623,
0.7481  0.3133  1       0.9878  0.7433  0.8218  0.8955  0.9205,
0.7058  0.2742  0.9878  1       0.6848  0.7754  0.8803  0.9044,
0.7160  0.4647  0.7433  0.6848  1       0.6667  0.8207  0.8379,
0.7415  0.2597  0.8218  0.7754  0.6667  1       0.7345  0.7698,
0.7719  0.2616  0.8955  0.8803  0.8207  0.7345  1       0.9932,
0.8098  0.2623  0.9205  0.9044  0.8379  0.7698  0.9932  1
};
b1=eigval(R);
b2=eigvec(R);
quit;
```

得到特征值与对应单位特征向量截图如图 6.6.7 所示。B1 为相关系数矩阵的 8 个特征值。B2 矩阵的第 1 列即为第 1 特征值 5.962 对应的单位特征向量 u_1，B2 矩阵的第 2 列即为第 2 特征值 0.989 对应的单位特征向量 u_2，第 3 列为第 3 特征值 0.410 对应的单位特征向量 u_3，以此类推。

B1	8 rows	1 col	(numeric)		B2	8 rows	8 cols	(numeric)

```
        5.9624982          0.3456843 -0.253539 0.5036846 0.3437049 0.6639081 -0.008359  0.010707 0.0585719
        0.987871           0.1461268 0.9279299 -0.059982 0.1243866 0.2621628 0.1716349 0.0155006 -0.009746
        0.410306           0.3927038 -0.038751 -0.382131 -0.051947 0.1192001 -0.345853 -0.731955 -0.161177
        0.3529709          0.3809931 -0.072674 -0.495297 -0.152729 0.1940431 -0.332587 0.6151248 0.2329636
        0.1773836          0.3539744 0.2261887 0.5617125 -0.168509 -0.45029 -0.518947 0.0534171 0.068582
        0.0998532          0.3510279 -0.071203 -0.177407 0.7613411 -0.47046 0.1870297 0.0598821 0.0264164
        0.0067368          0.3902211 -0.070889 0.0455235 -0.384043 -0.106767 0.5584328 -0.191743 0.5771733
        0.0023803          0.398731 -0.081391 0.0478945 -0.291282 -0.05606 0.3522916 0.2056788 -0.760062
```

图 6.6.7　相关系数矩阵的特征值与特征向量

由此得到第一、二、三主成分分别为

$$y_1 = u'_1 X = 0.346x_1 + 0.146x_2 + 0.393x_3 + 0.381x_4 + 0.354x_5 + 0.351x_6 + 0.390x_7 + 0.399x_8$$

$$y_2 = u'_2 X = -0.254x_1 + 0.928x_2 - 0.039x_3 - 0.073x_4 + 0.226x_5 - 0.071x_6 - 0.071x_7 - 0.081x_8$$

$$y_3 = u'_3 X = 0.504x_1 - 0.060x_2 - 0.382x_3 - 0.495x_4 + 0.561x_5 - 0.177x_6 + 0.045x_7 + 0.048x_8$$

步骤 4：计算主成分得分并与 SPSS 得分结果进行对照。如图 6.6.8 所示，在 Excel 中计算北京的第一主成分得分，选择区域 T3，输入命令"＝MMULT(K3：R3，TRANSPOSE(K＄34：R＄34))"，同时按"Ctrl""Shift""Enter"键，则在区域 T3 内得北京的第一主成分得分，把光标放置于 T3 右下角，光标由空心"十"字变成实心"十"字，按住鼠标左键拖拽得到其他各地区的第一主成分得分。类似地，选择区域 U3，输入命令"＝MMULT(K3：R3，TRANSPOSE(K＄35：R＄35))"得到北京的第二主成分得分，并拖拽出其他各地区的第二主成分得分。第三主成分得分同理可得。当然，以上步骤可以通过矩阵乘法一步实现，选择区域 T3：V32，输入命令"＝MMULT(Z，TRANSPOSE(K34：R36))"，同时按"Ctrl""Shift""Enter"键可得。把 Excel 的第一主成分得分除以 $\sqrt{5.9625}$，可得 SPSS 标准化后的第一主成分得分，把 Excel 的第二、三主成分得分分别除以 $\sqrt{0.9879}$、$\sqrt{0.4103}$ 可得 SPSS 标准化后的第二、三主成分得分。

| T3 | ▼ | f_x {=MMULT(K3:R3,TRANSPOSE(K$34:R$34))} |

	J	K	L	M	N	O	P	Q	R	S	T	U	V	W	X	Y	Z
1		标准化 数据									Excel 主成分得分				主成分得分标准化（SPSS主成分得分）		
2	地区	Z_1	Z_2	Z_3	Z_4	Z_5	Z_6	Z_7	Z_8		Y_1	Y_2	Y_3		F_1	F_2	F_3
3	北京	-0.9415	-0.5952	1.2234	1.4338	-0.8309	-0.5421	0.0069	0.0526		0.1535	-0.6193	-1.9839		0.0629	-0.6231	-3.0971
4	天津	-1.0294	2.9557	-0.4379	-0.3173	-1.0162	-0.9172	-0.5647	-0.6779		-1.3891	2.9743	-0.8376		-0.5689	2.9925	-1.3076
5	河北	1.2682	0.9074	1.1218	1.2532	-0.0036	1.7415	0.2845	0.5647		2.4352	0.1950	-0.7360		0.9973	0.1962	-1.1490
6	山西	-0.6178	-0.2640	0.0019	-0.0471	-0.8486	0.7246	-0.3502	-0.3853		-0.6056	-0.2723	-0.9123		-0.2480	-0.2740	-1.4243
7	内蒙古	-0.5650	-0.2702	-0.3904	-0.2885	-0.5438	1.2654	-0.5054	-0.4723		-0.6318	-0.2103	-0.5519		-0.2588	-0.2115	-0.8616
8	辽宁	0.2614	0.4440	0.3933	-0.0262	0.7862	0.9485	0.1225	0.0827		0.9917	0.4273	0.2506		0.4061	0.4299	0.3913
9	吉林	-0.7091	-0.6079	-0.5103	-0.4953	-0.5630	-0.4932	-0.3359	-0.2743		-1.3359	-0.3746	-0.1376		-0.5471	-0.3769	-0.2148
10	黑龙江	-0.1868	-0.4243	-0.2843	-0.3623	0.1903	-0.5736	-0.1918	-0.1772		-0.6557	-0.1971	0.4110		-0.2685	-0.1984	0.6416
11	上海	-1.0043	1.4427	-0.1488	-0.3731	2.1893	-0.3341	0.1097	0.0812		0.6881	1.9967	0.8273		0.2818	-4.011	1.2915
…	…	…	…	…	…	…	…	…	…		…	…	…		…	…	…
25	贵州	-0.4960	-0.5867	-0.7481	-0.6463	-0.5272	-0.9016	-0.5686	-0.6419		-1.7781	-0.3052	0.1985		-0.7282	-0.3070	0.3099
26	云南	-0.5856	-0.5826	-0.0690	0.0134	-0.1123	-0.2332	-0.3544	-0.3265		-0.6993	-0.3476	-0.2937		-0.2864	-0.3498	-0.4585
27	西藏	-1.3006	-0.7836	-1.1589	-1.0284	-1.2619	-1.1450	-0.9837	-1.0851		-3.0762	-0.3236	-0.2583		-1.2598	-0.3256	-0.4033
28	陕西	-0.0844	-0.4639	-0.4744	-0.4395	-0.0647	-0.6550	-0.1555	-0.2392		-0.8596	-0.2962	0.4456		-0.3520	-0.2980	0.6957
29	甘肃	-0.5024	-0.4758	-0.8738	-0.8921	-0.6152	-0.7647	-0.6842	-0.7195		-1.9663	-0.1931	0.2758		-0.8053	-0.1943	0.4305
30	青海	-1.2289	-0.7512	-1.1223	-1.0145	-1.0398	-1.1017	-0.9458	-1.0007		-2.8847	-0.2765	-0.1222		-1.1814	-0.2782	-0.1907
31	宁夏	-1.1889	-0.7102	-1.0857	-0.9695	-1.1090	-0.9395	-0.9048	-0.9661		-2.7711	-0.2863	-0.2049		-1.1348	-0.2880	-0.3198
32	新疆	-0.5250	-0.5216	-0.6102	-0.6877	-0.4072	0.1135	-0.5577	-0.6253		-1.3306	-0.2871	0.0364		-0.5449	-0.2888	0.0569
33																	
34	u_1'	0.3457	0.1461	0.3927	0.3810	0.3540	0.3510	0.3902	0.3987		第1特征值	5.9625					
35	u_2'	-0.2535	0.9279	-0.0388	-0.0727	0.2262	-0.0712	-0.0709	-0.0814		第2特征值	0.9879					
36	u_3'	0.5037	-0.0600	-0.3821	-0.4953	0.5617	-0.1774	0.0455	0.0479		第3特征值	0.4103					

图 6.6.8　计算主成分得分

第 7 章

因子分析

　　因子分析是主成分分析的推广。它是利用降维的思想,从原始变量的相关阵或协差阵出发,将众多的原始变量综合为少数几个因子,再现原始变量与因子之间的关系。因子分析的早期发展始于 1904 年英国心理学家查尔斯·斯皮尔曼(Charles Spearman)对学生智力测量的研究,其论文《客观地确定和测量公众智力》(General Intelligence, Objectively Determined and Measured)发表在美国《心理学》杂志上,他研究某校 33 个学生 6 门功课(古典语、法语、英语、数学、判别、音乐)的学习成绩,通过原始数据测算相关阵,进而得到学生的第 i 门课程成绩 $x_i = a_i g + \varepsilon_i$, g 是对各门课程都起作用的公共因子, ε_i 为只对第 i 门课程起作用的特殊因子,得到智力是由共同因素(公因子)和特殊因素(特殊因子)构成的结论。斯皮尔曼提出的数学模型开因子研究的先河,经过数代学者的努力,目前因子分析在心理学、社会学、经济学等学科中都取得了成功的应用。

　　使用因子分析解决某具体问题,原始变量可分解为两部分之和,一部分是公共因子的线性函数,另一部分是与公共因子无关的特殊因子。当研究具有错综复杂关系的经济现象时,通过因子分析找到几个主要因子,每个主要因子代表经济变量间相互依赖的一种经济作用,抓住这些主要因子就可以帮助我们对复杂经济问题进行分析和解释。因子分析不仅可用来研究原始变量之间的相关关系,也可以用来研究样品之间的相关关系,前者称为 R 型因子分析,后者称为 Q 型因子分析,本章侧重 R 型因子分析。

7.1　因子分析模型

7.1.1　正交因子模型

　　设有 n 个样品,每个样品有 p 个指标,构成可观测随机向量 $X = (x_1, x_2, \cdots, x_p)'$, $E(X) = \mu = (\mu_1, \mu_2, \cdots, \mu_p)'$, $D(X) = \sum = (\sigma_{ij})_{p \times p}$。

　　◆ X 受到不可观测随机向量 $F = (f_1, f_2, \cdots, f_m)'$ 的共同影响, $m < p$, $E(F) = 0$, D

$(F)=I$[也即 f_i 都进行了标准化处理,且 $\mathrm{cov}(f_i,f_j)=0,i\neq j,i,j=1,2,\cdots,m$]。

◆X 还受特殊因子 $\varepsilon=(\varepsilon_1,\varepsilon_2,\cdots,\varepsilon_p)'$ 影响,ε 与 F 相互独立,且 $E(\varepsilon)=0,D(\varepsilon)=diag(\sigma_{\varepsilon_1}^2,\sigma_{\varepsilon_2}^2,\cdots,\sigma_{\varepsilon_p}^2)$[也即 $\mathrm{cov}(\varepsilon_i,\varepsilon_j)=0,i\neq j,i,j=1,2,\cdots,p$]。

对 X 进行中心化处理,得到 R 型因子分析模型

$$\begin{cases}x_1-\mu_1=a_{11}f_1+a_{12}f_2+\cdots+a_{1m}f_m+\varepsilon_1\\x_2-\mu_2=a_{21}f_1+a_{22}f_2+\cdots+a_{2m}f_m+\varepsilon_2\\\vdots\\x_p-\mu_p=a_{p1}f_1+a_{p2}f_2+\cdots+a_{pm}f_m+\varepsilon_p\end{cases}\tag{7.1.1}$$

写成矩阵形式

$$X-\mu=AF+\varepsilon\tag{7.1.2}$$

式中

$$X=\begin{bmatrix}x_1\\x_2\\\vdots\\x_p\end{bmatrix},\mu=\begin{bmatrix}\mu_1\\\mu_2\\\vdots\\\mu_p\end{bmatrix},A=\begin{bmatrix}a_{11}&a_{12}&\cdots&a_{1m}\\a_{21}&a_{22}&\cdots&a_{2m}\\\vdots&\vdots&\ddots&\vdots\\a_{p1}&a_{p2}&\cdots&a_{pm}\end{bmatrix},\varepsilon=\begin{bmatrix}\varepsilon_1\\\varepsilon_2\\\vdots\\\varepsilon_p\end{bmatrix}$$

在式(7.1.1)中,$A=(a_{ij})_{p\times m}$ 是待估的系数矩阵,称为因子载荷矩阵,a_{ij} 是第 i 个原始变量在第 j 个公因子上的载荷。

若把 p 个指标换成 n 个样品,数据已经进行了中心化处理,则可得到 Q 型因子分析模型

$$\begin{cases}x_1-\mu=a_{11}f_1+a_{12}f_2+\cdots+a_{1m}f_m+\varepsilon_1\\x_2-\mu=a_{21}f_1+a_{22}f_2+\cdots+a_{2m}f_m+\varepsilon_2\\\vdots\\x_n-\mu=a_{n1}f_1+a_{n2}f_2+\cdots+a_{nm}f_m+\varepsilon_n\end{cases}\tag{7.1.3}$$

$f_j,j=1,2,\cdots,m$ 是对每个样品都有影响的公因子,而 ε_i 只对样品 $x_i,i=1,2,\cdots,n$ 起作用。

对正交因子模型有

(1)随机向量 X 的协差阵 Σ 的分解

$$\begin{aligned}D(X)=D(\mu+AF+\varepsilon)&=E(AF+\varepsilon)(AF+\varepsilon)'\\&=AE(FF')A'+E(\varepsilon\varepsilon')\\&=AD(F)A'+D(\varepsilon)\end{aligned}$$

根据因子模型有 $D(F)=I$,因此有

$$\Sigma=AA'+D(\varepsilon)\tag{7.1.4}$$

$\Sigma=(\sigma_{ij})_{p\times p}$,其主对角线上的元素 $\sigma_{ii}=a_{i1}^2+a_{i2}^2+\cdots+a_{im}^2+\sigma_{\varepsilon_i}^2,i=1,2,\cdots,p$,此

式可用共同度解释；非主对角线上的元素 $\sigma_{ij}=a_{i1}a_{j1}+a_{i2}a_{j2}+\cdots+a_{im}a_{jm}$，$i,j=1,2,\cdots,p,i\neq j$，完全由 A 的两行元素确定。如果 X 进行了标准化处理，则有 $D(X)=R$，意义则更清晰：矩阵 R 主对角线上的元素为原始变量方差 $D(x_i)=1$ 分解成公因子方差贡献与特殊因子方差之和，即 $1=a_{i1}^2+a_{i2}^2+\cdots+a_{im}^2+\sigma_{\varepsilon_i}^2$，非主对角线上元素 $r_{ij}=a_{i1}a_{j1}+a_{i2}a_{j2}+\cdots+a_{im}a_{jm}$。

$$R=AA'+D(\varepsilon) \tag{7.1.5}$$

（2）随机向量 X 的因子载荷矩阵不唯一

设 Γ 为正交矩阵，令 $A^*=A\Gamma$，$F^*=\Gamma'F$，模型（7.1.2）可变为

$$X-\mu=(A\Gamma)(\Gamma'F)+\varepsilon$$

即

$$X-\mu=A^*F^*+\varepsilon \tag{7.1.6}$$

对 F^* 有

$$E(F^*)=E(\Gamma'F)=\Gamma'E(F)=0$$
$$D(F^*)=D(\Gamma'F)=\Gamma'D(F)\Gamma=\Gamma'\Gamma=I$$
$$\mathrm{cov}(F^*,\varepsilon)=\mathrm{cov}(\Gamma'F,\varepsilon)=\Gamma'\mathrm{cov}(F,\varepsilon)=0$$

因此，模型（7.1.6）仍然满足因子模型的条件，此时的因子载荷矩阵为 $A\Gamma$。

（3）通过线性变换得到新的因子模型

设 $Y=(c_1x_1,c_2x_2,\cdots,c_px_p)'$，$c_1,c_2,\cdots,c_p>0$，则有 $Y=CX$，$C=diag(c_1,c_2,\cdots,c_p)$，由式（7.1.2）可得

$$CX-C\mu=CAF+C\varepsilon$$

即

$$Y-C\mu=CAF+C\varepsilon$$

令 $\mu^*=C\mu$，$A^*=CA$，$\varepsilon^*=C\varepsilon$，有

$$Y-\mu^*=A^*F+\varepsilon^* \tag{7.1.7}$$

$E(\varepsilon^*)=CE(\varepsilon)=0$，$D(\varepsilon^*)=CD(\varepsilon)C'=diag(c_1^2\sigma_{\varepsilon_1}^2,c_2^2\sigma_{\varepsilon_2}^2,\cdots,c_p^2\sigma_{\varepsilon_p}^2)$，从而得到式（7.1.7）新的因子模型。

7.1.2　因子载荷矩阵的统计含义

（1）因子载荷的统计意义

由模型（7.1.1）可得

$$\mathrm{cov}(x_i,f_j)=\mathrm{cov}(\mu_i+\sum_{j=1}^{m}a_{ij}f_j+\varepsilon_i,f_j)$$
$$=\mathrm{cov}(\sum_{j=1}^{m}a_{ij}f_j+\varepsilon_i,f_j)$$
$$=\mathrm{cov}(\sum_{j=1}^{m}a_{ij}f_j,f_j)+\mathrm{cov}(\varepsilon_i,f_j)$$

$$=a_{ij} \tag{7.1.8}$$

这表明，a_{ij} 是 x_i 与 f_j 的协方差，由于 f_j 已进行了标准化处理，当 x_i 也进行了标准化处理时，a_{ij} 即为 x_i 与 f_j 的相关系数。

由模型(7.1.2)亦可以得到相同的结论

$$\begin{aligned}
\text{cov}(X,F) &= E[X-E(X)][F-E(F)]' \\
&= E(AF+\varepsilon)F' \\
&= AE(FF')+E(\varepsilon F')=A
\end{aligned} \tag{7.1.9}$$

当 X 与 F 都经过标准化，$\text{cov}(X,F)=R_{X,F}=A$

(2)共同度 h_i^2 的统计意义

因子载荷矩阵 A 第 i 行元素平方和称为变量 x_i 的共同度，即

$$h_i^2 = \sum_{j=1}^{m} a_{ij}^2 \quad i=1,2,\cdots,p \tag{7.1.10}$$

由模型(7.1.1)可知

$$\begin{aligned}
D(x_i) &= D\left(\mu_i+\sum_{j=1}^{m} a_{ij}f_j+\varepsilon_i\right) \\
&= a_{i1}^2 D(f_1)+a_{i2}^2 D(f_2)+\cdots+a_{im}^2 D(f_m)+D(\varepsilon_i) \\
&= a_{i1}^2+a_{i2}^2+\cdots+a_{im}^2+D(\varepsilon_i) \\
&= h_i^2+\sigma_{\varepsilon_i}^2
\end{aligned} \tag{7.1.11}$$

上式说明原始变量 x_i 的方差由两部分组成，第一部分为共同度 h_i^2，描述了全部公因子对变量 x_i 的方差所做贡献，反映了公因子对变量 x_i 的信息解释程度；第二部分为特殊因子 ε_i 对变量 x_i 的方差的贡献，反映了公因子无法解释的信息。若对 x_i 进行了标准化处理，则有

$$1=h_i^2+\sigma_{\varepsilon_i}^2$$

在此情形下，当 $h_i^2 \to 1$，说明 x_i 几乎全部的信息都被公因子解释说明，当 $h_i^2 \to 0$，说明 x_i 的很少信息被公因子解释，主要由特殊因子来描述。

(3)公因子 f_j 的方差贡献

因子载荷矩阵 A 第 j 列元素平方和 g_j^2 称为公因子 f_j 的方差贡献，即

$$g_j^2 = \sum_{i=1}^{p} a_{ij}^2 \quad j=1,2,\cdots,m \tag{7.1.12}$$

由式(7.1.11)

$$D(x_i)=a_{i1}^2+a_{i2}^2+\cdots+a_{ip}^2+D(\varepsilon_i) \quad i=1,2,\cdots,p$$

得到

$$\begin{aligned}
\sum_{i=1}^{p} D(x_i) &= \sum_{i=1}^{p} a_{i1}^2+\sum_{i=1}^{p} a_{i2}^2+\cdots+\sum_{i=1}^{p} a_{im}^2+\sum_{i=1}^{p} D(\varepsilon_i) \\
&= g_1^2+g_2^2+\cdots+g_m^2+\sum_{i=1}^{p} D(\varepsilon_i)
\end{aligned}$$

g_j^2 是衡量公因子 f_j 的相对重要性的一个指标,因此称 g_j^2 是公因子 f_j 对所有原始变量的方差贡献,其贡献率为 $g_j^2 / \sum\limits_{i=1}^{p} D(x_i)$。

7.2　因子载荷矩阵估计

因子分析的目的是用少数几个公因子(设为 m 个)来描述 p 个原始指标间的协差阵结构 $\sum = AA' + D$,其中 $A = (a_{ij})_{p \times m}$ 是待估的因子载荷矩阵,$D = diag(\sigma_{\varepsilon_1}^2, \sigma_{\varepsilon_2}^2, \cdots, \sigma_{\varepsilon_p}^2)$ 为 p 阶对角阵,也就是估计公因子的个数 m,因子载荷矩阵 A 及特殊因子的方差 $\sigma_{\varepsilon_1}^2, \sigma_{\varepsilon_2}^2, \cdots, \sigma_{\varepsilon_p}^2$ 使得满足 $\sum = AA' + D$。常用的参数估计方法有主成分法、主轴因子法和极大似然法。

7.2.1　主成分法

主成分法确定因子载荷过程为,对原始数据提取主成分作为未旋转的公因子。相对于其他的参数估计方法,主成分法比较简单。但由于用这种方法所得特殊因子 ε_1, $\varepsilon_2, \cdots, \varepsilon_p$ 彼此之间并不相互独立,因此,用主成分法得到估计结果并不完全符合因子模型。但当共同度较大时,特殊因子起的作用较小,因而特殊因子之间的相关性带来的影响几乎可以忽略。因此,从经验出发,常常先用主成分法进行分析,然后再尝试用其他方法。

假定从相关阵出发求主成分,若有 p 个原始变量,则可得到 p 个主成分。将求得的 p 个主成分按照方差从大到小的顺序排列,得到 $Y = U'X$,或表述为

$$
\begin{cases}
y_1 = u_{11}x_1 + u_{12}x_2 + \cdots + u_{1p}x_p \\
y_2 = u_{21}x_1 + u_{22}x_2 + \cdots + u_{2p}x_p \\
\qquad\qquad\qquad \vdots \\
y_p = u_{p1}x_1 + u_{p2}x_2 + \cdots + u_{pp}x_p
\end{cases}
\tag{7.2.1}
$$

由于 U 为正交矩阵,$UU' = I$,所以 $X = UY$,其中 $U = (u_1, u_2, \cdots, u_p)$,也即

$$
\begin{cases}
x_1 = u_{11}y_1 + u_{21}y_2 + \cdots + u_{p1}y_p \\
x_2 = u_{12}y_1 + u_{22}y_2 + \cdots + u_{p2}y_p \\
\qquad\qquad\qquad \vdots \\
x_p = u_{1p}y_1 + u_{2p}y_2 + \cdots + u_{pp}y_p
\end{cases}
\tag{7.2.2}
$$

对上面的每一个等式只保留前 m 个主成分,把后面部分分别用 $\varepsilon_1, \varepsilon_2, \cdots, \varepsilon_p$ 表示,得到

$$
\begin{cases}
x_1 = u_{11}y_1 + u_{21}y_2 + \cdots + u_{m1}y_m + \varepsilon_1 \\
x_2 = u_{12}y_1 + u_{22}y_2 + \cdots + u_{m2}y_m + \varepsilon_2 \\
\qquad\qquad\qquad \vdots \\
x_p = u_{1p}y_1 + u_{2p}y_2 + \cdots + u_{mp}y_m + \varepsilon_p
\end{cases}
\tag{7.2.3}
$$

在式(7.2.3)中，$y_1, y_2, \cdots, y_m$ 彼此已经相互独立，且 y_i 与 ε_i 相互独立，但因子模型要求 $D(y_i)=1$，而提取的主成分仅满足 $D(y_i)=\lambda_i$，因此需对式(7.2.3)中的 y_i 进行标准化处理，由相关阵提取主成分意味着 $E(x_i)=0$，由式(7.2.1)得 $E(y_i)=0$，式(7.2.3)可化为

$$\begin{cases} x_1 = \sqrt{\lambda_1}\, u_{11} \dfrac{y_1}{\sqrt{\lambda_1}} + \sqrt{\lambda_2}\, u_{21} \dfrac{y_2}{\sqrt{\lambda_2}} + \cdots + \sqrt{\lambda_m}\, u_{m1} \dfrac{y_m}{\sqrt{\lambda_m}} + \varepsilon_1 \\[2mm] x_2 = \sqrt{\lambda_1}\, u_{12} \dfrac{y_1}{\sqrt{\lambda_1}} + \sqrt{\lambda_2}\, u_{22} \dfrac{y_2}{\sqrt{\lambda_2}} + \cdots + \sqrt{\lambda_m}\, u_{m2} \dfrac{y_m}{\sqrt{\lambda_m}} + \varepsilon_2 \\[2mm] \qquad\qquad\qquad\qquad\vdots \\[2mm] x_p = \sqrt{\lambda_1}\, u_{1p} \dfrac{y_1}{\sqrt{\lambda_1}} + \sqrt{\lambda_2}\, u_{2p} \dfrac{y_2}{\sqrt{\lambda_2}} + \cdots + \sqrt{\lambda_m}\, u_{mp} \dfrac{y_m}{\sqrt{\lambda_m}} + \varepsilon_p \end{cases}$$

在上式中，令 $\dfrac{y_i}{\sqrt{\lambda_i}} = f_i, \sqrt{\lambda_i}\, u_{ij} = a_{ji}, i=1,2,\cdots,m, j=1,2,\cdots,p$，得

$$\begin{cases} x_1 = a_{11} f_1 + a_{12} f_2 + \cdots + a_{1m} f_m + \varepsilon_1 \\ x_2 = a_{21} f_1 + a_{22} f_2 + \cdots + a_{2m} f_m + \varepsilon_2 \\ \qquad\qquad\qquad\vdots \\ x_p = a_{p1} f_1 + a_{p2} f_2 + \cdots + a_{pm} f_m + \varepsilon_p \end{cases} \tag{7.2.4}$$

从而得到因子载荷矩阵 A 和公因子 $F=(f_1, f_2, \cdots, f_m)'$。注意到在式(7.2.3)中，

$$\varepsilon_i = u_{m+1,i} y_{m+1} + \cdots + u_{p,1} y_p \quad i=1,2,\cdots,p \tag{7.2.5}$$

因此 $\varepsilon_1, \varepsilon_2, \cdots, \varepsilon_p$ 彼此之间存在线性相关性，并不满足因子模型中特殊因子相互独立的要求。

综合以上分析，设原始向量 $X=(x_1, x_2, \cdots, x_p)'$ 的相关阵为 R，其特征值为 $\lambda_1 > \lambda_2 > \cdots > \lambda_p$，对应的特征向量分别为 $a_1, a_2, \cdots, a_p$，设 $m < p$，则因子载荷 A 的估计为

$$\hat{A} = (\sqrt{\lambda_1}\, u_1, \sqrt{\lambda_2}\, u_2, \cdots, \sqrt{\lambda_m}\, u_m) \tag{7.2.6}$$

特殊因子方差为

$$\hat{\sigma}_{\varepsilon_i}^2 = D(x_i) - h_i^2 = 1 - (a_{i1}^2 + a_{i2}^2 + \cdots + a_m^2) \quad i=1,2,\cdots,p \tag{7.2.7}$$

7.2.2　主轴因子法

(1)理论推导

已知向量 $X=(x_1, x_2, \cdots, x_p)'$ 的相关阵为 R，若 $D(\varepsilon)=diag(\sigma_{\varepsilon_1}^2, \sigma_{\varepsilon_2}^2, \cdots, \sigma_{\varepsilon_p}^2)$ 已知，如何求因子载荷矩阵 A？根据式(7.1.5)可知

$$R - D(\varepsilon) = AA'$$

记 $R^* = R - D(\varepsilon) = (r_{ij}^*)_{p \times p}$，称 R^* 为约相关阵，其主对角线的元素是 h_i^2 而不是

1,非主对角线元素和 R 完全一样,且 R^* 还是非负定矩阵

$$R^* = AA' \tag{7.2.8}$$

$$r^*_{ij} = \sum_{a=1}^{m} a_{ia}a_{ja} \quad i,j=1,2,\cdots,p \tag{7.2.9}$$

现求矩阵 A,使得第一公因子 f_1 对 X 的方差贡献 $g_1^2 = \sum_{i=1}^{p} a_{i1}^2$(即,$A$ 的第 1 列元素平方和)达到最大,第二公因子 f_2 对 X 的方差贡献 $g_2^2 = \sum_{i=1}^{p} a_{i2}^2$ 次之,$\cdots$,第 m 公因子 f_m 对 X 的方差贡献 $g_m^2 = \sum_{i=1}^{p} a_{im}^2$ 最小。先求矩阵 A 的第 1 列 $A_1 = (a_{11},a_{21},\cdots,a_{p1})'$,在式(7.2.8)约束下使得 $g_1^2 = \sum_{i=1}^{p} a_{i1}^2$ 达到最大值,这是个条件极值问题,式(7.2.8)的矩阵约束实质上是针对式(7.2.9) $p \times p$ 个矩阵元素的约束。为此,构建函数

$$T = \frac{1}{2}g_1^2 - \frac{1}{2}\sum_{i=1}^{p}\sum_{j=1}^{p}\lambda_{ij}\left(\sum_{a=1}^{m} a_{ia}a_{ja} - r^*_{ij}\right) \tag{7.2.10}$$

其中,λ_{ij} 是拉普拉斯系数,且 $\lambda_{ij} = \lambda_{ji}$。在式(7.2.10)中,不仅包括 A 第 1 列的元素,还包括 A 其他列的元素为参数,把目标函数对矩阵 A 的第 1 列元素分别求偏导,得到

$$\frac{\partial T}{\partial a_{i1}} = a_{i1} - \sum_{j=1}^{p}\lambda_{ij}a_{j1} = 0 \quad i=1,2,\cdots,p \tag{7.2.11}$$

把目标函数对矩阵 A 的非第 1 列元素分别求偏导,得到

$$\frac{\partial T}{\partial a_{il}} = -\sum_{j=1}^{p}\lambda_{ij}a_{jl} = 0 \quad l \neq 1 \tag{7.2.12}$$

为方便理解目标函数及偏导条件,举下面简单例子:设 R^* 为 3 阶矩阵,提取两个公因子,A 为 3×2 矩阵,即 $p=3,m=2$,此时式(7.2.8)为

$$\begin{pmatrix} r^*_{11} & r^*_{12} & r^*_{13} \\ r^*_{21} & r^*_{22} & r^*_{23} \\ r^*_{31} & r^*_{32} & r^*_{33} \end{pmatrix} = \begin{pmatrix} a_{11} & a_{12} \\ a_{21} & a_{22} \\ a_{31} & a_{32} \end{pmatrix} \begin{pmatrix} a_{11} & a_{21} & a_{31} \\ a_{12} & a_{22} & a_{32} \end{pmatrix} \tag{7.2.13}$$

即

$$\begin{pmatrix} r^*_{11} & r^*_{12} & r^*_{13} \\ r^*_{21} & r^*_{22} & r^*_{23} \\ r^*_{31} & r^*_{32} & r^*_{33} \end{pmatrix} = \begin{pmatrix} a_{11}^2+a_{12}^2 & a_{11}a_{21}+a_{12}a_{22} & a_{11}a_{31}+a_{12}a_{32} \\ a_{21}a_{11}+a_{22}a_{12} & a_{21}^2+a_{22}^2 & a_{21}a_{31}+a_{22}a_{32} \\ a_{31}a_{11}+a_{32}a_{12} & a_{31}a_{21}+a_{32}a_{22} & a_{31}^2+a_{32}^2 \end{pmatrix}$$

约相关矩阵为对称矩阵,上式右边矩阵亦有对称性质。

$$\begin{pmatrix} a_{11}^2+a_{12}^2-r^*_{11} & a_{11}a_{21}+a_{12}a_{22}-r^*_{12} & a_{11}a_{31}+a_{12}a_{32}-r^*_{13} \\ a_{21}a_{11}+a_{22}a_{12}-r^*_{21} & a_{21}^2+a_{22}^2-r^*_{22} & a_{21}a_{31}+a_{22}a_{32}-r^*_{23} \\ a_{31}a_{11}+a_{32}a_{12}-r^*_{31} & a_{31}a_{21}+a_{32}a_{22}-r^*_{32} & a_{31}^2+a_{32}^2-r^*_{33} \end{pmatrix} = 0$$

左边矩阵每一个元素分别乘拉普拉斯系数再相加,即为式(7.2.10)目标函数第二

项。注意到矩阵的对称性质,把 T 对 a_{11} 求偏导,对式(7.2.13)仅涉及第 1 列与第 1 行;对 a_{21} 求偏导,涉及第 2 列与第 2 行;对 a_{31} 求偏导,涉及第 3 列与第 3 行,即为式 (7.2.11)的具体表达:

$$\frac{\partial T}{\partial a_{11}} = a_{11} - (\lambda_{11}a_{11} + \lambda_{21}a_{21} + \lambda_{31}a_{31}) = a_{11} - \sum_{j=1}^{3}\lambda_{j1}a_{j1}$$

$$\frac{\partial T}{\partial a_{21}} = a_{21} - (\lambda_{12}a_{11} + \lambda_{22}a_{21} + \lambda_{32}a_{31}) = a_{21} - \sum_{j=1}^{3}\lambda_{j2}a_{j1}$$

$$\frac{\partial T}{\partial a_{31}} = a_{31} - (\lambda_{13}a_{11} + \lambda_{23}a_{21} + \lambda_{33}a_{31}) = a_{31} - \sum_{j=1}^{3}\lambda_{j3}a_{j1}$$

把 T 对 A 的第 2 列元素分别求偏导,即为式(7.2.12)的具体表达:

$$\frac{\partial T}{\partial a_{12}} = -(\lambda_{11}a_{12} + \lambda_{12}a_{22} + \lambda_{13}a_{32}) = -\sum_{j=1}^{3}\lambda_{1j}a_{j2}$$

$$\frac{\partial T}{\partial a_{22}} = -(\lambda_{12}a_{12} + \lambda_{22}a_{22} + \lambda_{32}a_{32}) = -\sum_{j=1}^{3}\lambda_{j2}a_{j2}$$

$$\frac{\partial T}{\partial a_{32}} = -(\lambda_{13}a_{12} + \lambda_{23}a_{22} + \lambda_{33}a_{32}) = -\sum_{j=1}^{3}\lambda_{j3}a_{j2}$$

采用虚拟变量把式(7.2.11)与式(7.2.12)统一为

$$\delta_{1l}a_{i1} - \sum_{j=1}^{p}\lambda_{ij}a_{jl} = 0 \quad i=1,2,\cdots,p, l=1,2,\cdots,m \tag{7.2.14}$$

δ_{1l} 含义为,当 T 对 A 的第 1 列元素求偏导时取值 1,对非第 1 列元素求偏导时取值 0:

$$\delta_{1l} = \begin{cases} 1 & l=1 \\ 0 & l\neq1 \end{cases}$$

用 a_{i1} 乘以式(7.2.14)两边,并对 i 求和得

$$\delta_{1l}\sum_{i=1}^{p}a_{i1}^2 - \sum_{j=1}^{p}\left(\sum_{i=1}^{p}\lambda_{ij}a_{i1}\right)a_{jl} = 0 \quad l=1,2,\cdots,m \tag{7.2.15}$$

注意到 $g_1^2 = \sum\limits_{i=1}^{p}a_{i1}^2$,由式(7.2.11)可知,$\sum\limits_{i=1}^{p}\lambda_{ij}a_{i1} = \sum\limits_{i=1}^{p}\lambda_{ji}a_{i1} = a_{j1}$,即有

$$\delta_{1l}g_1^2 - \sum_{j=1}^{p}a_{j1}a_{jl} = 0 \quad l=1,2,\cdots,m \tag{7.2.16}$$

用 a_{il} 乘以式(7.2.16)两边,并对 l 求和得

$$\sum_{l=1}^{m}\delta_{1l}a_{il}g_1^2 - \sum_{j=1}^{p}a_{j1}\left(\sum_{l=1}^{m}a_{il}a_{jl}\right) = 0 \quad i=1,2,\cdots,p$$

因为 $r_{ij}^* = \sum\limits_{l=1}^{m}a_{il}a_{jl}$,所以

$$\sum_{j=1}^{p}r_{ij}^*a_{j1} = a_{i1}g_1^2 \quad i=1,2,\cdots,p$$

用向量表示

$$
(r_{i1}^* \quad r_{i2}^* \quad \cdots \quad r_{ip}^*)
\begin{pmatrix} a_{11} \\ a_{21} \\ \vdots \\ a_{p1} \end{pmatrix}
= a_{i1} g_1^2 \quad i=1,2,\cdots,p
$$

把 p 个式子合写成如下形式

$$
\begin{pmatrix}
r_{11}^* & r_{12}^* & \cdots & r_{1p}^* \\
r_{21}^* & r_{22}^* & \cdots & r_{2p}^* \\
\vdots & \vdots & \ddots & \vdots \\
r_{p1}^* & r_{p2}^* & \cdots & r_{pp}^*
\end{pmatrix}
\begin{pmatrix} a_{11} \\ a_{21} \\ \vdots \\ a_{p1} \end{pmatrix}
= g_1^2
\begin{pmatrix} a_{11} \\ a_{21} \\ \vdots \\ a_{p1} \end{pmatrix}
$$

即

$$
R^* A_1 = g_1^2 A_1 \tag{7.2.17}
$$

因此，g_1^2 是约相关阵 R^* 的最大特征值，A_1 是对应于 g_1^2 的特征向量，且特征值与特征向量关系为 $g_1^2 = \sum\limits_{i=1}^{p} a_{i1}^2 = A_1' A_1$。如果我们直接求到 R^* 的最大特征值 λ_1 及对应的单位特征向量 γ_1，则满足 $\gamma_1' \gamma_1 = 1$。然而对任意的常数 c，$c\gamma_1$ 仍然是 λ_1 对应的特征向量，因此只要取 $A_1 = \sqrt{\lambda_1}\, \gamma_1$，则由 $A_1' A_1 = \lambda_1 \gamma_1' \gamma_1 = \lambda_1 = g_1^2$，从而求出 A 中的第 1 列 A_1。

使用 R^* 的谱分解式有

$$
R^* = \sum_{i=1}^{p} \lambda_i \gamma_i \gamma_i' = A_1 A_1' + \sum_{i=2}^{p} \lambda_i \gamma_i \gamma_i' \tag{7.2.18}
$$

由因子模型(7.1.1)可知 $R^* = A_{p\times m} A_{m \times p}'$，上式还可分解为

$$
R^* = AA' = (A_1, A_2, \cdots, A_m)
\begin{pmatrix} A_1' \\ A_2' \\ \vdots \\ A_m' \end{pmatrix}
= \sum_{i=1}^{m} A_i A_i'
$$

因此，求出 A_1 后，将 R^* 减去 $A_1' A_1$，得到

$$
R^* - A_1 A_1' = \sum_{i=2}^{m} A_i A_i'
$$

对 $R^* - A_1 A_1'$ 重复上面的讨论，要求 $g_2^2 = \lambda_2$，$A_2 = \sqrt{\lambda_2}\, \gamma_2$，依此类推，求得 $g_\alpha^2 = \lambda_\alpha$，$A_\alpha = \sqrt{\lambda_\alpha}\, \gamma_\alpha$，$\alpha = 1,2,\cdots,m$。$\lambda_\alpha$ 为约相关矩阵 R^* 的第 α 大的特征值，γ_α 为相应的单位特征向量，由此得到因子载荷矩阵为

$$
A = (\sqrt{\lambda_1}\, \gamma_1, \sqrt{\lambda_2}\, \gamma_2, \cdots, \sqrt{\lambda_m}\, \gamma_m)
$$

特殊因子矩阵主对角线元素为

$$\hat{\sigma}_{\varepsilon_i}^2 = 1 - (a_{i1}^2 + a_{i2}^2 + \cdots + a_{im}^2) \quad i = 1, 2, \cdots, p$$

这样,从模型上解决了从约相关阵 R^* 出发求因子载荷矩阵 A 及特殊因子矩阵 D。

(2)实际应用

在实际使用过程中,要得到约相关阵 R^* 必须先知道 R 及 D。由原始数据矩阵可获取 R,但特殊因子方差 $\sigma_{\varepsilon_i}^2$ 通常是未知的,常常采用迭代方法,即给定特殊因子方差的初始值,得到 R^*,利用上述估计方法又可得到 D,重复上述步骤,直至解稳定为止。

由于 $\sigma_{\varepsilon_i}^2 = 1 - h_i^2$,因此特殊因子方差估计等价于共同度 h_i^2 的初始估计,常用的初始估计方法有:

①h_i^2 取原始变量 x_i 与其他所有原始变量的复相关系数的平方。

②h_i^2 取原始变量 x_i 与其他所有原始变量的相关系数绝对值的最大值。

③设 r_{ik}、r_{il} 为 R 第 i 行主对角线以外的两个最大值,取 $h_i^2 = r_{ik} r_{il} / r_{kl}$。

④h_i^2 取 1,等价于主成分分析。

7.3 方差最大的正交旋转

因子分析的目的不仅要求出公因子,更主要的是知道每个公因子的实际意义。前面介绍的主成分法与主轴因子法求出的公因子解,初始载荷矩阵并不满足"简单结构准则",可能存在某些原始变量在多个公因子上都有较大的载荷,某些公因子对多个原始变量的载荷都不小。"简单结构准则"要求每一原始变量仅在一个公因子上有较大的载荷,而在其余公因子上载荷相对较小;每一公因子仅对部分原始变量的载荷较大,在其他原始变量上的载荷较小,且同一列上的载荷尽可能向 1 或者 0 分化。随机向量 X 的因子载荷矩阵具有不唯一的特点,这使得可以对初始载荷矩阵施行旋转变换,得到优化的因子载荷矩阵。

因子模型 $X - \mu = AF + \varepsilon$,$F = (f_1, f_2, \cdots, f_m)'$ 为公因子,对 F 施加正交变换 $\Gamma'F$,Γ 为任意的 $m \times m$ 正交矩阵。由 7.1 节式(7.1.6)讨论表明,$\Gamma'F$ 仍可为公因子,此时因子载荷矩阵为 $A\Gamma$。这表明,当获取到初始的因子载荷矩阵 A 后,可对 A 右乘不同的正交阵 $A\Gamma_1\Gamma_2\cdots\Gamma_k$,使得最终得到的因子载荷矩阵具有更明显的实际意义。

7.3.1 因子载荷方差

设因子模型 $X - \mu = AF + \varepsilon$,$A = (a_{ij})$ 为因子载荷矩阵

$$A_{p \times m} = \begin{pmatrix} a_{11} & a_{12} & \cdots & a_{1m} \\ a_{21} & a_{22} & \cdots & a_{2m} \\ \vdots & \vdots & \ddots & \vdots \\ a_{p1} & a_{p2} & \cdots & a_{pm} \end{pmatrix} \tag{7.3.1}$$

矩阵 A 第 i 行元素平方和为变量 x_i 的共同度 $h_i^2=\sum_{j=1}^{m}a_{ij}^2$，$i=1,2,\cdots,p$，反映 m 个公因子对 x_i 的方差贡献。

由矩阵 A 各列得到 m 个因子载荷向量 $A_j(j=1,2,\cdots,m)$，矩阵 A 第 1 列 A_1 的各个元素反映公因子 f_1 对各个原始变量的载荷：a_{i1} 绝对值越接近 1，f_1 与 x_i 的相关性越高；a_{i1} 绝对值越接近 0，f_1 与 x_i 的相关性越低。我们希望 A_1 的各维分量绝对值都向 0 或 1 靠拢，使得 f_1 的意义越清晰，因此第 1 列数的方差越大越好；其他各列亦然。为消除 a_{ij} 符号不同的影响及各原始变量对公因子依赖(h_i^2)程度不同的影响，对矩阵 A 的数据做如下预处理，以便计算 A 各列数的方差。

$$d_{ij}^2=\frac{a_{ij}^2}{h_i^2}\quad i=1,2,\cdots,p,j=1,2,\cdots,m$$

处理后的第 j 列数据：$d_{1j}^2,d_{2j}^2,\cdots,d_{pj}^2$ 的方差定义为

$$V_j=\frac{1}{p}\sum_{i=1}^{p}(d_{ij}^2-\bar{d}_j)^2\quad j=1,2,\cdots,m \tag{7.3.2}$$

其中 $\bar{d}_j=\frac{1}{p}\sum_{i=1}^{p}d_{ij}^2$，把各列数据方差求和得到因子载荷矩阵 A 的方差

$$V=\sum_{j=1}^{m}V_j \tag{7.3.3}$$

若 V_j 的值越大，A 的第 j 个因子载荷向量数据越分散，当载荷的绝对值趋于 0 或 1，此时的公因子 f_j 具有简化结构。因此，希望施加正交变换后的载荷矩阵 $A\Gamma$ 方差尽可能大。

7.3.2 方差最大的正交旋转

方差最大的正交旋转就是选择正交矩阵 Γ，使得 $A\Gamma$ 方差尽可能大。设 $B=A\Gamma$，即把 B 进行数据的预处理后计算 m 列元素平方和为

$$V^*=V_1^*+V_2^*+\cdots+V_m^* \tag{7.3.4}$$

使得 V^* 达到最大。

当 $m=2$ 时，因子载荷矩阵为

$$A=\begin{pmatrix}a_{11}&a_{12}\\a_{21}&a_{22}\\\vdots&\vdots\\a_{p1}&a_{p2}\end{pmatrix}=\begin{pmatrix}\alpha_1'\\\alpha_2'\\\vdots\\\alpha_p'\end{pmatrix}$$

取正交阵

$$\Gamma=\begin{pmatrix}\cos\theta&-\sin\theta\\\sin\theta&\cos\theta\end{pmatrix}$$

旋转后的因子载荷矩阵为

$$B = A\Gamma = \begin{pmatrix} a_{11}\cos\theta + a_{12}\sin\theta & -a_{11}\sin\theta + a_{12}\cos\theta \\ a_{21}\cos\theta + a_{22}\sin\theta & -a_{21}\sin\theta + a_{22}\cos\theta \\ \vdots & \vdots \\ a_{p1}\cos\theta + a_{p2}\sin\theta & -a_{p1}\sin\theta + a_{p2}\cos\theta \end{pmatrix}$$

$$= \begin{pmatrix} b_{11} & b_{12} \\ b_{21} & b_{22} \\ \vdots & \vdots \\ b_{p1} & b_{p2} \end{pmatrix} = \begin{pmatrix} \beta'_1 \\ \beta'_2 \\ \vdots \\ \beta'_p \end{pmatrix} \tag{7.3.5}$$

旋转后公因子对各原始变量的共同度没有发生改变

$$h_i^{*2} = \beta'_i \beta_i = \alpha'_i (\alpha'_i \Gamma)' = \alpha'_i \Gamma\Gamma'\alpha_i = \alpha'_i \alpha_i = h_i^2 \tag{7.3.6}$$

我们希望旋转后,公因子 f_1 对原始变量的贡献出现分化,即 B 的第 1 列元素的绝对值要么接近 0,要么接近 1,f_2 亦然,使得原始变量一部分主要与第一因子有关,另一部分主要与第二因子有关。这也就是要求 B 经过预处理后 $\left(\dfrac{b_{11}^2}{h_1^2}, \cdots, \dfrac{b_{p1}^2}{h_p^2}\right)$ 与 $\left(\dfrac{b_{12}^2}{h_1^2}, \cdots, \dfrac{b_{p2}^2}{h_p^2}\right)$ 两组数据的方差之和 $V^* = V^*_1 + V^*_2$ 要尽可能大,V^* 是 θ 的函数,由 $\dfrac{dV^*}{d\theta} = 0$,可求得

$$\mathrm{tg}4\theta = \frac{C_4 - 2C_1 C_2 / p}{C_3 - (C_1^2 - C_2^2) / p} \tag{7.3.7}$$

其中

$$C_1 = \sum_{i=1}^{p} u_i, \quad C_2 = \sum_{i=1}^{p} v_i, \quad C_3 = \sum_{i=1}^{p} (u_i^2 - v_i^2), \quad C_4 = 2\sum_{i=1}^{p} u_i v_i$$

$$u_i = \left(\frac{a_{i1}}{h_i}\right)^2 + \left(\frac{a_{i2}}{h_i}\right)^2, \quad v_i = 2\frac{a_{i1}a_{i2}}{h_i^2}$$

具体的推导过程见参考文献(张尧庭、方开泰:《多元统计分析引论》,科学出版社,2003 年)。

当 $m > 2$ 时,可逐次对每两个公因子进行旋转,比如对公因子 f_k 和 f_l 进行旋转,所使用的正交矩阵为

$$
\Gamma_{kl} = \begin{pmatrix} 1 & & & & & & & & \\ & \ddots & & & & & & & \\ & & \cos\theta & & & -\sin\theta & & & \\ & & & 1 & & & & & \\ & & & & \ddots & & & & \\ & & & & & 1 & & & \\ & & \sin\theta & & & \cos\theta & & & \\ & & & & & & 1 & & \\ & & & & & & & \ddots & \\ & & & & & & & & 1 \end{pmatrix} \begin{matrix} \\ \\ l \\ \\ \\ \\ k \\ \\ \\ \\ \end{matrix} \tag{7.3.8}
$$

其中,θ 为旋转的角度,正交矩阵 Γ_{kl} 其他位置的元素都为 0。m 个公因子全部配对旋转,共需要旋转 C_m^2 次,全部旋转完毕算作一轮,所得到的因子载荷方差记为 $V^{(1)}$,然后进行第二轮得到 $V^{(2)}$、第三轮旋转得到 $V^{(3)}$……因此有 $V^{(1)} \leqslant V^{(2)} \leqslant \cdots \leqslant V^{(s)} \leqslant \cdots$,直至 $V^{(s)}$ 收敛,也即,即使再进行旋转,因子载荷矩阵方差的增量也非常微弱。

7.4 因子得分

在求得优化的因子矩阵 A 以及特殊因子矩阵 D 基础上,如何获取各个样品在公因子上的得分? 对因子模型 $X - \mu = AF + \varepsilon$,如果不考虑特殊因子的影响,当 $m = p$ 且 A 可逆时,由 $F = A^{-1}(X - \mu)$ 容易获取每个样品在公因子上的得分,但我们在 7.2.1 中已经指出,主成分法得到估计结果只是近似的因子模型,因为不满足因子模型所要求的特殊因子 $\varepsilon_1, \varepsilon_2, \cdots, \varepsilon_p$ 彼此之间相互独立的要求。因子模型在实际应用中要求 $m < p$,以下介绍估计因子得分的两种方法:Thomson 因子得分和 Bartlett 因子得分。前者也叫回归估计,对公因子的估计有偏;后者亦被称为加权最小二乘法,对公因子的估计无偏。

7.4.1 Thomson 因子得分

Thomson 在 1939 年给出一个回归的方法来估计因子得分,因而称作 Thomson 回归法。设 m 个公因子对 p 个原始变量做回归

$$
f_j = \beta_{j0} + \beta_{j1}x_1 + \cdots + \beta_{jp}x_p + u_j \quad j = 1, 2, \cdots, m
$$

记

$$
F = \begin{Bmatrix} f_1 \\ f_2 \\ \vdots \\ f_m \end{Bmatrix}, \ B = \begin{Bmatrix} \beta_{11} & \beta_{12} & \cdots & \beta_{1p} \\ \beta_{21} & \beta_{22} & \cdots & \beta_{2p} \\ \vdots & \vdots & \ddots & \vdots \\ \beta_{m1} & \beta_{m2} & \cdots & \beta_{mp} \end{Bmatrix} = \begin{Bmatrix} \beta'_1 \\ \beta'_2 \\ \vdots \\ \beta'_m \end{Bmatrix}, \ X = \begin{Bmatrix} x_1 \\ x_2 \\ \vdots \\ x_p \end{Bmatrix}, \ \mu = \begin{Bmatrix} u_1 \\ u_2 \\ \vdots \\ u_p \end{Bmatrix}
$$

当 f_j 及 x_i 都经过标准化处理,回归的常数项 $\beta_{j0}=0$,因此有

$$F=BX+\mu \tag{7.4.1}$$

在因子模型中,f_j 与 x_i 的相关系数即为因子载荷矩阵 A 第 i 行第 j 列的元素 a_{ij},因此有

$$
\begin{aligned}
a_{ij}&=r(x_i,f_j)=E(x_if_j)=E[x_i(\beta_{j1}x_1+\cdots+\beta_{jp}x_p+u_j)]\\
&=\beta_{j1}E(x_ix_1)+\cdots+\beta_{jp}E(x_ix_p)+E(x_iu_j)\\
&=\beta_{j1}r(x_i,x_1)+\beta_{j1}r(x_i,x_2)+\cdots+\beta_{jp}r(x_i,x_p)\\
&=\beta_{j1}r_{i1}+\beta_{j1}r_{i2}+\cdots+\beta_{jp}r_{ip}
\end{aligned}
$$

写成线性方程组形式

$$
\begin{cases}
\beta_{j1}r_{11}+\beta_{j2}r_{12}+\cdots+\beta_{jp}r_{1p}=a_{1j}\\
\qquad\qquad\vdots\\
\beta_{j1}r_{p1}+\beta_{j2}r_{p2}+\cdots+\beta_{jp}r_{pp}=a_{pj}
\end{cases}
\quad j=1,2,\cdots,m
$$

即

$$
\begin{pmatrix}
r_{11} & r_{12} & \cdots & r_{1p}\\
\vdots & \vdots & \ddots & \vdots\\
r_{p1} & r_{p2} & \cdots & r_{pp}
\end{pmatrix}
\begin{pmatrix}
\beta_{j1}\\ \beta_{j2}\\ \vdots\\ \beta_{jp}
\end{pmatrix}
=
\begin{pmatrix}
a_{1j}\\ a_{2j}\\ \vdots\\ a_{pj}
\end{pmatrix}
\Rightarrow R\beta_j=a_j
$$

记

$$
A=
\begin{pmatrix}
a_{11} & a_{12} & \cdots & a_{1m}\\
a_{21} & a_{22} & \cdots & a_{2m}\\
\vdots & \vdots & \ddots & \vdots\\
a_{p1} & a_{p2} & \cdots & a_{pm}
\end{pmatrix}
=(a_1 \quad a_2 \quad \cdots \quad a_m)
$$

$$
=(R\beta_1 \quad R\beta_2 \quad \cdots \quad R\beta_m)=R(\beta_1 \quad \beta_2 \quad \cdots \quad \beta_m)=RB'
$$

即

$$A=RB'\Rightarrow B=A'R^{-1}$$

因此有

$$\hat{F}=A'R^{-1}X \tag{7.4.2}$$

7.4.2 Bartlett 因子得分

(1)加权最小二乘法

因子模型(7.1.1)为

$$
\begin{cases}
x_1-\mu_1=a_{11}f_1+a_{12}f_2+\cdots+a_{1m}f_m+\varepsilon_1\\
x_2-\mu_2=a_{21}f_1+a_{22}f_2+\cdots+a_{2m}f_m+\varepsilon_2\\
\qquad\qquad\vdots\\
x_p-\mu_p=a_{p1}f_1+a_{p2}f_2+\cdots+a_{pm}f_m+\varepsilon_p
\end{cases}
\tag{7.4.3}
$$

其中 $D(\varepsilon_i)=\sigma_{\varepsilon_i}^2$, $i=1,2,\cdots,p$, $D=diag(\sigma_{\varepsilon_1}^2,\sigma_{\varepsilon_2}^2,\cdots,\sigma_{\varepsilon_p}^2)$ 利用最小二乘解回归模型方法来求 $f_1,f_2,\cdots,f_m$ 的近似解, 由于 $\varepsilon_1,\varepsilon_2,\cdots,\varepsilon_p$ 的方差未必相等, 采用加权最小二乘的方法求一组估计值 $\hat{f}_1,\hat{f}_2,\cdots,\hat{f}_m$, 使 $Q=\sum\limits_{i=1}^{p}[(x_i-\mu_i)-(a_{i1}\hat{f}_1+a_{i2}\hat{f}_2+\cdots+a_{im}\hat{f}_m)]^2/\sigma_{\varepsilon_i}^2$ 最小。把式(7.4.3)写成矩阵形式为 $X-\mu=AF+\varepsilon$, 此时有

$$Q(\hat{F})=(X-\mu-A\hat{F})'D^{-1}(X-\mu-A\hat{F})$$

其中 $\hat{F}=(\hat{f}_1,\hat{f}_2,\cdots,\hat{f}_m)'$, 使用微分求解极值方法 $\dfrac{\partial Q}{\partial \hat{F}}=0$ 求 $\hat{F}$:

$$Q(\hat{F})=(X-\mu)'D^{-1}(X-\mu)-2\hat{F}'A'D^{-1}(X-\mu)+\hat{F}'A'D^{-1}A\hat{F}=C_1-2C_2+C_3$$

$$\Rightarrow \frac{\partial Q}{\partial \hat{F}}=\frac{\partial C_1}{\partial \hat{F}}-2\frac{\partial C_2}{\partial \hat{F}}+\frac{\partial C_3}{\partial \hat{F}}=-2A'D^{-1}(X-\mu)+2A'D^{-1}A\hat{F}=0$$

因此有

$$\hat{F}=(A'D^{-1}A)^{-1}A'D^{-1}(X-\mu) \tag{7.4.4}$$

(2)正态分布的似然函数法

若依据 $X-\mu=AF+\varepsilon$, 将公因子 F 看成待估的参数, 假设 μ、A 和 $D(\varepsilon)$ 已知, $X-\mu\sim N_p(AF,D)$, $X-\mu$ 的似然函数的对数为 $L(F)$, 则有

$$L(F)=-\frac{1}{2}[(X-\mu)-AF]'D^{-1}[(X-\mu)-AF]-\frac{p}{2}\ln|2\pi D|$$

把 $L(F)$ 对 F 求偏导, 令等于 0, 同样可以得到 $\hat{F}=(A'D^{-1}A)^{-1}A'D^{-1}(X-\mu)$。

7.4.3 两种因子得分统计性质比较

(1) 无偏性比较

◆Bartlett 因子得分是无偏估计

若把 F 和 ε 不相关的假定换成相互独立, 则在 F 是常量的条件下, 式(7.4.4)的因子得分 $\hat{F}$ 的条件数学期望为

$$E(\hat{F}|F)=(A'D^{-1}A)^{-1}A'D^{-1}E(AF+\varepsilon|F)=(A'D^{-1}A)^{-1}A'D^{-1}AF=F$$

$$\tag{7.4.5}$$

也即, 在条件意义上, Bartlett 因子得分估计是无偏的。由于

$$\hat{F}-F=(A'D^{-1}A)^{-1}A'D^{-1}(AF+\varepsilon)-F=(A'D^{-1}A)^{-1}A'D^{-1}\varepsilon \tag{7.4.6}$$

因此

$$E(\hat{F}-F)(\hat{F}-F)'=(A'D^{-1}A)^{-1}A'D^{-1}E(\varepsilon\varepsilon')D^{-1}A(A'D^{-1}A)^{-1}=(A'D^{-1}A)^{-1}$$

也即, 用 $\hat{F}$ 估计 F 的 Bartlett 方法平均预测误差为

$$E(\hat{F}-F)(\hat{F}-F)'=(A'D^{-1}A)^{-1} \tag{7.4.7}$$

◆Thomson 因子得分是有偏估计

由式(7.4.2) $\hat{F}=A'R^{-1}X$ 以及式(7.1.5) $R=AA'+D$ 可得

$$\hat{F} = A'(AA' + D)^{-1}X \tag{7.4.8}$$

由于 　　　$(I + A'D^{-1}A)A' = A' + A'D^{-1}AA' = A'D^{-1}(D + AA')$

因此有 　　　$A'(D + AA')^{-1} = (I + A'D^{-1}A)^{-1}A'D^{-1}$ 　　　(7.4.9)

由式(7.4.8)以及式(7.4.9)得

$$\hat{F} = (I + A'D^{-1}A)^{-1}A'D^{-1}X$$

由于 X 进行了标准化处理，

$$\hat{F} = (I + A'D^{-1}A)^{-1}A'D^{-1}(AF + \varepsilon) \tag{7.4.10}$$

假定 F 和 ε 相互独立，则有

$$
\begin{aligned}
E(\hat{F} \mid F) &= (I + A'D^{-1}A)^{-1}A'D^{-1}E(AF + \varepsilon \mid F) \\
&= (I + A'D^{-1}A)^{-1}(A'D^{-1}A + I - I)F \\
&= F - (I + A'D^{-1}A)^{-1}F
\end{aligned}
\tag{7.4.11}
$$

也即，在条件意义上，Thomson 因子得分估计是有偏的。

(2) 平均预测误差比较

由式(7.4.10)知

$$
\begin{aligned}
\hat{F} - F &= (I + A'D^{-1}A)^{-1}A'D^{-1}(AF + \varepsilon) - F \\
&= (I + A'D^{-1}A)^{-1}(A'D^{-1}A + I - I)F + (I + A'D^{-1}A)^{-1}A'D^{-1}\varepsilon - F \\
&= (I + A'D^{-1}A)^{-1}A'D^{-1}\varepsilon - (I + A'D^{-1}A)^{-1}F
\end{aligned}
$$

用 $\hat{F}$ 估计 F 的 Thomson 方法平均预测误差为

$E(\hat{F} - F)(\hat{F} - F)'$

$= E[(I + A'D^{-1}A)^{-1}A'D^{-1}\varepsilon - (I + A'D^{-1}A)^{-1}F][(I + A'D^{-1}A)^{-1}A'D^{-1}\varepsilon - (I + A'D^{-1}A)^{-1}F]'$

$= [(I + A'D^{-1}A)^{-1}A'D^{-1}]D[D^{-1}A(I + A'D^{-1}A)^{-1}] + (I + A'D^{-1}A)^{-1}D(F)(I + A'D^{-1}A)^{-1}$

$= [(I + A'D^{-1}A)^{-1}(A'D^{-1}A + I - I)](I + A'D^{-1}A)^{-1} + (I + A'D^{-1}A)^{-1}(I + A'D^{-1}A)^{-1}$

$= [I - (I + A'D^{-1}A)^{-1}](I + A'D^{-1}A)^{-1} + (I + A'D^{-1}A)^{-1}(I + A'D^{-1}A)^{-1}$

$= (I + A'D^{-1}A)^{-1} \tag{7.4.12}$

对比 $(I + A'D^{-1}A)^{-1}$ 与式(7.4.7)Bartlett 方法的 $(A'D^{-1}A)^{-1}$，由定义二者都是正定矩阵，设 λ_i 是 $A'D^{-1}A$ 的特征值(必有 $\lambda_i > 0$)，则 $1 + \lambda_i$ 是 $I + A'D^{-1}A$ 的特征值，$1/(1 + \lambda_i)$ 是 $(I + A'D^{-1}A)^{-1}$ 的特征值，$1/\lambda_i - 1/(1 + \lambda_i)$ 即 $1/(\lambda_i^2 + \lambda_i)$，是 $(A'D^{-1}A)^{-1} - (I + A'D^{-1}A)^{-1}$ 的特征值，由 $1/(\lambda_i^2 + \lambda_i) > 0$ 可知 $(A'D^{-1}A)^{-1} - (I + A'D^{-1}A)^{-1}$ 是正定矩阵，正定矩阵主对角线上元素都大于 0，从而得到 Thomson 方法比 Bartlett 方法平均预测误差都更小。

7.5　基于 Excel 与 SPSS 对比的案例分析

【例 7.5.1】在国民经济核算理论中,绿色 GDP 是一个可反映自然资源消耗及生态环境破坏的理想产出指标。但由于技术、观念以及制度方面的障碍,获取完全意义上的绿色 GDP 指标只能是一个长期的核算目标。借鉴绿色 GDP 核算的思想,参考国家统计局中国经济景气监测中心处理方法,构建绿化指数对传统 GDP 进行调整得到相对绿色 GDP。

绿化指数构建的具体做法,综合考虑以下指标:废水排放达标率 x_1、固体废物处置率 x_2、SO_2 去除率 x_3、烟尘去除率 x_4、粉尘去除率 x_5、三废综合利用产品产值占污染投资比重 x_6、环境污染治理投资总额占 GDP 比重 x_7,数据来源于《中国统计年鉴 2011》,见表 7.5.1。本案例通过提炼环境治理水平的主成分因子反映潜在的绿化度,并以之对传统 GDP 进行调整得到相对绿色 GDP(见参考文献 4、9)。

表 7.5.1　各省级单元环境综合治理指标

地区	X_1	X_2	X_3	X_4	X_5	X_6	X_7	GDP
北京	0.9876	0.6580	1.3703	0.6956	0.9890	0.9792	0.0002	14114
天津	0.9995	0.9909	17.8529	0.6322	0.9890	0.9857	0.0021	9224
河北	0.9859	0.5672	5.3244	0.6318	0.9886	0.9426	0.0053	20394
山西	0.9467	0.6600	30.3856	0.6292	0.9835	0.8922	0.0046	9201
内蒙古	0.9023	0.5626	11.3433	0.5733	0.9823	0.9418	0.0023	11672
辽宁	0.9257	0.4753	8.0027	0.6011	0.9824	0.9711	0.0018	18457
吉林	0.8897	0.6708	7.3106	0.4032	0.9788	0.9880	0.0045	8668
黑龙江	0.9268	0.7713	4.7735	0.2088	0.9778	0.9501	0.0031	10369
上海	0.9803	0.9669	5.4822	0.6123	0.9912	0.9930	0.0010	17166
江苏	0.9805	0.9666	4.4899	0.6828	0.9874	0.9580	0.0053	41425
浙江	0.9621	0.9449	4.3131	0.6649	0.9869	0.9832	0.0103	27722
安徽	0.9795	0.8571	4.7653	0.7692	0.9881	0.9312	0.0046	12359
福建	0.9868	0.8301	10.4020	0.5086	0.9867	0.9760	0.0025	14737
江西	0.9418	0.4655	6.7478	0.7756	0.9836	0.9540	0.0063	9451
山东	0.9844	0.9538	11.6610	0.6951	0.9920	0.9759	0.0048	39170
河南	0.9737	0.7822	5.4183	0.5521	0.9834	0.9597	0.0032	23092

续表

地区	X_1	X_2	X_3	X_4	X_5	X_6	X_7	GDP
湖北	0.9677	0.8104	17.3737	0.6790	0.9866	0.9701	0.0052	15968
湖南	0.9370	0.8309	8.6014	0.6149	0.9710	0.9044	0.0056	16038
广东	0.9311	0.9078	6.7499	0.5945	0.9834	0.9786	0.0014	46013
广西	0.9693	0.6789	9.7018	0.5372	0.9547	0.9135	0.0053	9570
海南	0.9782	0.8396	2.1087	0.7571	0.9917	0.8772	0.0015	2065
四川	0.9652	0.5480	4.1678	0.4807	0.9801	0.9575	0.0027	17185
贵州	0.7728	0.5098	14.7929	0.7719	0.9915	0.9497	0.0039	4602
云南	0.9184	0.5109	14.7105	0.7714	0.9919	0.9583	0.0091	7224
陕西	0.9751	0.5445	33.2430	0.6036	0.9864	0.9387	0.0029	10123
甘肃	0.8332	0.4761	35.5477	0.7932	0.9731	0.9390	0.0054	4121
青海	0.5993	0.4257	7.2178	0.1734	0.9577	0.8941	0.0041	1350
宁夏	0.7874	0.5769	24.2038	0.6541	0.9939	0.9540	0.0060	1690
新疆	0.5733	0.4796	12.2875	0.2568	0.9435	0.8287	0.0041	5437

基于 SPSS 的操作

打开 SPSS 软件,首先建立数据文件:在"Variable View(变量视图)"中输入地区,以及 x_1、x_2、x_3、x_4、x_5、x_6、x_7,在"Data View(数据视图)"中输入数据。然后在 SPSS 窗口选择"Analyze(分析)"→"Data Reduction(降维)"→"Factor(因子分析)",进入主对话框,把 $x_1 \sim x_7$ 移入"Variables(变量框)",如图 7.5.1 所示。

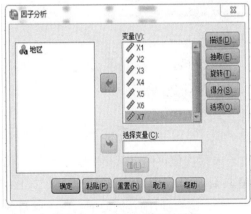

图 7.5.1　因子分析主对话框

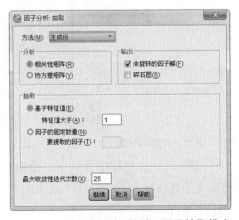

图 7.5.2　因子分析次对话框:因子抽取模式

点击"Extraction(抽取)",进入次级对话框,如图 7.5.2 所示。在该对话框按默认的"Principal components(主成分)"方法,"Correlation Matrix（相关性矩阵）"分析,以及"Unrotated factor solution（未旋转的因子得分）"。在"Extract（抽取）"也按默认"Eigenvalues over 1",获取大于 1 的特征值对应的单位特征向量,点击"Continue(继续)"回到主对话框。点击"Continue(继续)"回到主对话框,并在主对话框点击"OK(确定)"。

得到结果截图如图 7.5.3 所示,由图 7.5.3(a)可知,基于相关系数矩阵获取得到特征值大于 1 的特征值有两个,λ_1、λ_2 分别为 2.966、1.482,两个特征值的方差贡献率累计为 63.537%。这可解释为就当时情形下,尚存在较多影响环境治理的潜在因子,主导因子还在成长之中。图 7.5.3(b)是因子载荷矩阵,若 λ_1、λ_2 对应的单位特征向量分别为 u_1、u_2,则图 7.5.3(b)的第 1 列为 $\sqrt{\lambda_1} \cdot u_1$,第 2 列为 $\sqrt{\lambda_2} \cdot u_2$。

解释的总方差

成分	初始特征值			提取平方和载入		
	合计	方差的 %	累积 %	合计	方差的 %	累积 %
1	2.966	42.367	42.367	2.966	42.367	42.367
2	1.482	21.170	63.537	1.482	21.170	63.537
3	.889	12.701	76.239			
4	.626	8.948	85.186			
5	.542	7.741	92.928			
6	.308	4.407	97.334			
7	.187	2.666	100.000			

提取方法:主成分分析

图 7.5.3(a) 主成分因子的方差及方差贡献率

成分矩阵[a]

	成分	
	1	2
X1	.866	-.093
X2	.644	-.402
X3	-.170	.757
X4	.656	.578
X5	.868	.210
X6	.765	-.072
X7	-.066	.596

提取方法:主成分

图 7.5.3(b) 因子载荷矩阵

由图 7.5.3(b)以及式(7.2.4)可知,主成分因子模型为

$$\begin{cases} x_1 = 0.866f_1 - 0.093f_2 + \varepsilon_1 \\ x_2 = 0.644f_1 - 0.402f_2 + \varepsilon_2 \\ x_3 = -0.17f_1 + 0.757f_2 + \varepsilon_3 \\ x_4 = 0.656f_1 + 0.578f_2 + \varepsilon_4 \\ x_5 = 0.866f_1 + 0.210f_2 + \varepsilon_5 \\ x_6 = 0.765f_1 - 0.072f_2 + \varepsilon_6 \\ x_7 = -0.066f_1 + 0.596f_2 + \varepsilon_7 \end{cases}$$

基于 Excel 的操作

步骤 1:数据的标准化处理。把指标 X_1 减去其均值再除以其标准差可得标准化指标 Z_1,具体操作为,选择区域 K3:K31,输入命令"=(B3:B31－AVERAGE(B3:B31))/STDEV(B3:B31)",同时按"Ctrl""Shift""Enter"键,则在区域 K3:K31 内得到指标 X_1 标准化数值 Z_1。再框住区域 K3:K31 拖拽至 Q31,可得 7 个指标的标准化数

值 $Z_1 \sim Z_7$，如图 7.5.4 所示。

MDETERM　　=(B3:B31-AVERAGE(B3:B31))/STDEV(B3:B31)

地区	X_1	X_2	X_3	X_4	X_5	X_6	X_7	地区	Z_1	Z_2	Z_3	Z_4	Z_5	Z_7
				原始 数据							标准化 数据			
北京	0.9876	0.658	1.3703	0.6956	0.989	0.9792	0.0002	北京	[B3:B31]	-0.2208	-1.1012	0.6030	0.5937	0.8669	-1.7366
天津	0.9995	0.9909	17.8529	0.6322	0.989	0.9857	0.0021	天津	0.7762	1.5849	0.7100	0.2138	0.5937	1.0387	-0.8921
河北	0.9859	0.5672	5.3244	0.6318	0.9886	0.9426	0.0053	河北	0.6499	-0.7133	-0.6667	0.2114	0.5601	-0.1003	0.5303
山西	0.9467	0.66	30.3856	0.6292	0.9835	0.8922	0.0046	山西	0.2859	-0.2099	2.0872	0.1954	0.1313	-1.4323	0.2192
内蒙古	0.9023	0.5626	11.3433	0.5733	0.9823	0.9418	0.0023	内蒙古	-0.1263	-0.7382	-0.0053	-0.1477	0.0304	-0.1215	-0.8032
辽宁	0.9257	0.4753	8.0027	0.6011	0.9824	0.9711	0.0018	辽宁	0.0909	-1.2118	-0.3724	0.0229	0.0388	0.6529	-1.0254
吉林	0.8897	0.6708	7.3106	0.4032	0.9788	0.988	0.0045	吉林	-0.2433	-0.1513	-0.4484	-1.1919	-0.2638	1.0995	0.1747
黑龙江	0.9268	0.7713	4.7735	0.2088	0.9778	0.9501	0.0031	黑龙江	0.1011	0.3938	-0.7272	-2.3853	-0.3479	0.0979	-0.4476
湖南	0.937	0.8309	8.6014	0.6149	0.971	0.9044	0.0054	湖南	0.1959	0.7171	-0.3066	0.1076	-0.9195	-1.1099	0.6637
广东	0.9311	0.9078	6.7499	0.5945	0.9834	0.9786	0.0016	广东	0.1411	1.1342	-0.5100	-0.0176	0.1229	0.8511	-1.2032
广西	0.9693	0.6789	9.7018	0.5372	0.9547	0.9135	0.0053	广西	0.4958	-0.1074	-0.1857	-0.3693	-2.2899	-0.8694	0.5303
海南	0.9782	0.8396	2.1087	0.7571	0.9917	0.8772	0.0015	海南	0.5784	0.7643	-1.0200	0.9806	0.8207	-1.8287	-1.1587
四川	0.9652	0.548	4.4807	0.4807	0.9801	0.9575	0.0027	四川	0.4577	-0.8174	-0.7938	-0.7162	-0.1545	0.2934	-0.6254
贵州	0.7728	0.5098	14.7929	0.7719	0.9915	0.9497	0.0039	贵州	-1.3288	-1.0246	0.3738	1.0714	0.8039	0.0873	-0.0920
云南	0.9184	0.5109	14.7105	0.7714	0.9919	0.9583	0.0091	云南	0.0231	-1.0187	0.3647	1.0684	0.8375	0.3146	2.2194
陕西	0.9751	0.5445	33.243	0.6036	0.9864	0.9387	0.0029	陕西	0.5496	-0.8364	2.4012	0.0383	0.3751	-0.2034	-0.5365
甘肃	0.8332	0.4761	35.5477	0.7932	0.9731	0.939	0.0054	甘肃	-0.7680	-1.2074	2.6544	1.2022	-0.7430	-0.1955	0.5748
青海	0.5993	0.4257	7.2178	0.7174	0.9577	0.8941	0.0041	青海	-2.9398	-1.4808	-0.4586	-2.6026	-2.0377	-1.3821	-0.0031
宁夏	0.7874	0.5769	24.2038	0.6541	0.9939	0.954	0.006	宁夏	-1.1932	-0.6607	1.4079	0.3483	1.0056	0.2009	0.8415
新疆	0.5733	0.4796	12.2875	0.2568	0.9435	0.8287	0.0041	新疆	-3.1812	-1.1884	0.0985	-2.0907	-3.2314	-3.1105	-0.0031

图 7.5.4　数据的标准化处理

步骤 2：计算相关系数矩阵 R。由式(6.4.13)，计算标准化处理的数据的协差阵，即可获得相关系数矩阵。选择区域 K3：Q31，并在名称框输入 Z，按回车键，则经标准化处理的数据被命名为矩阵 Z。如图 7.5.5 所示，选择一个 7×7 的区域(比如 S21：Y27)，输入命令"MMULT(TRANSPOSE(Z),Z)/28"，同时按"Ctrl""Shift""Enter"键，则在区域 S21：Y27 内得到相关系数矩阵 R。

S21　　{=MMULT(TRANSPOSE(Z),Z)/28}

地区	Z_1	Z_2	Z_3	Z_4	Z_5	Z_7							
			标准化 数据										
北京	0.6657	-0.2208	-1.1012	0.6030	0.5937	0.8669	-1.7366						
天津	0.7762	1.5849	0.7100	0.2138	0.5937	1.0387	-0.8921						
河北	0.6499	-0.7133	-0.6667	0.2114	0.5601	-0.1003	0.5303						
山西	0.2859	-0.2099	2.0872	0.1954	0.1313	-1.4323	0.2192						
内蒙古	-0.1263	-0.7382	-0.0053	-0.1477	0.0304	-0.1215	-0.8032						
辽宁	0.0909	-1.2118	-0.3724	0.0229	0.0388	0.6529	-1.0254						
吉林	-0.2433	-0.1513	-0.4484	-1.1919	-0.2638	1.0995	0.1747						
黑龙江	0.1011	0.3938	-0.7272	-2.3853	-0.3479	0.0979	-0.4476						
湖南	0.1959	0.7171	-0.3066	0.1076	-0.9195	-1.1099	0.6637		相关 系数矩阵R					
广东	0.1411	1.1342	-0.5100	-0.0176	0.1229	0.8511	-1.2032	1	0.5737	-0.1737	0.5014	0.6252	0.5561	-0.1079
广西	0.4958	-0.1074	-0.1857	-0.3693	-2.2899	-0.8694	0.5303	0.5737	1	-0.3073	0.1714	0.3632	0.3694	-0.0957
海南	0.5784	0.7643	-1.0200	0.9806	0.8207	-1.8287	-1.1587	-0.1737	-0.3073	1	0.2022	0.0019	-0.1420	0.1633
四川	0.4577	-0.8174	-0.7938	-0.7162	-0.1545	0.2934	-0.6254	0.5014	0.1714	0.2022	1	0.6554	0.2930	0.2089
贵州	-1.3288	-1.0246	0.3738	1.0714	0.8039	0.0873	-0.0920	0.6252	0.3632	0.0019	0.6554	1	0.6505	-0.0470
云南	0.0231	-1.0187	0.3647	1.0684	0.8375	0.3146	2.2194	0.5561	0.3694	-0.1420	0.2930	0.6505	1	-0.0553
陕西	0.5496	-0.8364	2.4012	0.0383	0.3751	-0.2034	-0.5365	-0.1079	-0.0957	0.1633	0.2089	-0.0470	-0.0553	1
甘肃	-0.7680	-1.2074	2.6544	1.2022	-0.7430	-0.1955	0.5748						
青海	-2.9398	-1.4808	-0.4586	-2.6026	-2.0377	-1.3821	-0.0031						
宁夏	-1.1932	-0.6607	1.4079	0.3483	1.0056	0.2009	0.8415						
新疆	-3.1812	-1.1884	0.0985	-2.0907	-3.2314	-3.1105	-0.0031						

图 7.5.5　计算相关系数矩阵

步骤 3：使用 SAS 程序计算相关系数矩阵 R 的特征值与对应的单位特征向量。

proc iml；

reset print；

R={

1　　　　　　0.5737　　-0.1737　　0.5014　　　0.6252　　　0.5561　　-0.1079,

$$
\begin{matrix}
0.5737 & 1 & -0.3073 & 0.1714 & 0.3632 & 0.3694 & -0.0957, \\
-0.1737 & -0.3073 & 1 & 0.2022 & 0.0019 & -0.1420 & 0.1633, \\
0.5014 & 0.1714 & 0.2022 & 1 & 0.6554 & 0.2930 & 0.2089, \\
0.6252 & 0.3632 & 0.0019 & 0.6554 & 1 & 0.6505 & -0.0470, \\
0.5561 & 0.3694 & -0.1420 & 0.2930 & 0.6505 & 1 & -0.0553, \\
-0.1079 & -0.0957 & 0.1633 & 0.2089 & -0.0470 & -0.0553 & 1
\end{matrix}
$$

\};

b1＝eigval(R);

b2＝eigvec(R);

quit;

得到特征值与对应单位特征向量截图如图 7.5.6 所示。B1 为相关系数矩阵的 7 个特征值。B2 矩阵的第 1 列即为第 1 特征值 2.966 对应的单位特征向量 u_1，B2 矩阵的第 2 列即为第 2 特征值 1.482 对应的单位特征向量 u_2，以此类推。

| B1 | 7 rows | 1 col | (numeric) | | B2 | 7 rows | 7 cols | (numeric) |

```
        2.9657495        0.502925 -0.076556 0.0076613  0.239732 -0.032972  0.7957999 -0.222016
        1.4818668        0.3737899  -0.33059 0.295429 0.5666544 0.4190224 -0.391276 0.1180654
        0.8890856        -0.098456 0.6216141 -0.436538 0.2753146 0.5771541 0.0581641 -0.032383
        0.6263121        0.3808853 0.4750559 -0.016488 0.2149489 -0.518082 -0.128832 0.5456799
        0.5418988        0.5038124 0.1728818 -0.180948 -0.195428 -0.137583 -0.431887 -0.663246
        0.308452         0.4441912 -0.058873 -0.063773 -0.662649 0.4255814 0.0474208 0.4155582
        0.1866353        -0.038047 0.4892987 0.8276572 -0.148775 0.1475419 0.0696413 -0.159281
```

图 7.5.6　相关系数矩阵的特征值与特征向量

取 $m＝2$，由式(7.2.6)得到因子载荷矩阵 A 的估计，这与图 7.5.3 (b)SPSS 估计结果相同。

$$
\hat{A}=(\sqrt{\lambda_1}\,u_1, \sqrt{\lambda_2}\,u_2)=
\begin{pmatrix}
0.8661 & -0.0932 \\
0.6437 & -0.4024 \\
-0.1696 & 0.7567 \\
0.6559 & 0.5783 \\
0.8676 & 0.2105 \\
0.7650 & -0.0717 \\
-0.0655 & 0.5956
\end{pmatrix}
$$

步骤 4：计算标准化主成分得分并利用特征值计算加权综合得分。如图 7.5.7 所示，在 Excel 中选择区域 T3：U31，输入命令"＝MMULT（Z，TRANSPOSE（K33：Q34））/SQRT（S34：T34）"，同时按"Ctrl""Shift""Enter"键，则在区域 T3：U31 得各地区的标准化主成分得分，其中 ZF_1 所代表的 T3：T31 是第一主成分标准化得分，ZF_2

所代表的 U3：U31 是第二主成分标准化得分。使用 $ZF=\dfrac{(\lambda_1 \cdot ZF_1+\lambda_2 \cdot ZF_2)}{(\lambda_1+\lambda_2)}$ 计算综合得分，选择区域 V3：V31，输入命令"＝(S34＊T3：T31＋ T34＊U3：U31)/SUM(S34：T34)"，同时按"Ctrl""Shift""Enter"键可得。

图 7.5.7　计算标准化主成分得分

步骤 5：通过数据规格化变换，把综合得分 ZF 映射为绿化指数（Green Index），以此对传统 GDP 进行调整，得到相对绿色 GDP。数据规格化变换使用的公式为

$$\text{Green Index}=0.6+\frac{zf-\min(zf)}{\max(zf)-\min(zf)}\times 0.4$$

如图 7.5.8 所示，选择区域 W3：W31，输入命令"＝ 0.6＋((V3：V31－MIN(V3：V31))/(MAX(V3：V31)－MIN(V3：V31)))＊0.4"，同时按"Ctrl""Shift""Enter"键，则在区域 W3：W31 得到各地区的绿化指数得分，把绿化指数乘以各地区 GDP，得到相对绿色 GDP。

图 7.5.8　数据规格化变换

第8章

多维标度法

当已知 p 个指标、n 个观测的数据矩阵时,可以通过计算其协差阵(或相关阵)的特征值与对应特征向量进行主成分分析。但当我们已知的是 n 个观测两两之间的距离矩阵时,能否进行降维综合评价? 比如从 n 个城市两两之间的距离矩阵出发,我们能否确定这些城市彼此间的相对位置? 对 10 种酒进行品尝对比,给出相近程度得分,能否由此确定这些产品在消费者心理空间的相对位置? 多维标度法(Multidimensional Scaling,MDS)是解决这类问题的方法,从已知的距离或相似性信息出发,在低维的欧氏空间对 n 个观测的数据结构(相对位置)进行分析。两个相似度较高的观测在多维空间用距离相近的点表示,而两个相似度较低的观测在多维空间用距离较远的点表示。

8.1 多维标度法的基本理论

表 8.1.1 列出了美国 10 座城市的直线距离,如何据此获取这些城市的坐标以确定各自的相对位置,使得这些城市的距离很接近表 8.1.1 的距离数据?

表 8.1.1 城市间距离矩阵

	1	2	3	4	5	6	7	8	9	10
1	0	587	1212	701	1936	604	748	2139	2182	543
2	587	0	920	940	1745	1188	713	1858	1737	597
3	1212	920	0	879	831	1726	1634	949	1021	1494
4	701	940	879	0	1374	968	1420	1645	1891	1220
5	1936	1745	831	1374	0	2339	2451	347	959	2300
6	604	1188	1726	968	2339	0	1092	2594	2734	923
7	748	713	1634	1420	2451	1092	0	2571	2408	205
8	2139	1858	949	1645	347	2594	2571	0	678	2442

续表

	1	2	3	4	5	6	7	8	9	10
9	2182	1737	1021	1891	959	2734	2408	678	0	2329
10	543	597	1494	1220	2300	923	205	2442	2329	0

注:1Atlanta，2Chicago，3Denver，4Houston，5Los Angeles，6Miami，7New York，8San Francisco，9Seattle，10Washington

8.1.1　距离矩阵

定义 8.1.1　一个 $n \times n$ 阶的矩阵 $D = (d_{ij})$，如果满足条件：

①$D' = D$

②$d_{ij} \geqslant 0, d_{ii} = 0$　$i, j = 1, 2, \cdots, n$

则称矩阵 D 为距离阵，d_{ij} 称为第 i 点与第 j 点间的距离。显然，这样定义的距离并不一定要满足距离的三角性要求。

对于一个 $n \times n$ 阶距离阵 $D = (d_{ij})$，如果存在某个正整数 k 和 R^k 中的 n 个点 X_1，$\cdots, X_n$，使得

$$d_{ij}^2 = (X_i - X_j)'(X_i - X_j) \quad i, j = 1, 2, \cdots, n$$

则称矩阵 D 为欧几里得距离阵，简称欧氏距离阵，欧氏距离满足三角性。对于距离阵 D，矩阵的元素 d_{ij} 越小，表示 X_i 与 X_j 越相似。对应地，若某矩阵的元素越大，X_i 与 X_j 越相似，则可定义相似矩阵。

一个 $n \times n$ 阶的矩阵 $C = (c_{ij})$，如果满足条件：

①$C' = C$

②$c_{ij} \leqslant c_{ii}$　$i, j = 1, 2, \cdots, n$

则称矩阵 C 为相似系数矩阵，c_{ij} 称为第 i 点与第 j 点间的相似系数。在一定条件下，相似系数矩阵可转化为距离矩阵。

定义 8.1.2　从距离矩阵出发，寻求 k 维空间的 n 个点 $X_1, X_2, \cdots, X_n$，用矩阵表示为 $X = (X_1, X_2, \cdots, X_n)'$，则称 X 为距离矩阵 D 的一个多维标度解，也称 X 为 D 的一个拟合构图(configuration)。求得的 n 个点之间的距离阵 $\hat{D}$ 称为 D 的拟合距离阵，$\hat{D}$ 应尽量接近 D，当 $\hat{D} = D$ 时，称 X 为距离矩阵 D 的一个构图。

8.1.2　中心化内积矩阵

数据中心化。设数据矩阵 X 有 p 个指标 $x_1, x_2, \cdots, x_p$，n 个观测 $X'_1, X'_2, \cdots,$ X'_n，由 p 个指标计算得到的均值向量为 $(\bar{x}_1, \bar{x}_2, \cdots, \bar{x}_p)'$，对数据矩阵 X 中心化处理得到数据矩阵 Y。

$$\begin{bmatrix} x_{11} & x_{12} & \cdots & x_{1p} \\ x_{21} & x_{22} & \cdots & x_{2p} \\ \vdots & \vdots & \ddots & \vdots \\ x_{n1} & x_{n2} & \cdots & x_{np} \end{bmatrix} = X \xrightarrow{\text{中心化}} \begin{bmatrix} x_{11} - \bar{x}_1 & x_{12} - \bar{x}_2 & \cdots & x_{1p} - \bar{x}_p \\ x_{21} - \bar{x}_1 & x_{22} - \bar{x}_2 & \cdots & x_{2p} - \bar{x}_p \\ \vdots & \vdots & \ddots & \vdots \\ x_{n1} - \bar{x}_1 & x_{n2} - \bar{x}_2 & \cdots & x_{np} - \bar{x}_p \end{bmatrix} = Y$$

因此

$$Y = X - \begin{pmatrix} \bar{x}_1 & \cdots & \bar{x}_p \\ \vdots & \ddots & \vdots \\ \bar{x}_1 & \cdots & \bar{x}_p \end{pmatrix} = X - 1_n(\bar{x}_1, \bar{x}_2, \cdots, \bar{x}_p) = X - \frac{1}{n}1_n 1'_n X = \left(I - \frac{1}{n}1_n 1'_n\right) X$$

令 $H = I_n - \frac{1}{n}1_n 1'_n$，则 $Y = HX$，称 H 为中心化矩阵。由 2.3.1 节的内容可知，p 阶样本离差阵 $S = (HX)'HX$；这里定义中心化内积矩阵 $B = HX(HX)'$，显然 B 是 n 阶方阵，设 $B = (b_{ij})_{n \times n}$，则 b_{ij} 为数据矩阵 Y 的第 i 个观测与第 j 个观测的内积，$b_{ij} = (X_i - \bar{X})'(X_j - \bar{X})$。显然，无论是样本离差阵还是中心化内积矩阵，都是非负定的。

8.1.3 多维标度法的基本原理

如何判断某距离矩阵是否为欧氏距离矩阵？如何根据距离矩阵 D 获取其拟合构图？这需要用到中心化内积矩阵 B 进行分析。结合表 8.1.1 考虑，设 n 个城市对应欧氏空间的 n 个点，其距离阵为 D，第 i 个城市与第 j 个城市之间的距离为 d_{ij}^2。假设原始数据矩阵为 X，其第 i 个观测（第 i 个点）对应 k 维空间的 X_i，记坐标为 $X_i = (x_{i1}, x_{i2}, \cdots, x_{ik})$。

定理 8.1.1 设 D 为 $n \times n$ 阶的距离矩阵，$B = (b_{ij})_{n \times n}$，其中

$$b_{ij} = \frac{1}{2}\left(-d_{ij}^2 + \frac{1}{n}\sum_{j=1}^{n} d_{ij}^2 + \frac{1}{n}\sum_{i=1}^{n} d_{ij}^2 - \frac{1}{n^2}\sum_{i=1}^{n}\sum_{j=1}^{n} d_{ij}^2\right)$$

则 D 是欧几里得距离阵的充要条件是 $B \geqslant 0$。

证明：设 D 是欧几里得距离阵，则对于 $X_i, X_j \in R^k$，$i, j = 1, 2, \cdots, n$，有

$$d_{ij}^2 = (X_i - X_j)'(X_i - X_j)$$
$$= X'_i X_i - 2X'_i X_j + X'_j X_j \tag{8.1.1}$$

$$\frac{1}{n}\sum_{j=1}^{n} d_{ij}^2 = X'_i X_i - \frac{2}{n}\sum_{j=1}^{n} X'_i X_j + \frac{1}{n}\sum_{j=1}^{n} X'_j X_j \tag{8.1.2}$$

$$\frac{1}{n}\sum_{i=1}^{n} d_{ij}^2 = \frac{1}{n}\sum_{i=1}^{n} X'_i X_i - \frac{2}{n}\sum_{i=1}^{n} X'_i X_j + X'_j X_j \tag{8.1.3}$$

$$\frac{1}{n^2}\sum_{i=1}^{n}\sum_{j=1}^{n} d_{ij}^2 = \frac{1}{n}\sum_{i=1}^{n}\left(\frac{1}{n}\sum_{j=1}^{n} d_{ij}^2\right)$$
$$= \frac{1}{n}\sum_{i=1}^{n} X'_i X_i - \frac{2}{n^2}\sum_{i=1}^{n}\sum_{j=1}^{n} X'_i X_j + \frac{1}{n}\sum_{j=1}^{n} X'_j X_j \tag{8.1.4}$$

设 $\overline{X}=\frac{1}{n}\sum_{i=1}^{n}X_i$，由式(8.1.1)、(8.1.2)、(8.1.3)、(8.1.4)可知

$$b_{ij}=\frac{1}{2}\left(-d_{ij}^2+\frac{1}{n}\sum_{j=1}^{n}d_{ij}^2+\frac{1}{n}\sum_{i=1}^{n}d_{ij}^2-\frac{1}{n^2}\sum_{i=1}^{n}\sum_{j=1}^{n}d_{ij}^2\right)$$

$$=\frac{1}{2}\left(2X'_iX_j-\frac{2}{n}\sum_{j=1}^{n}X'_iX_j-\frac{2}{n}\sum_{i=1}^{n}X'_iX_j+\frac{2}{n^2}\sum_{i=1}^{n}\sum_{j=1}^{n}X'_iX_j\right)$$

$$=X'_iX_j-X'_i\overline{X}-\overline{X}'X_j+\overline{X}'\overline{X}$$

$$=(X_i-\overline{X})'(X_j-\overline{X}) \tag{8.1.5}$$

因此，$B=HX(HX)'\geqslant0$。

如果 $B\geqslant0$，则 X 即为 D 的一个构图，且 D 为欧氏矩阵。

假设 $\lambda_1\geqslant\lambda_2\geqslant\cdots\geqslant\lambda_k$ 为 B 的正特征值，对应的单位特征向量为 $e_1,e_2,\cdots,e_k$，则得到 D 的一个构图 $X=(\sqrt{\lambda_1}e_1,\cdots,\sqrt{\lambda_k}e_k)=(x_{ij})_{n\times k}$。令 $\Gamma=(e_1,e_2,\cdots,e_k)$，$\Lambda=diag(\lambda_1,\lambda_2,\cdots,\lambda_k)$，则 $X=\Gamma\Lambda^{\frac{1}{2}}$，根据矩阵的谱分解，

$$B=\Gamma\Lambda\Gamma'=\Gamma\Lambda^{\frac{1}{2}}(\Gamma\Lambda^{\frac{1}{2}})'=XX' \tag{8.1.6}$$

由此可知矩阵 B 的元素 b_{ij} 等于 X 的第 i 个行向量与 X' 的第 j 个列向量的内积，即

$$b_{ij}=X'_iX_j \tag{8.1.7}$$

$$(X_i-X_j)'(X_i-X_j)=X'_iX_i-2X'_iX_j+X'_jX_j$$

$$=b_{ii}-2b_{ij}+b_{jj} \tag{8.1.8}$$

由 $b_{ij}=\frac{1}{2}\left(-d_{ij}^2+\frac{1}{n}\sum_{j=1}^{n}d_{ij}^2+\frac{1}{n}\sum_{i=1}^{n}d_{ij}^2-\frac{1}{n^2}\sum_{i=1}^{n}\sum_{j=1}^{n}d_{ij}^2\right)$ 可知

$b_{ii}=\frac{1}{2}(-d_{ii}^2+\overline{d}_{i.}^2+\overline{d}_{.i}^2-\overline{d}^2)$，$b_{jj}=\frac{1}{2}(-d_{jj}^2+\overline{d}_{j.}^2+\overline{d}_{.j}^2-\overline{d}^2)$，$-2b_{ij}=d_{ij}^2-\overline{d}_{i.}^2-\overline{d}_{.j}^2+\overline{d}^2$

由距离矩阵的定义，$d_{ii}^2=d_{jj}^2=0$，$\overline{d}_{i.}^2=\overline{d}_{.i}^2$，$\overline{d}_{j.}^2=\overline{d}_{.j}^2$，代入式(8.1.8)得

$$(X_i-X_j)'(X_i-X_j)=d_{ij}^2$$

这个定理告诉我们当 D 为欧氏距离矩阵，得到的 B 为中心化内积矩阵，由距离矩阵 D 可获取其构图 X 的路径：$D\rightarrow B\rightarrow B$ 的特征值与特征向量$\rightarrow X$。当 D 不为欧氏距离矩阵，不能保证 B 的非负定性，由距离矩阵 D 可获取其拟合构图 $\hat{X}$。

8.1.4　多维标度法的古典解

由上述分析可得到多维标度法的古典解的步骤：

①已知距离矩阵 D，根据式(8.1.5)得到矩阵 B；

②计算矩阵 B 的特征值 $\lambda_1\geqslant\lambda_2\geqslant\cdots\geqslant\lambda_n$ 与对应的单位特征向量 $e_1,e_2,\cdots,e_n$；

③确定 k 的大小：k 可以简单地取 1、2 或 3，或计算前 k 个特征值($\lambda_1\geqslant\lambda_2\geqslant\cdots\geqslant\lambda_k$

＞0)占全体特征值的比例 r_0(事先给定)来确定。

$$\frac{\lambda_1+\cdots+\lambda_k}{|\lambda_1|+|\lambda_2|+\cdots+|\lambda_n|}\geqslant r_0$$

④计算拟合构图 $\hat{X}$。

$$\hat{X}=(\sqrt{\lambda_1}\,e_1,\cdots,\sqrt{\lambda_k}\,e_k)$$

【例 8.1.1】计算表 8.1.1 距离矩阵的构图。表 8.1.1 符合距离非负性、对称性、自身性的要求,基于距离矩阵 D 计算 B,使用公式 $b_{ij}=\frac{1}{2}\Big(-d_{ij}^2+\frac{1}{n}\sum_{j=1}^{n}d_{ij}^2+\frac{1}{n}\sum_{i=1}^{n}d_{ij}^2-\frac{1}{n^2}\sum_{i=1}^{n}\sum_{j=1}^{n}d_{ij}^2\Big)$,因此先要把 D 的各元素分别平方,再去求 B。

解:步骤 1:把距离矩阵 D 的各元素分别平方,再分别求平方距离矩阵各行均值、各列均值、总值。如图 8.1.1 所示,在 Excel 中,表 8.1.1 距离矩阵 D 所在区域为 B3:K12,选择与 D 大小相同的区域 B16:K25,输入"=B3:K12^2",再同时按"Ctrl""Shift""Enter"键,则区域 B16:K25 表示平方距离矩阵。再在区域 B27:K27 内计算平方距离矩阵各列的均值,可在 B27 先计算出第 1 列均值,再拖拽出其他各列均值;类似地,在区域 M16:M25 内计算平方距离矩阵各行均值;在 M27 输入"= AVERAGE (B16:K25)",按回车键,计算各行各列总均值。

图 8.1.1　求平方距离矩阵

步骤 2:计算矩阵 B。如图 8.1.2 所示,选择 10 行 10 列的区域 B32:K41,按照公式 $b_{ij}=\frac{1}{2}\Big(-d_{ij}^2+\frac{1}{n}\sum_{j=1}^{n}d_{ij}^2+\frac{1}{n}\sum_{i=1}^{n}d_{ij}^2-\frac{1}{n^2}\sum_{i=1}^{n}\sum_{j=1}^{n}d_{ij}^2\Big)$,输入"=(−B16:K25＋B27:K27＋M16:M25−M27)/2",再同时按"Ctrl""Shift""Enter"键,则区域 B32:K41 表示矩

阵 B。

B32 ▾ *fx* {=(-B16:K25+B27:K27+M16:M25-M27)/2}

	A	B	C	D	E	F	G	H	I	J	K	L	M
13													
14	d_{ij}^2			(二)	平方距离矩阵								$\frac{1}{n}\sum_{j=1}^{n}d_{ij}^2$
15		1	2	3	4	5	6	7	8	9	10		
16	1	0	344569	1468944	491401	3748096	364816	559504	4575321	4761124	294849		1660862
17	2	344569	0	846400	883600	3045025	1411344	508369	3452164	3017169	356409		1386505
18	3	1468944	846400	0	772641	690561	2979076	2669956	900601	1042441	2232036		1360266
19	4	491401	883600	772641	0	1887876	937024	2016400	2706025	3575881	1488400		1475925
20	5	3748096	3045025	690561	1887876	0	5470921	6007401	120409	919681	5290000		2717997
21	6	364816	1411344	2979076	937024	5470921	0	1192464	6728836	7474756	851929		2741117
22	7	559504	508369	2669956	2016400	6007401	1192464	0	6610041	5798464	42025		2540462
23	8	4575321	3452164	900601	2706025	120409	6728836	6610041	0	459684	5963364		3151645
24	9	4761124	3017169	1042441	3575881	919681	7474756	5798464	459684	0	5424241		3247344
25	10	294849	356409	2232036	1488400	5290000	851929	42025	5963364	5424241	0		2194325
26	$\frac{1}{n}\sum_{i=1}^{n}d_{ij}^2$	1660862	1386505	1360266	1475925	2717997	2741117	2540462	3151645	3247344	2194325	$\frac{1}{n^2}\sum_{i=1}^{n}\sum_{j=1}^{n}d_{ij}^2$	
27													2247645
28													
29			(三) 计算矩阵B			$b_{ij}=\frac{1}{2}(-d_{ij}^2+\frac{1}{n}\sum_{j=1}^{n}d_{ij}^2+\frac{1}{n}\sum_{i=1}^{n}d_{ij}^2-\frac{1}{n^2}\sum_{i=1}^{n}\sum_{j=1}^{n}d_{ij}^2)$								
30													
31		1	2	3	4	5	6	7	8	9	10		
32	1	537040	227576.8	-347730	198870.9	-808441	894759.1	697088	-1005229	-1050281	656347		
33	2	227576.8	262682.5	-173637	-134408	-594084	234316.4	585476.8	-580830	-315482	488388.2		
34	3	-347730	-173637	236443.2	-92047.7	570028.4	-562669	-508436	681832.2	658762	-462545		
35	4	198870.7	-134408	-92047.7	352102.4	29200.52	516186.3	-123829	-163050	-550128	-32897.3		
36	5	-808441	-594084	570028.4	29200.52	1594175	-1129726	-1498293	1750794	1399008	-1312661		
37	6	894759.1	234316.4	-562669	516186.3	-1129726	1617294	920735.1	-1541860	-1866970	917934.1		
38	7	697088	585476.8	-508436	-123829	-1498293	920735.1	1416640	-1582789	-1129151	1222559		
39	8	-1005229	-580830	681832.2	-163050	1750794	-1541860	-1582789	2027822	1845830	-1432519		
40	9	-1050281	-315482	658762	-550128	1399008	-1866970	-1129151	1845830	2123522	-1115108		
41	10	656347	488388.2	-462545	-32897.3	-1312661	917934.1	1222559	-1432519	-1115108	1070503		

图 8.1.2　计算中心化内积矩阵 B

　　步骤 3：使用 SAS 程序，计算矩阵 B 的特征值与对应的单位特征向量，得到结果见图 8.1.3。

Proc iml；

reset print；

m＝{

537040　　227576.8　　−347730　　……　　−1050281　　656347，

227577　　262683　　−173637　　……　　−315482　　488388，

……

−1050281　　−315482　　658762　　……　　2123521　　−1115108，

656347　　488388　　−462545　　……　　−1115108　　1070502

　　　　};

b1＝eigval(m)；

b2＝eigvec(m)；

quit；

	A	B	C	D	E	F	G	H	I	J	K
44		使用SAS程序计算矩阵B的特征值									
45		第1特征值	第2特征值	第3特征值	第4特征值	第5特征值	第6特征值	第7特征值	第8特征值	第9特征值	第10特征值
46		9582672.5	1686746	10683.27	1885.753	99.55851	2.07E-10	-422.531	-2303.59	-5774.19	-35362.9
47											
48		特征向量									
49		特征向量1	特征向量2	特征向量3	特征向量4	特征向量5	特征向量6	特征向量7	特征向量8	特征向量9	特征向量10
50	1	-0.2322	0.1100	0.3073	-0.3018	-0.3557	0.3162	0.6241	0.1422	0.3173	0.1075
51	2	-0.1234	-0.2625	0.3000	-0.3456	0.5536	0.3162	0.0420	-0.5231	-0.1554	-0.0178
52	3	0.1557	-0.0185	0.6384	0.2018	0.0982	0.3162	-0.2752	0.5424	-0.2176	0.0140
53	4	-0.0522	0.4409	-0.0193	-0.1151	-0.4891	0.3162	-0.2484	-0.3369	-0.5221	0.0475
54	5	0.3888	0.3002	-0.1811	0.3512	0.2381	0.3162	0.4779	-0.0437	-0.1274	-0.4465
55	6	-0.3662	0.4480	-0.3053	0.1205	0.4268	0.3162	-0.1323	0.1690	0.1854	0.4415
56	7	-0.3465	-0.3996	-0.4475	-0.2235	-0.0501	0.3162	-0.0238	0.4049	-0.2806	-0.3525
57	8	0.4589	0.0865	-0.1273	-0.4200	-0.0472	0.3162	-0.4068	0.0119	0.5270	-0.2091
58	9	0.4334	-0.4466	-0.2432	0.1393	-0.1409	0.3162	0.1413	-0.0480	-0.0987	0.6183
59	10	-0.3165	-0.2584	0.0778	0.5931	-0.2337	0.3162	-0.1988	-0.3186	0.3721	-0.2027

图 8.1.3　计算矩阵 B 的特征值与特征向量

步骤 4:由 B 的特征值的累计贡献率确定 k。

$$\frac{\lambda_1}{\sum_{i=1}^{10}|\lambda_i|}=\frac{9582672}{9582672+1686746+10683+\cdots+5774+35362}=84.6\%$$

$$\frac{\lambda_1+\lambda_2}{\sum_{i=1}^{10}|\lambda_i|}=\frac{9582672+1686746}{9582672+1686746+10683+\cdots+5774+35362}=99.5\%$$

由此,确定 $k=2$。

步骤 5:由 B 的特征值 $\lambda_1=9582672,\lambda_2=1686746$ 以及对应的单位特征向量 $e_1=$ $(-0.2322,-0.1234,0.1557,-0.0522,0.3888,-0.3662,-0.3465,0.4589,$ $0.4334,-0.3162)'$, $e_2=(0.11,-0.2625,-0.0185,0.4409,0.3002,0.4480,$ $-0.3996,0.0865,-0.4466,-0.2584)'$,得到 $\hat{X}=(\sqrt{\lambda_1}e_1,\sqrt{\lambda_2}e_2)$,$\hat{X}$ 的各行即为各个城市的坐标,如图 8.1.4 所示。

F50		▼	f_x	{=SQRT(B46)*B50:B59}			
	A	B	C	D	E	F	G
44		使用SAS程序计算矩阵B的特征值					
45		第1特征值	第2特征值				
46		9582672.5	1686746				
47							
48		特征向量				$\sqrt{\lambda_1}e_1$	$\sqrt{\lambda_2}e_2$
49		特征向量1	特征向量2				
50	1	-0.2322	0.1100		城市1 Atlanta	-718.77	142.90
51	2	-0.1234	-0.2625		城市2 Chicago	-382.08	-340.97
52	3	0.1557	-0.0185		城市3 Denver	482.11	-23.97
53	4	-0.0522	0.4409		城市4 Houston	-161.48	572.64
54	5	0.3888	0.3002		城市5 Los Angeles	1203.68	389.85
55	6	-0.3662	0.4480		城市6 Miami	-1133.52	581.85
56	7	-0.3465	-0.3996		城市7 New York	-1072.49	-519.04
57	8	0.4589	0.0865		城市8San Francisco	1420.54	112.32
58	9	0.4334	-0.4466		城市9 Seattle	1341.65	-580.02
59	10	-0.3165	-0.2584		城市10 Washington	-979.63	-335.56

图 8.1.4　计算各个城市的坐标

8.2 MDS 古典解的优良性

8.2.1 古典解与主成分的关系

当已知距离矩阵 D，可以通过古典解获得拟合构图；当已知原始数据矩阵 X，可测度其主成分，主成分与拟合构图存在什么关联？

当已知 p 个指标、n 个观测的数据矩阵 $X_{n \times p}$，求其样本离差阵 $S = (HX)'HX$，再求出样本协差阵 $\dfrac{1}{n-1}S$。不妨设 S 的特征值为 $\lambda_1 \geqslant \lambda_2 \geqslant \cdots \geqslant \lambda_p$，对应的单位特征向量分别为 $u_1, u_2, \cdots, u_p$。

由于

$$Su_i = \lambda_i u_i \tag{8.2.1}$$

可知

$$\frac{1}{n-1}Su_i = \frac{1}{n-1}\lambda_i u_i \quad i = 1, 2, \cdots, p \tag{8.2.2}$$

协差阵的特征值为 $\dfrac{1}{n-1}\lambda_1, \dfrac{1}{n-1}\lambda_2, \cdots, \dfrac{1}{n-1}\lambda_p$，对应的单位特征向量为 $u_1, u_2, \cdots, u_p$，因此，可得 n 个观测的第一主成分得分 Xu_1，第二主成分得分 $Xu_2, \cdots$，第 p 主成分得分 Xu_p；若已知中心化数据矩阵 HX，即可得到 n 个观测的第一主成分得分 HXu_1，第二主成分得分 $HXu_2, \cdots$，第 p 主成分得分 HXu_p。

由于 $S = (HX)'HX$，而中心化内积矩阵 $B = HX(HX)'$，在式（8.2.1）两边左乘 HX，

$$B(HXu_i) = \lambda_i(HXu_i) \quad i = 1, 2, \cdots, p \tag{8.2.3}$$

此式表明，S 的特征值 $\lambda_1, \lambda_2, \cdots, \lambda_p$ 都是 B 的特征值，而主成分 HXu_1，HXu_2，$\cdots$，HXu_p 是矩阵 B 的前 p 个特征值对应的特征向量。在式（8.2.1）两边左乘 u'_i，可得

$$(HXu_i)'(HXu_i) = \lambda_i(u'_i u_i) = \lambda_i \tag{8.2.4}$$

即 B 的特征向量 HXu_i 的内积为 $\lambda_i, i = 1, 2, \cdots, p$。若把矩阵 B 的特征向量 HXu_1，$HXu_2, \cdots, HXu_p$ 单位化处理得

$$e_i = \frac{HXu_i}{\sqrt{(HXu_i)'HXu_i}} = \frac{HXu_i}{\sqrt{\lambda_i}} \tag{8.2.5}$$

距离矩阵 D 的 k 维古典解为

$$\hat{X} = (\sqrt{\lambda_1}\, e_1, \cdots, \sqrt{\lambda_k}\, e_k) = (HXu_1, \cdots, HXu_k) \tag{8.2.6}$$

此式表明，由距离矩阵 D 求得的古典解与基于中心化数据矩阵 HX 求得的主成分是一致的。因此，基于协差阵可得到原始数据的主成分，基于距离矩阵可获得中心

化原始数据的主成分。

【**例 8.2.1**】已知 15 个省级行政单元 2010 年的 GRP(亿元)、资本存量(亿元)、劳动力(万人)投入数据,如表 8.2.1 所示。求中心化数据 HX 的主成分,距离矩阵 D 以及 D 的拟合构图 $\hat{X}$。

解:步骤 1:把原始数据矩阵 X 中心化,得到 HX,进而求得样本离差阵 S。如图 8.2.1 所示,选择区域 I4:I18,输入命令"=C4:C18−AVERAGE(C4:C18)",同时按"Ctrl""Shift""Enter"键,区域 I4:I18 内即实现对指标 GRP 的中心化处理,再拖拽出对资本存量、劳动力投入的中心化数据,框住区域 I4:K18,在名称框内命名为 HX。选择区域 M4:O6,输入命令"=MMULT(TRANSPOSE(HX),HX)",同时按"Ctrl""Shift""Enter"键,区域 M4:O6 内即为样本离差阵 S。

表 8.2.1 15 个省级行政单元投入产出数据

	地区	GRP	资本存量	劳动投入
1	北京	3530.84	15462.85	796.41
2	天津	1906.11	4440.39	468.2
3	河北	5482.78	9364.38	3370.59
4	山西	2032.14	4958.54	1491.23
5	内蒙古	1703.81	2983.29	1033.11
6	辽宁	5088.32	2518.52	1906.22
7	吉林	2133.00	2681.82	1116.78
8	黑龙江	3444.48	3777.78	1698.26
9	上海	5272.14	13848.73	853.47
10	江苏	9426.17	16254.2	3636.61
11	浙江	6791.98	9442.89	2687.96
12	安徽	3160.38	1896.74	3234.94
13	福建	4092.05	3338.14	1683.24
14	江西	2178.34	2430.59	1920.28
15	山东	9171.22	17001.59	4806.77

步骤 2:使用 SAS 程序,计算样本离差阵 S 的特征值与特征向量,进而得到各省级行政单元 HX 的主成分得分。

proc iml;

```
reset print；

S={

 88600198    150891246   33422243，

150891246    450108787   39118917，

 33422243    39118917    21690191

 }；

b1=eigval(S)；

b2=eigvec(S)；

quit；
```

得到特征值 $\lambda_1=509574345$，$\lambda_2=45309563$，$\lambda_3=5515267$，特征值的方差贡献率 $\dfrac{\lambda_1}{\sum\limits_{i=1}^{3}\lambda_i}=90.93\%$，$\dfrac{(\lambda_1+\lambda_2)}{\sum\limits_{i=1}^{3}\lambda_i}=99.02\%$，前两个特征值的方差贡献率达到 98.2%，因此 $k=2$。$\lambda_1,\lambda_2,\lambda_3$ 对应的单位特征向量分别为

$$u_1=(0.3427,0.9343,0.0984)'$$
$$u_2=(0.7748,-0.3403,0.5328)'$$
$$u_3=(-0.5312,0.1063,0.8405)'$$

如图 8.2.1 所示，选择区域 R4:S18，输入命令"=MMULT(HX，M16:N18)"，同时按"Ctrl""Shift""Enter"键，区域 R4:R18 为各省级行政单元的第一主成分得分，S4:S18 为各省级行政单元的第二主成分得分。

	A	B	C	D	E	F	G	H	I	J	K	L	M	N	O	P	Q	R	S
1	(一)						(二)						(三)				(四)		
2	原始数据矩阵X		GRP	资本投入	劳动投入		对矩阵X中心化		$X1-\bar{X1}$	$X2-\bar{X2}$	$X3-\bar{X3}$		离差阵S=(HX)'HX				HX的主成分k=2		
3			X1	X2	X3		得到的HX											HXu1	HXu2
4	1 北京	3530.84	15462.85	796.41			1 北京	-830.211	8102.82	-1250.53		88600198	150891246	33422243		北京	7162.78	-4066.94
5	2 天津	1906.11	4440.39	468.2			2 天津	-2454.94	-2919.64	-1578.74		150891246	450108787	39118917		天津	-3724.38	-1749.68
6	3 河北	5482.78	9364.38	3370.59			3 河北	1121.729	2004.35	1323.652		33422243	39118917	21690191		河北	2387.26	892.26
7	4 山西	2032.14	4958.54	1491.23			4 山西	-2328.91	-2401.49	-555.708						山西	-3096.44	-1283.31
8	5 内蒙古	1703.81	2983.29	1033.11			5 内蒙古	-2657.24	-4376.74	-1013.83		离差阵S的特征值				内蒙古	-5099.47	-1109.60
9	6 辽宁	5089.32	2518.52	1906.22			6 辽宁	728.2693	-4841.51	-140.718		特征值1	特征值2	特征值3		辽宁	-4287.61	2136.89
10	7 吉林	2133.00	2681.82	1116.78			7 吉林	-2228.05	-4678.21	-930.158		509574345	45309563	5515267		吉林	-5225.82	-629.89
11	8 黑龙江	3444.48	3777.78	1698.26			8 黑龙江	-916.571	-3582.25	-348.678		方差累计贡献率				黑龙江	-3695.24	323.11
12	9 上海	5272.14	13848.73	853.47			9 上海	911.0893	6488.7	-1193.47		90.93%	99.02%	100.00%		上海	6257.08	-2138.05
13	10 江苏	9426.17	16254.2	3636.61			10 江苏	5065.119	8894.17	1589.672						江苏	10201.83	1744.76
14	11 浙江	6791.98	9442.89	2687.96			11 浙江	2430.929	2082.86	641.022		单位特征向量				浙江	2842.10	1516.24
15	12 安徽	3160.38	1896.74	3234.94			12 安徽	-1200.67	-5463.29	1188.002		特征向量u1	特征向量u2	特征向量u3		安徽	-5398.83	1561.82
16	13 福建	4092.05	3338.14	1683.24			13 福建	-269.001	-4021.89	-363.698		0.3427	0.7748	-0.5312		福建	-3885.55	966.47
17	14 江西	2179.34	2430.59	1920.28			14 江西	-2181.71	-4929.44	-126.658		0.9343	-0.3403	0.1063		江西	-5365.60	-80.40
18	15 山东	9171.22	17001.59	4806.77			15 山东	4809.169	9641.56	2759.832		0.0984	0.5328	0.8405		山东	10927.87	1916.32

图 8.2.1　基于样本离差阵获取主成分得分

步骤 3：计算中心化内积矩阵 B。定理 8.1 告诉我们获取 B 的两种方法：① $X\rightarrow HX\rightarrow B$，使用公式 $B=HX(HX)'$ 可得；② $X\rightarrow D\rightarrow B$，基于原始数据矩阵 X 计算欧氏距离矩阵 D，再通过式(8.1.5)获取矩阵 B。

方法一：选择 15 行 15 列的区域 C23:Q37，输入命令"=MMULT(HX，TRANS-POSE(HX))"，同时按"Ctrl""Shift""Enter"键，在区域 C23:Q37 内得到中心化内积

矩阵 B，如图 8.2.2 所示。

C23 ▼ f_x {=MMULT(HX,TRANSPOSE(HX))}

中心化内积矩阵　　　$B=(HX)(HX)'$

	北京	天津	河北	山西	内蒙古	辽宁	吉林	黑龙江	上海	江苏	浙江	安徽	福建	江西	山东
北京	67908762	-19644943	13654352	-16830426	-31990047	-39658529	-34893753	-27829349	53312837	65874813	14057240	-44756876	-31910509	-37972696	70679124
天津	-19644943	17043445	-10695459	13606141	20902442	12569765	20596897	13259478	-19297165	-40912018	-13060994	17022871	12977035	19948120	-44315616
河北	13654352	-10695459	7027750	-8161398	-13095179	-9073421	-13107245	-8669755	12447885	25612895	7750115	-10724672	-8844431	-12495263	28373826
山西	-16830426	13606141	-8161398	11499790	17262566	10008962	16940502	10931112	-17041174	-34038864	-11019606	15256109	10487117	16989395	-35890225
内蒙古	-31990047	20902442	-13095179	17262566	27244628	19397507	27338796	18467625	-29610365	-16225587	25897441	25897441	18686294	27500617	-57778374
辽宁	-39658529	12569765	-9073421	10008962	19397507	23990397	21157869	16725054	-30583645	-39596137	-8404020	25408988	19327295	22294883	-43564968
吉林	-34893753	20596897	-13107245	16940502	27338796	21157869	27715052	19125009	-31275341	-54372784	-15756542	27128543	19752890	28039729	-58389623
黑龙江	-27829349	13259478	-8669755	10931112	18467625	16725054	19125009	13263087	-23663087	-37057964	-9912954	20257140	14780787	19702341	-39909631
上海	53312837	-19297165	12447885	-17041174	-29610365	-30583645	-31275341	-23663087	44357677	60429154	14964808	-37961410	-25907859	-33822228	63649913
江苏	65874813	-40912018	25612895	-34038864	-16225587	-39596137	-54372784	-37057964	60429154	107288751	31857273	-52784437	-37712054	-55095247	114504983
浙江	14057240	-13060994	7750115	-11019606	25897441	-8404020	-15756542	-9912954	14964808	31857273	10658832	-13536478	-9264094	-15652108	33544314
安徽	-44756876	17022871	-10724672	15256109	25897441	25408988	27128543	20257140	-37961410	-52784437	-37712054	32700496	21863659	29400006	-55171302
福建	-31910509	12977035	-8844431	10487117	18686294	19327295	19752890	14780787	-25907859	-37712054	-9264094	21863659	16380237	20458612	-41074978
江西	-37972696	19948120	-12495263	16989395	27500617	22294883	28039729	19702341	-33822228	-55095247	-15652108	29400006	20458612	29075282	-58371444
山东	70679124	-44315616	28373826	-35890225	-57778374	-43564968	-58389623	-39909631	63649913	114504983	33544314	-55171302	-41074978	-58371444	123714081

图 8.2.2　计算中心化内积矩阵 B

　　方法二：计算距离矩阵的第 1 列，也即北京分别到北京、天津、河北、山西……江西、山东的欧氏平方距离。如图 8.2.3 所示，计算北京（C3：E3）与北京（H3：J3）的欧氏平方距离，在区域 M3，输入命令"＝SUM((C\$3：E\$3－H3：J3)^2)"，同时按"Ctrl""Shift""Enter"键，在区域 M3 得到北京与北京的欧氏平方距离为 0，C\$3：E\$3 表示固定行，以便在区域 M3：M17 拖拽出北京与其他省级行政单元的欧氏平方距离。再在区域 C3：E3 把北京的数据更换成天津数据，区域 M3：M17 则显示出天津分别与北京、天津、河北、山西……江西、山东的欧氏平方距离，由此得到距离矩阵的第 2 列……完整的欧氏平方距离矩阵 D 结果如图 8.2.4 所示，再分别算出 D 的各行均值、各列均值、总均值，按照式（8.1.5），可得到中心化内积矩阵 B，与图 8.2.2 相同（由 $D\rightarrow B$ 的计算过程与图 8.1.2 类似）。

M3 ▼ f_x {=SUM((C\$3:E\$3-H3:J3)^2)}

		输入数据										输出数据	
		x1	x2	x3			x1	x2	x3			北京	
1	北京	3530.84	15462.9	796.41		北京	3530.84	15462.85	796.41		北京	0	
2	天津	1906.11	4440.39	468.2		天津	1906.11	4440.39	468.2		天津	124242094	
3	河北	5482.78	9364.38	3370.59		河北	5482.78	9364.38	3370.59		河北	47627809	
4	山西	2032.14	4958.54	1491.23		山西	2032.14	4958.54	1491.23		山西	113069405	
5	内蒙古	1703.81	2983.29	1033.11		内蒙古	1703.81	2983.29	1033.11		内蒙古	159133483	
6	辽宁	5089.32	2518.52	1906.22		辽宁	5089.32	2518.52	1906.22		辽宁	171216217	
7	吉林	2133.00	2681.82	1116.78		吉林	2133.00	2681.82	1116.78		吉林	165411321	
8	黑龙江	3444.48	3777.78	1698.26		黑龙江	3444.48	3777.78	1698.26		黑龙江	137361652	
9	上海	5272.14	13848.73	853.47		上海	5272.14	13848.73	853.47		上海	5640765	
10	江苏	9426.17	16254.2	3636.61		江苏	9426.17	16254.2	3636.61		江苏	43447887	
11	浙江	6791.98	9442.89	2687.96		浙江	6791.98	9442.89	2687.96		浙江	50452914	
12	安徽	3160.38	1896.74	3234.94		安徽	3160.38	1896.74	3234.94		安徽	190123010	
13	福建	4092.05	3338.14	1683.24		福建	4092.05	3338.14	1683.24		福建	148110017	
14	江西	2179.34	2430.59	1920.28		江西	2179.34	2430.59	1920.28		江西	172929437	
15	山东	9171.22	17001.59	4806.77		山东	9171.22	17001.59	4806.77		山东	50264595	

图 8.2.3　计算欧氏平方距离

B21　fx　0

15个省级单元的欧氏平方距离矩阵

	北京	天津	河北	山西	内蒙古	辽宁	吉林	黑龙江	上海	江苏	浙江	安徽	福建	江西	山东
北京	0	124242094	47627809	113069405	159133483	171216217	165411321	137361652	5640765	43447887	50452914	190123010	148110017	172929437	50264595
天津	124242094	0	45462114	1330953	2483189	15894312	3564704	4318682	99995452	206156231	53824066	15698199	7469611	6222487	229388758
河北	47627809	45462114	0	34850337	60462737	49164989	60957294	38161454	26489657	63090711	2186152	61177590	41096848	61093559	73994179
山西	113069405	1330953	34850337	0	4219287	15472264	5333840	3431760	89939816	186866270	44197634	13688069	6905793	6596283	206994322
内蒙古	159133483	2483189	60462737	4219287	0	12440010	282089	4103571	130823036	242530108	70354435	8150242	6252278	1318677	266515457
辽宁	171216217	15894312	49164989	15472264	12440010	0	9389710	4334482	129515364	210471423	51457068	5872917	1716044	8475913	234834415
吉林	165411321	3564704	60957294	5333840	282089	9389710	0	3259227	134623411	243749371	69886769	6158462	4589510	710876	268208380
黑龙江	137361652	4318682	38161454	3431760	4103571	4334482	3259227	0	105478045	195198872	44278734	5980410	612856	3464793	217327536
上海	5640765	99995452	26489657	89939816	130823036	129515364	134623411	105478045	0	30788119	25086693	152980995	112553633	141077416	40771932
江苏	43447887	206156231	63090711	186866270	242530108	210471423	243749371	195198872	30788119	0	54232838	245558121	199093096	246554527	1992866
浙江	50452914	53824066	2186152	44197634	70354435	51457068	69886769	44278734	25086693	54232838	0	70432086	45567057	71038132	67284084
安徽	190123010	15698199	61177590	13688069	8150242	5872917	6158462	5980410	152980995	245558121	70432086	0	5353416	2975766	266757341
福建	148110017	7469611	41096848	6905793	6252278	1716044	4589510	612856	112553633	199093096	45567057	5353416	0	4538295	222244273
江西	172929437	6222487	61093559	6596283	1318677	8475913	710876	3464793	141077416	246554527	71038132	2975766	4538295	0	269532251
山东	50264595	229388758	73994179	206994322	266515457	234834415	268208380	217327536	40771932	1992866	67284084	266757341	222244273	269532251	0

图 8.2.4　欧氏平方距离矩阵

步骤 4：计算 B 的特征值及对应的单位特征向量，进而得到距离矩阵 D 的拟合构图 $\hat{X}$。

使用 SAS 程序，计算样本离差阵 B 的特征值与特征向量。

```
proc iml;
reset print;
B={
```

$$
\begin{array}{ccccc}
67908762 & -19644943 & 13654352 & \cdots\cdots & -37972696 & 70679124, \\
-19644943 & 17043445 & -10695459 & \cdots\cdots & 19948120 & -44315616, \\
 & & & \cdots\cdots & & \\
 & & & \cdots\cdots & & \\
-37972696 & 19948120 & -12495263 & \cdots\cdots & 29075282 & -58371444, \\
70679124 & -44315616 & 28373826 & \cdots\cdots & -58371444 & 123714081
\end{array}
$$

```
};
b1=eigval(B);
b2=eigvec(B);
quit;
```

得到 15 个特征值，前 3 个特征值分别为 $\lambda_1 = 509574345$，$\lambda_2 = 45309563$，$\lambda_3 = 5515267$，与 S 完全相同。特征值的方差贡献率 $\dfrac{\lambda_1}{\sum\limits_{i=1}^{15}|\lambda_i|} = 90.93\%$，$\dfrac{(\lambda_1 + \lambda_2)}{\sum\limits_{i=1}^{15}|\lambda_i|} = 99.02\%$，前两个特征值的方差贡献率达到 98.2%，因此 $k=2$。B 的所有的特征值 $\lambda_1, \cdots, \lambda_{15}$ 及对应的单位特征向量 $e_1, \cdots, e_{15}$ 如图 8.2.5 所示，注意，从第 10 特征值开始出现负数，但特征值绝对值之和所占比重可以忽略，可以认为是程序迭代计算偏差所致。

	B	C	D	E	F	G	H	I	J	K	L	M	N	O	P	Q	R
63																	
64		第1特征值	第2特征值	第3特征值	第4特征值	第5特征值	第6特征值	第7特征值	第8特征值	第9特征值	第10特征值	第11特征值	第12特征值	第13特征值	第14特征值	第15特征值	
65		509574344	45309564	5515267	1.3698	1.0993	0.6332	0.4315	0.1541	0.0597	-0.2603	-0.4023	-0.6187	-0.9829	-1.2265	-1.9276	
66																	
67		特征向量1	特征向量2	特征向量3	特征向量4	特征向量5	特征向量6	特征向量7	特征向量8	特征向量9	特征向量10	特征向量11	特征向量12	特征向量13	特征向量14	特征向量15	
68	北京	0.3173	0.6042	-0.1072	0.2766	0.0673	-0.1416	-0.3117	-0.1771	-0.0661	0.2018	0.1868	-0.0454	-0.2108	0.3733	0.1651	
69	天津	-0.1650	0.2599	0.1419	0.0702	-0.4721	0.1820	0.0263	0.1708	-0.3853	-0.0263	0.2583	0.3786	-0.2685	-0.3817	0.1315	
70	河北	0.1058	-0.1326	-0.3108	0.2887	-0.1561	-0.0066	0.2580	-0.2497	0.4169	0.4021	0.2490	0.4213	0.1339	-0.1191	-0.1760	
71	山西	-0.1372	0.1907	-0.2192	0.1896	0.2887	0.0912	-0.1760	0.0041	-0.0521	-0.5788	0.3564	0.1324	0.3052	-0.0682	-0.3976	
72	内蒙古	-0.2259	0.1648	-0.0401	-0.0844	0.2024	0.1822	0.3507	0.4310	0.2428	-0.1638	-0.0374	0.4450	-0.0881	0.3996	0.2782	
73	辽宁	-0.1899	-0.3175	0.4343	0.5011	0.0720	0.3449	-0.3575	0.0531	0.0503	0.0922	-0.0108	0.1787	0.1507	0.2638	0.1823	
74	吉林	-0.2315	0.0936	0.0407	0.3449	-0.0849	-0.3505	0.3048	-0.0063	-0.0979	0.0084	0.1847	-0.3839	0.4637	-0.1445	0.4086	
75	黑龙江	-0.1637	-0.0480	0.0797	-0.0730	-0.0092	0.3672	0.3337	-0.5236	0.1655	-0.2887	0.3098	-0.2056	-0.3392	0.1932	0.1935	
76	上海	0.2772	0.3176	0.3394	-0.3231	0.3478	0.4044	0.1495	0.0834	0.1035	0.2408	0.1827	0.0314	0.3603	-0.2057	0.1173	
77	江苏	0.4519	-0.2592	0.1741	0.0027	0.1404	-0.3514	-0.1871	-0.1280	0.1686	-0.3631	0.1217	0.2282	-0.1200	-0.3374	0.3852	
78	浙江	0.1259	-0.2253	0.2262	-0.3516	-0.3512	-0.2340	-0.0837	0.1118	-0.0733	0.0287	0.5575	-0.0108	0.1986	0.4191	-0.1698	
79	安徽	-0.2392	-0.2320	-0.4494	-0.3085	0.2759	0.0473	-0.2155	-0.2037	-0.3944	0.2259	0.1459	0.1992	0.1145	0.0259	0.3797	
80	福建	-0.1721	-0.1436	0.2514	0.1395	0.5154	-0.2700	0.1506	0.0928	-0.1741	0.2956	0.3103	-0.0837	-0.4164	-0.1422	-0.2874	
81	江西	-0.2377	0.0119	-0.2250	-0.0978	-0.0643	0.0952	-0.3874	0.3767	0.5308	0.0964	0.2845	-0.3229	-0.1800	-0.2151	0.1520	
82	山东	0.4841	-0.2847	-0.3362	0.2538	0.0390	0.3204	0.2568	0.4319	-0.2453	-0.0693	0.1424	-0.1891	-0.0968	0.0984	0.1020	
83																	

图 8.2.5　中心化内积矩阵 B 的特征值及特征向量

由此得到 D 的拟合构图 $\hat{X} = (\sqrt{\lambda_1}\,e_1, \sqrt{\lambda_2}\,e_2)$，如图 8.2.6 所示，对比图 8.2.1 的 HX 的主成分结果，S 的 3 个特征值也即 B 的前 3 个特征值，且方差贡献率完全相同；HX 的第一主成分得分与 $\sqrt{\lambda_1}\,e_1$ 完全相同，HX 的第二主成分得分与 $\sqrt{\lambda_2}\,e_2$ 互为相反数，这仅与求 B 的特征向量过程中基础解系的初始值有关。因此，HX 的主成分与距离矩阵 D 拟合构图 $\hat{X}$ 是一致的。

	F68	f_x	{=SQRT(B65:C65)*B68:C82}				
	A	B	C	D	E	F	G	H
64		第1特征值	第2特征值					
65		509574345	45309563					
66								
67		特征向量1	特征向量2			$\sqrt{\lambda_1}\,e_1$	$\sqrt{\lambda_2}\,e_2$	
68	北京	0.3173	0.6042		北京	7162.78	4066.94	
69	天津	-0.1650	0.2599		天津	-3724.38	1749.68	
70	河北	0.1058	-0.1326		河北	2387.26	-892.26	
71	山西	-0.1372	0.1907		山西	-3096.44	1283.31	
72	内蒙古	-0.2259	0.1648		内蒙古	-5099.48	1109.60	
73	辽宁	-0.1899	-0.3175		辽宁	-4287.61	-2136.89	
74	吉林	-0.2315	0.0936		吉林	-5225.82	629.89	
75	黑龙江	-0.1637	-0.0480		黑龙江	-3695.23	-323.11	
76	上海	0.2772	0.3176		上海	6257.08	2138.05	
77	江苏	0.4519	-0.2592		江苏	10201.83	-1744.76	
78	浙江	0.1259	-0.2253		浙江	2842.10	-1516.24	
79	安徽	-0.2392	-0.2320		安徽	-5398.83	-1561.82	
80	福建	-0.1721	-0.1436		福建	-3885.55	-966.47	
81	江西	-0.2377	0.0119		江西	-5365.60	80.40	
82	山东	0.4841	-0.2847		山东	10927.87	-1916.32	
83								

图 8.2.6　距离矩阵 D 的拟合构图

8.2.2 古典解的最优性质

对 p 个指标、n 个观测的数据矩阵 $X_{n \times p}$ 提取主成分,前 k 个主成分能够保留最多的信息,实现最优降维。根据古典解与主成分的关系,古典解的拟合构图也应具有最优性质。

已知欧氏距离矩阵 D,设 $X_{n \times p}$ 为 D 的构图,不妨设 X 已中心化,即 $X = HX$;$S = (HX)'HX$ 的特征值为 $\lambda_1 \geqslant \lambda_2 \geqslant \cdots \geqslant \lambda_p$,对应的单位特征向量分别为 $u_1, u_2, \cdots, u_p$。设 $\Gamma = (u_1, u_2, \cdots, u_p)$,则 Γ 为 p 阶正交矩阵($\Gamma\Gamma' = I$),$X\Gamma$ 为 p 维主成分得分。设 $\Gamma_1 = (u_1, \cdots, u_k)$,$\Gamma = (\Gamma_1, \Gamma_2)$,则 Γ_1 为 $p \times k$ 矩阵,$X\Gamma_1$ 为 k 维主成分($k < p$),若 $\hat{X}$ 为 D 的 k 维拟合构图,则 $\hat{X} = X\Gamma_1$。

X 的第 i 行代表第 i 个点,即第 i 个观测的原始数据,设为 $X'_i = (x_{i1}, x_{i2}, \cdots, x_{ip})$;$X\Gamma$ 的第 i 行代表第 i 个观测的 p 维主成分数据,为 $X'_i\Gamma = (X'_i u_1, X'_i u_2, \cdots, X'_i u_p)$,则任意两个观测主成分数据的欧氏距离等于这两个观测原始数据的欧氏距离。

$$
\begin{aligned}
d^2(X'_i \Gamma, X'_j \Gamma) &= (X'_i \Gamma - X'_j \Gamma)(X'_i \Gamma - X'_j \Gamma)' \\
&= (X'_i \Gamma - X'_j \Gamma)(\Gamma' X_i - \Gamma' X_j) \\
&= (X'_i - X'_j)\Gamma\Gamma'(X_i - X_j) \\
&= (X'_i - X'_j)(X_i - X_j) \\
&= d^2_{ij}
\end{aligned}
$$

所以

$$
d^2_{ij} = \sum_{\alpha=1}^{p} (x_{i\alpha} - x_{j\alpha})^2 = \sum_{\alpha=1}^{p} (X'_i u_\alpha - X'_j u_\alpha)^2 \tag{8.2.7}
$$

D 的 k 维拟合构图 $\hat{X}$ 的第 i 个观测为 $X'_i \Gamma_1 = (X'_i u_1, \cdots, X'_i u_k)$,设拟合构图 $\hat{X}$ 的距离矩阵为 $\hat{D}$,$\hat{X}$ 的任意两行的欧氏距离为

$$
\hat{d}^2_{ij} = \sum_{\alpha=1}^{k} (X'_i u_\alpha - X'_j u_\alpha)^2 \tag{8.2.8}
$$

因为 $k < p$,所以 $\hat{d}^2_{ij} < d^2_{ij}$,于是构图 X 的欧氏距离矩阵 D 与拟合构图 $\hat{X}$ 距离矩阵 $\hat{D}$ 的差异为

$$
\varphi = \sum_{i=1}^{n} \sum_{j=1}^{n} (d^2_{ij} - \hat{d}^2_{ij}) \tag{8.2.9}
$$

定理 8.2.1 设欧氏距离矩阵 D 的构图为 $X_{n \times p}$,对于给定的 k 值($1 \leqslant k < p$),在所有形如 $\hat{X} = X\Gamma_1$ 的拟合构图中,仅 k 维古典解使得 φ 值最小。

证明:由式(8.2.7)~(8.2.9),有

$$
\begin{aligned}
\varphi &= \sum_{i=1}^{n} \sum_{j=1}^{n} \sum_{\alpha=k+1}^{p} (X'_i u_\alpha - X'_j u_\alpha)^2 \\
&= \sum_{i=1}^{n} \sum_{j=1}^{n} \sum_{\alpha=k+1}^{p} u'_\alpha (X_i - X_j)(X_i - X_j)' u_\alpha
\end{aligned}
$$

$$= \sum_{a=k+1}^{p} u'_a (\sum_{i=1}^{n}\sum_{j=1}^{n}(X_i-X_j)(X_i-X_j)')u_a \qquad (8.2.10)$$

令 $A = \sum_{i=1}^{n}\sum_{j=1}^{n}(X_i-X_j)(X_i-X_j)'$，由于 $\Gamma_2 = (u_{k+1},\cdots,u_p)$，$\sum_{a=k+1}^{p} u'_a A u_a$ 即为 $\Gamma'_2 A \Gamma_2$ 主对角线上元素之和，即

$$\varphi = \sum_{a=k+1}^{p} u'_a A u_a = tr(\Gamma'_2 A \Gamma_2)$$

根据定义 2.3.1，把 A 化简为

$$A = \sum_{i=1}^{n}\sum_{j=1}^{n}(X_i-X_j)(X_i-X_j)'$$
$$= 2n\sum_{i=1}^{n}(X_i-\overline{X})(X_i-\overline{X})' - 2\sum_{i=1}^{n}(X_i-\overline{X})\sum_{i=1}^{n}(X_i-\overline{X})'$$
$$= 2nS$$

因此

$$\varphi = 2n \cdot tr(\Gamma'_2 S \Gamma_2)$$
$$S\Gamma_2 = (Su_{k+1},Su_{k+2},\cdots,Su_p) = (\lambda_{k+1}u_{k+1},\lambda_{k+2}u_{k+2},\cdots,\lambda_p u_p)$$
$$\Gamma'_2 S\Gamma_2 = \begin{pmatrix} u'_{k+1} \\ u'_{k+2} \\ \vdots \\ u'_p \end{pmatrix}(\lambda_{k+1}u_{k+1},\lambda_{k+2}u_{k+2},\cdots,\lambda_p u_p) = \begin{pmatrix} \lambda_{k+1} & 0 & \cdots & 0 \\ 0 & \lambda_{k+2} & \cdots & 0 \\ \vdots & \vdots & \ddots & \vdots \\ 0 & 0 & 0 & \lambda_p \end{pmatrix}$$

所以

$$\varphi = 2n \cdot (\lambda_{k+1}+\lambda_{k+2}+\cdots+\lambda_p)$$

由 $\lambda_1 \geq \lambda_2 \geq \cdots \geq \lambda_p$ 可知，k 维古典解使得 φ 值最小。

8.3 基于 Excel 与 SPSS 对比的案例分析

【例 8.3.1】为分析下列六门课程之间的结构关系，研究得到相关系数矩阵，使用多维标度法直观地反映这六门课程的相似性。

表 8.3.1 六门课程之间的相关系数矩阵

	盖尔语	英语	历史	算术	代数	几何
盖尔语	1	0.439	0.41	0.288	0.329	0.248
英语	0.439	1	0.351	0.354	0.32	0.329
历史	0.41	0.351	1	0.164	0.19	0.181
算术	0.288	0.354	0.164	1	0.595	0.47
代数	0.329	0.32	0.19	0.595	1	0.464
几何	0.248	0.329	0.181	0.47	0.464	1

这里已知的不是 n 个观测之间的距离,而是 n 个观测之间的相似性测度。只需将相似系数矩阵 C 转化为距离矩阵 D,再使用 MDS 进行分析。令

$$d_{ij} = (c_{ii} + c_{jj} - 2c_{ij})^{\frac{1}{2}} \tag{8.3.1}$$

由 $c_{ii} = 1, i = 1, 2, \cdots, n$,以及 $-1 \leqslant c_{ij} \leqslant 1, i, j = 1, 2, \cdots, n$,可得:$c_{ii} + c_{jj} - 2c_{ij} \geqslant 0$。显然 $d_{ii} = 0, d_{ij} = d_{ji}$,故 D 为距离矩阵。

基于 Excel 的操作

步骤 1:使用式(8.3.1)把相关系数矩阵 C 转化为距离矩阵 D,如图 8.3.1 所示。选择区域 B14:G19,输入命令"=SQRT(2-2*B4:G9)",再同时按"Ctrl""Shift""Enter"键,可得距离矩阵 D。

	B14	▼		f_x	{=SQRT(2-2*B4:G9)}	编辑栏			
	A	B	C	D		E	F	G	H
1				相关	系数矩阵	C			
2									
3		盖尔语	英语	历史		算术	代数	几何	
4	盖尔语	1	0.439	0.41		0.288	0.329	0.248	
5	英语	0.439	1	0.351		0.354	0.32	0.329	
6	历史	0.41	0.351	1		0.164	0.19	0.181	
7	算术	0.288	0.354	0.164		1	0.595	0.47	
8	代数	0.329	0.32	0.19		0.595	1	0.464	
9	几何	0.248	0.329	0.181		0.47	0.464	1	
10									
11				距离矩阵	D				
12									
13		盖尔语	英语	历史		算术	代数	几何	
14	盖尔语	0	1.0592	1.0863		1.1933	1.1584	1.2264	
15	英语	1.0592	0	1.1393		1.1367	1.1662	1.1584	
16	历史	1.0863	1.1393	0		1.2931	1.2728	1.2798	
17	算术	1.1933	1.1367	1.2931		0	0.9000	1.0296	
18	代数	1.1584	1.1662	1.2728		0.9000	0	1.0354	
19	几何	1.2264	1.1584	1.2798		1.0296	1.0354	0	
20									

图 8.3.1　相关系数矩阵转化为距离矩阵

步骤 2:求平方距离矩阵,如图 8.3.2 所示。选择区域 B24:G29,输入命令"=(B14:G19)^2",再同时按"Ctrl""Shift""Enter"键,在区域 B24:G29 求得平方距离矩阵。

B24	▼	fx	{=B14:G19^2}					
	A	B	C	D	E	F	G	H	I

	A	B	C	D	E	F	G	H
11				距离矩阵 D				
12								
13		盖尔语	英语	历史	算术	代数	几何	
14	盖尔语	0	1.0592	1.0863	1.1933	1.1584	1.2264	
15	英语	1.0592	0	1.1393	1.1367	1.1662	1.1584	
16	历史	1.0863	1.1393	0	1.2931	1.2728	1.2798	
17	算术	1.1933	1.1367	1.2931	0	0.9000	1.0296	
18	代数	1.1584	1.1662	1.2728	0.9000	0	1.0354	
19	几何	1.2264	1.1584	1.2798	1.0296	1.0354	0	
20								$\frac{1}{n}\sum\limits_{j=1}^{n}d_{ij}^2$
21				平方距离 矩阵				
22								
23		盖尔语	英语	历史	算术	代数	几何	行均值
24	盖尔语	0	1.1220	1.1800	1.4240	1.3420	1.5040	1.0953
25	英语	1.1220	0	1.2980	1.2920	1.3600	1.3420	1.0690
26	历史	1.1800	1.2980	0	1.6720	1.6200	1.6380	1.2347
27	算术	1.4240	1.2920	1.6720	0	0.8100	1.0600	1.0430
28	代数	1.3420	1.3600	1.6200	0.8100	0	1.0720	1.0340
29	几何	1.5040	1.3420	1.6380	1.0600	1.0720	0	1.1027
30	列均值	1.0953	1.0690	1.2347	1.0430	1.0340	1.1027	
31								
32	$\frac{1}{n}\sum\limits_{i=1}^{n}d_{ij}^2$					$\frac{1}{n^2}\sum\limits_{i=1}^{n}\sum\limits_{j=1}^{n}d_{ij}^2$	总均值	1.096444
33								
34								

图 8.3.2　求平方距离矩阵

步骤 3：根据式(8.1.5)，计算矩阵 B，如图 8.3.3 所示。首先计算平方距离矩阵各列均值 $\frac{1}{n}\sum\limits_{i=1}^{n}d_{ij}^2$，选择区域 B30，输入命令"＝AVERAGE(B24：B29)"，再同时按"Ctrl""Shift""Enter"键，可得第 B 列均值，再拖拽到 G30，则在区域 B30：G30 求得平方距离各列均值；类似地，在区间 H24：H29 求得平方距离矩阵各行均值 $\frac{1}{n}\sum\limits_{j=1}^{n}d_{ij}^2$。选择区域 H32，输入命令"＝AVERAGE(B24：G29)"，求得总均值 $\frac{1}{n^2}\sum\limits_{i=1}^{n}\sum\limits_{j=1}^{n}d_{ij}^2$。最后，计算内积矩阵 B。选择区域 F27：K32，输入命令"＝0.5＊(−B24：G29＋B30：G30＋H24：H29−H32)"，再同时按"Ctrl""Shift""Enter"键，可得中心化内积矩阵 B。

	B39	▼	fx	{=0.5*(-B24:G29+B30:G30+H24:H29-H32)}			
	A	B	C	D	E	F	G	H

	A	B	C	D	E	F	G	H
20								$\frac{1}{n}\sum_{j=1}^{n}d_{ij}^2$
21				平方距离 矩阵				
22								
23		盖尔语	英语	历史	算术	代数	几何	行均值
24	盖尔语	0	1.1220	1.1800	1.4240	1.3420	1.5040	1.0953
25	英语	1.1220	0	1.2980	1.2920	1.3600	1.3420	1.0690
26	历史	1.1800	1.2980	0	1.6720	1.6200	1.6380	1.2347
27	算术	1.4240	1.2920	1.6720	0	0.8100	1.0600	1.0430
28	代数	1.3420	1.3600	1.6200	0.8100	0	1.0720	1.0340
29	几何	1.5040	1.3420	1.6380	1.0600	1.0720	0	1.1027
30	列均值	1.0953	1.0690	1.2347	1.0430	1.0340	1.1027	
31								
32	$\frac{1}{n}\sum_{i=1}^{n}d_{ij}^2$				$\frac{1}{n^2}\sum_{i=1}^{n}\sum_{j=1}^{n}d_{ij}^2$		总均值	1.096444
33								
34								
35								
36		矩阵B	$b_{ij}=\frac{1}{2}\left(-d_{ij}^2+\frac{1}{n}\sum_{j=1}^{n}d_{ij}^2+\frac{1}{n}\sum_{i=1}^{n}d_{ij}^2-\frac{1}{n^2}\sum_{i=1}^{n}\sum_{j=1}^{n}d_{ij}^2\right)$					
37								
38		盖尔语	英语	历史	算术	代数	几何	
39	盖尔语	0.5471	-0.0271	0.0268	-0.1911	-0.1546	-0.2012	
40	英语	-0.0271	0.5208	-0.0454	-0.1382	-0.1767	-0.1334	
41	历史	0.0268	-0.0454	0.6864	-0.2454	-0.2239	-0.1986	
42	算术	-0.1911	-0.1382	-0.2454	0.4948	0.0853	-0.0054	
43	代数	-0.1546	-0.1767	-0.2239	0.0853	0.4858	-0.0159	
44	几何	-0.2012	-0.1334	-0.1986	-0.0054	-0.0159	0.5544	

图 8.3.3　计算中心化内积矩阵

步骤 4:使用 SAS 程序计算矩阵 B 的特征值与对应的特征向量,得到结果如图 8.3.4 所示。

```
proc iml;
reset print;
B={
    0.5471    -0.0271    0.0268    -0.1911    -0.1546    -0.2012,
   -0.0271     0.5208   -0.0454    -0.1382    -0.1767    -0.1334,
    0.0268    -0.0454    0.6864    -0.2454    -0.2239    -0.1986,
   -0.1911    -0.1382   -0.2454     0.4948     0.0853    -0.0054,
   -0.1546    -0.1767   -0.2239     0.0853     0.4858    -0.0159,
   -0.2012    -0.1334   -0.1986    -0.0054    -0.0159     0.5544
};
b1=eigval(B);
b2=eigvec(B);
quit;
```

	A	B	C	D	E	F	G	H
46								
47		第1特征值	第2特征值	第3特征值	第4特征值	第5特征值	第6特征值	
48		1.1429025	0.623234	0.6020722	0.5248632	0.396278	-0.00005	
49								
50		特征向量1	特征向量2	特征向量3	特征向量4	特征向量5	特征向量6	
51	盖尔语	-0.3776	0.3367	0.4136	-0.6206	-0.1456	0.4083	
52	英语	-0.2258	0.6118	-0.4927	0.3699	0.1689	0.4082	
53	历史	-0.5805	-0.6437	0.0139	0.2854	-0.0155	0.4083	
54	算术	0.4282	0.0503	0.2335	0.3517	-0.6851	0.4082	
55	代数	0.3942	-0.0501	0.4244	0.1218	0.6932	0.4082	
56	几何	0.3616	-0.3048	-0.5927	-0.5080	-0.0159	0.4083	
57								

图 8.3.4 计算内积矩阵的特征值与特征向量

步骤 5：基于矩阵 B 的第 1 特征值、第 2 特征值及对应的特征向量，得到距离矩阵 D 的古典解，如图 8.3.5 所示。

F51 fx {=SQRT(B48:C48)*B51:C56}

	A	B	C	D	E	F	G	H
46								
47		第1特征值	第2特征值			距离矩阵	D的古典解	
48		1.1429025	0.623234					
49						$\sqrt{\lambda_1}e_1$	$\sqrt{\lambda_2}e_2$	
50		特征向量1	特征向量2					
51	盖尔语	-0.3776	0.3367		盖尔语	-0.4036	0.2658	
52	英语	-0.2258	0.6118		英语	-0.2414	0.4830	
53	历史	-0.5805	-0.6437		历史	-0.6206	-0.5082	
54	算术	0.4282	0.0503		算术	0.4577	0.0397	
55	代数	0.3942	-0.0501		代数	0.4214	-0.0395	
56	几何	0.3616	-0.3048		几何	0.3866	-0.2406	
57								

图 8.3.5 计算距离矩阵的古典解

基于 SPSS 的操作

步骤 1：把相关系数矩阵 C 转化为距离矩阵 D 之后，把距离矩阵 D 导入 SPSS，如图 8.3.6 所示。

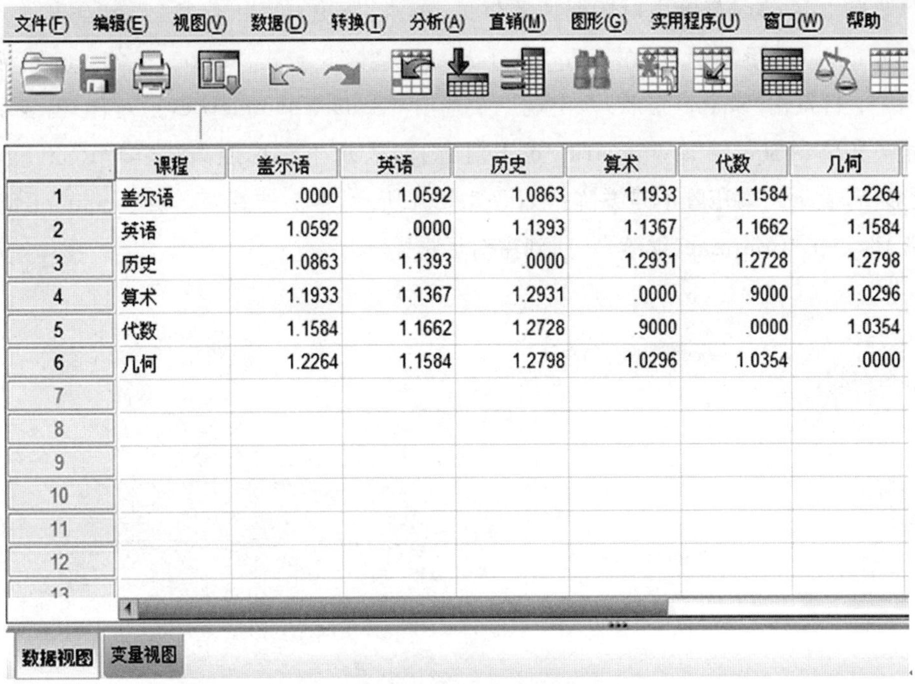

图 8.3.6　导入距离矩阵

步骤 2:在菜单点击"Analyze(分析)",再在 "Scale(度量)"栏点击"Multidimensional Scaling(ALSCAL 多维尺度)",如图 8.3.7 所示。

图 8.3.7　选择多维标度法

步骤 3：在多维标度主对话框把盖尔语、英语、历史、算术、代数、几何点击进入右侧"Variable（变量）"栏，再在下方"Distance（距离）"栏点击"Data are distance（距离数据）"，再点击"Shape（形状）"，出现三个选项"Square symmetric（正对称）"，表示对称距离矩阵，"Square asymmetric（正不对称）"，表示不对称距离矩阵，"Rectangular（矩形）"，表示距离矩阵不是方阵。如图 8.3.8 所示，本例选择"Square symmetric（正对称）"，点击"Continue（继续）"，回到主对话框。

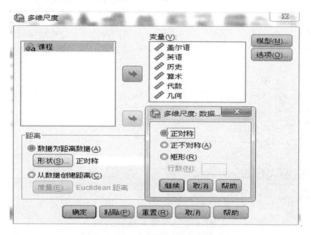

图 8.3.8　主对话框模式选择

步骤 4：在多维标度主对话框右上侧点击"Options（选项）"，在子对话框勾选"Group plots（组图）"，点击"Continue（继续）"，回到主对话框，再点击 OK（确定），如图 8.3.9 所示。

图 8.3.9　次对话框选项

得到坐标及坐标感知图结果如图 8.3.10 及图 8.3.11 所示，从坐标图 8.3.10 与图 8.3.5 对比，SPSS 结果与 Excel 结果有差别，这是因为 SPSS 的坐标根据 Young 氏压力指数进行了收敛迭代,但对比 SPSS 与 Excel 坐标感知图,整体效果基本相同。

		Dimension	
Stimulus Number	Stimulus Name	1	2
1	盖尔语	.7256	.6312
2	英语	.6468	.6852
3	历史	2.2865	-.5297
4	算术	-1.2145	-.1864
5	代数	-1.2189	-.2718
6	几何	-1.2255	-.3285

图 8.3.10　六门课程坐标图

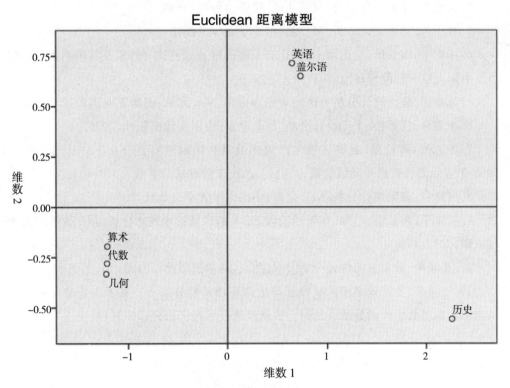

图 8.3.11　SPSS 坐标感知图

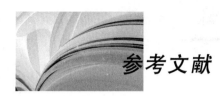

参考文献

1. 张尧庭,方开泰.多元统计分析引论[M].北京:科学出版社,2003.

2. 张润楚.多元统计分析[M].北京:科学出版社,2006.

3. 杜子芳.多元统计分析[M].北京:清华大学出版社,2016.

4. 王志平,陶长琪,沈鹏熠.基于生态足迹的区域绿色技术效率及其影响因素研究[J].中国人口·资源与环境,2014(1).

5. 陈希镇.现代统计分析方法的理论和应用[M].北京:国防工业出版社,2016.

6. 于秀林,任雪松.多元统计分析[M].北京:中国统计出版社,2006.

7. 王志平,陶长琪.我国区域生产效率及其影响因素实证分析——基于2001—2008年省际面板数据与随机前沿方法[J].系统工程理论与实践,2010(10).

8. 何晓群.多元统计分析[M].北京:中国人民大学出版社,2004.

9. 王志平,陶长琪,习勤.基于四阶段DEA的区域技术效率分析[J].数学的实践与认识,2013(17).

10. 朱建平.应用多元统计分析[M].北京:科学出版社,2012.

11. 王志平.生产效率的区域特征与生产率增长的分解——基于主成分分析与随机前沿超越对数生产函数的方法[J].数量经济技术经济研究,2010(1).

附 录

附录 A 使用 R 软件求特征值与特征向量

R 是诞生于 1980 年左右的 S 语言的一个分支,是 S 语言的一种实现。R 自诞生以来,深受统计学家和统计、计量爱好者的喜爱,已经成为主流软件之一。最初 S 语言的实现版本主要是 S—PLUS,R 的使用与 S—PLUS 有很多类似之处,两个语言有一定的兼容性。

一、R 软件的下载与安装

登录 R 官方主页网址 http://www.r—project.org/,如附图 1 所示,在 Download 下点击 CRAN,可以看到一系列按照国家名称排序的镜像网站,如附图 2 所示。

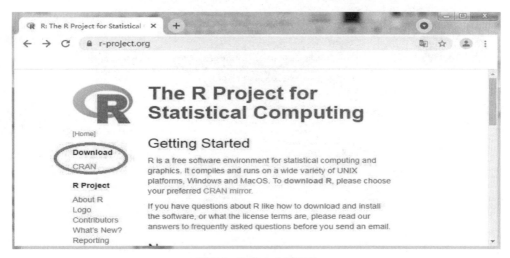

附图 1 R 官方主页网址

在中国的镜像网站中选择某一个,此处选择中国科技大学的镜像网站 https://mirrors.ustc.edu.cn/CRAN/,如附图 2 所示。

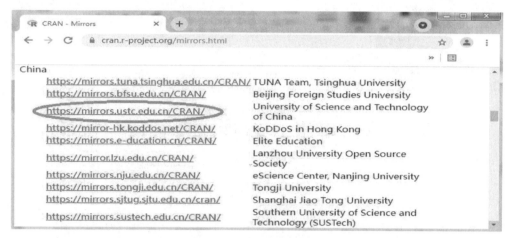

附图 2　中国的镜像网站

根据使用电脑的操作系统,选择下载与操作系统匹配的 R 软件,如附图 3 所示,此处选择 Windows。初次使用 R 软件选择下载 base,如附图 4 所示,点击 base,注意对于 64-bit 系统可以使用 32-bit 的 R 软件,也可以使用 64-bit 的 R 软件,如附图 5 所示。

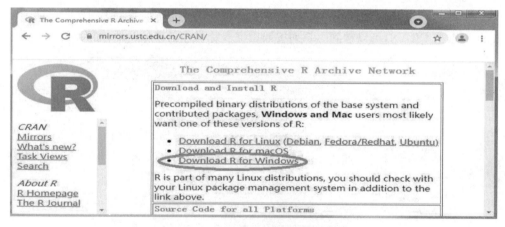

附图 3　Windows 系统使用的 R 软件

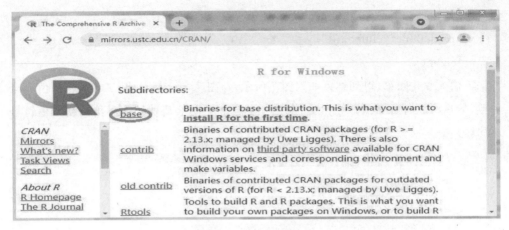

附图 4　base 版 R 软件

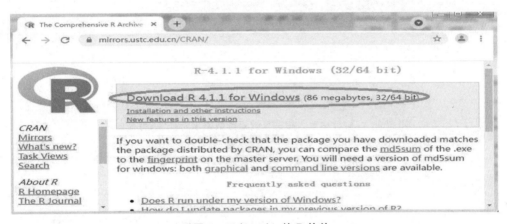

附图 5　32/64－bit 的 R 软件

　　点击 Download R 4.1.1 for Windows 下载 R－4.1.1 win. exe,约 86MB,出现 R for Windows 的安装程序。双击 R－4.1.1 win. exe,选择使用语言为中文简体进行安装即可。

二、使用 R 软件求特征值与特征向量

　　第 7 章例 7.5.1 求相对绿色 GDP 时要先获取的绿化指数,是基于原始变量 $X_1 \sim X_7$ 的主成分得到。本书先基于 $X_1 \sim X_7$ 的相关系数阵使用 R 软件求其特征值与特征向量,另一种方法是基于 $X_1 \sim X_7$ 的原始数据使用 R 软件求相关系数阵及其特征值与特征向量。

　　(一)由特征矩阵(协差阵或相关系数矩阵)求特征值与特征向量

　　在 Excel 图 7.5.5 中,选择 S21:T27,复制相关系数矩阵;然后打开 R 软件,如附

图 6 所示,输入如下命令:

x=read. table("clipboard")

a=eigen(x)

再输入 a 并回车,得到结果如附图 7 所示,与图 7.5.6 相对比,二者的特征值完全一致,某些特征向量存在符号相反的现象,这是由于在求基础解系时给的初始值符号不同导致。

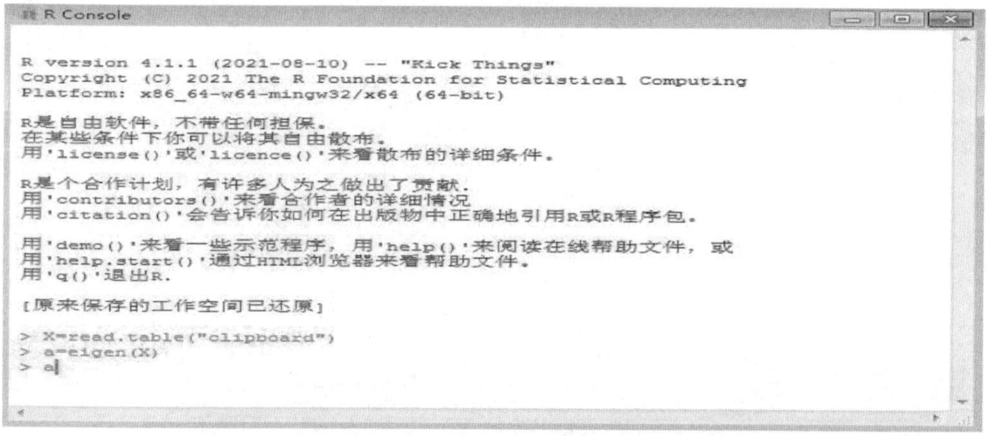

附图 6　R 软件中输入相关系数矩阵数据求特征值、特征向量

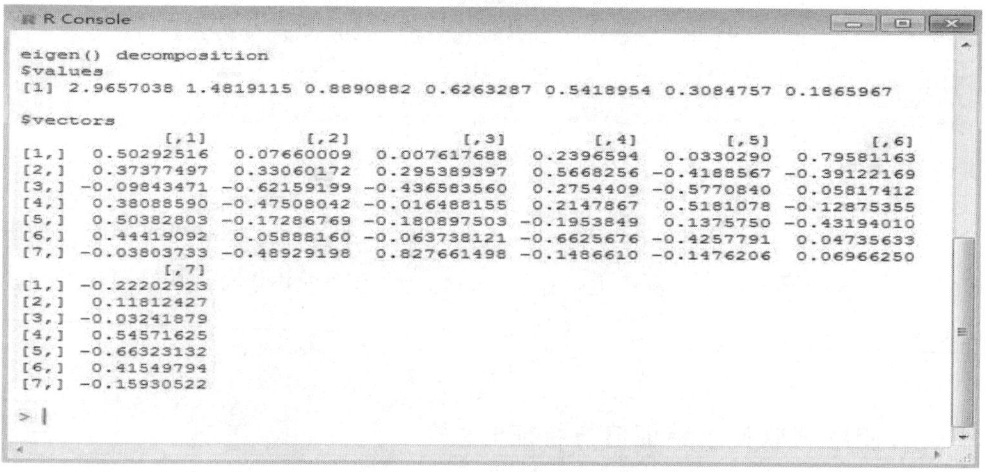

附图 7　相关系数矩阵的特征值、特征向量

(二)由原始数据求相关系数矩阵及其特征值与特征向量

在 Excel 图 7.5.4 中,选择 B2:H31,复制原始数据;然后打开 R 软件,如附图 8 所示,输入如下命令:

x=read. table("clipboard",header=T)

a=cor(x)

b＝eigen(a)

再输入 b,得到结果如附图 9 所示,与附图 7 比较,特征值完全相同,有些特征向量符号相反,也是由基础解系的初始值符号赋值所致,命令中的 clipboard 表示剪切板,header＝T 表示读入变量名,cor 表示求相关系数矩阵,eigen 表示求特征值与特征向量。

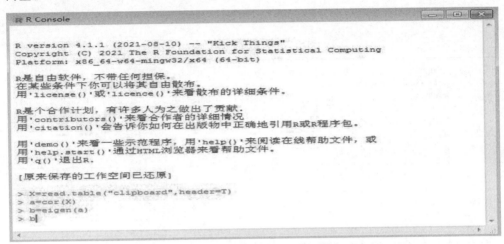

附图 8　R 软件中输入原始数据,求相关阵及其特征值、特征向量

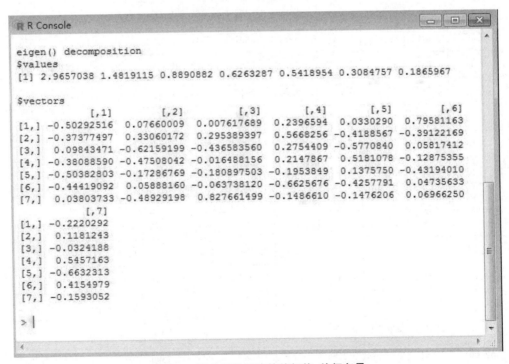

附图 9　相关系数矩阵的特征值、特征向量

附录 B 统计分布表

附表 1 正态分布概率表

$P[\lvert z \rvert \leqslant z_a]$	0.00	0.01	0.02	0.03	0.04	0.05	0.06	0.07	0.08	0.09
$Z_a = 0.0$	0.0000	0.0080	0.0160	0.0239	0.0319	0.0399	0.0478	0.0558	0.0638	0.0717
0.10	0.0797	0.0876	0.0955	0.1034	0.1113	0.1192	0.01271	0.1350	0.1428	0.1507
0.20	0.1585	0.1663	0.1741	0.1819	0.1897	0.1974	0.2051	0.2128	0.2205	0.2282
0.30	0.2358	0.2434	0.2510	0.2586	0.2661	0.2732	0.2812	0.2886	0.2961	0.3035
0.40	0.3108	0.3182	0.3255	0.3328	0.3401	0.3473	0.3545	0.3616	0.3688	0.3759
0.50	0.3829	0.3899	0.3969	0.4039	0.4108	0.4177	0.4245	0.4313	0.4381	0.4448
0.60	0.4515	0.4581	0.4647	0.4713	0.4778	0.4843	0.4907	0.4971	0.5035	0.5098
0.70	0.5161	0.5223	0.5285	0.5346	0.5407	0.5467	0.5527	0.5587	0.5646	0.5705
0.80	0.5763	0.5821	0.5878	0.5935	0.5991	0.6047	0.6102	0.6157	0.6211	0.6265
0.90	0.6319	0.6372	0.6424	0.6476	0.6528	0.6579	0.6629	0.6680	0.6729	0.6778
1.00	0.6827	0.6875	0.6923	0.6970	0.7017	0.7063	0.7109	0.7154	0.7199	0.7243
1.10	0.7287	0.7330	0.7373	0.7415	0.7457	0.7499	0.7540	0.7580	0.7620	0.7660
1.20	0.7699	0.7737	0.7775	0.7813	0.7850	0.7887	0.7923	0.7959	0.7995	0.8030
1.30	0.8064	0.8098	0.8132	0.8165	0.8198	0.8230	0.8262	0.8293	0.8324	0.8355
1.40	0.8385	0.8415	0.8444	0.8473	0.8501	0.8529	0.8557	0.8584	0.8611	0.8638
1.50	0.8664	0.8690	0.8715	0.8400	0.8764	0.8789	0.8812	0.8836	0.8859	0.8882
1.60	0.8904	0.8926	0.8948	0.8969	0.8990	0.9011	0.9031	0.9051	0.9070	0.9090
1.70	0.9109	0.9127	0.9146	0.9164	0.9181	0.9199	0.9216	0.9223	0.9249	0.9265
1.80	0.9281	0.9297	0.9312	0.9328	0.9342	0.9357	0.9371	0.9385	0.9399	0.9412
1.90	0.9426	0.9439	0.9451	0.9404	0.9476	0.9488	0.9500	0.9512	0.9523	0.9534
2.00	0.9545	0.9556	0.9566	0.9576	0.9586	0.9596	0.9606	0.9615	0.9625	0.9634

续表

$P[\|z\|\leqslant z_a]$	0.00	0.01	0.02	0.03	0.04	0.05	0.06	0.07	0.08	0.09
2.10	0.9643	0.9651	0.9660	0.9668	0.9676	0.9684	0.9692	0.9700	0.9707	0.9715
2.20	0.9722	0.9729	0.9736	0.9743	0.9749	0.9756	0.9762	0.9768	0.9774	0.9780
2.30	0.9786	0.9791	0.9797	0.9802	0.9807	0.9812	0.9817	0.9822	0.9827	0.9832
2.40	0.9836	0.9840	0.9845	0.9849	0.9853	0.9857	0.9861	0.9865	0.9869	0.9872
2.50	0.9876	0.9879	0.9883	0.9886	0.9889	0.9892	0.9895	0.9898	0.9901	0.9904
2.60	0.9907	0.9909	0.9912	0.9915	0.9917	0.9920	0.9922	0.9924	0.9926	0.9929
2.70	0.9931	0.9933	0.9935	0.9937	0.9939	0.9940	0.9942	0.9944	0.9946	0.9947
2.80	0.9949	0.9950	0.9952	0.9953	0.9955	0.9956	0.9958	0.9959	0.9960	0.9961
2.90	0.9963	0.9964	0.9965	0.9966	0.9967	0.9968	0.9969	0.9970	0.9971	0.9972
3.00	0.9973	0.9974	0.9975	0.9976	0.9976	0.9977	0.9978	0.9979	0.9979	0.9980
3.10	0.99806	0.99813	0.99819	0.99825	0.99831	0.99837	0.99842	0.99848	0.99853	0.99858
3.20	0.99863	0.99867	0.99872	0.99876	0.99880	0.99885	0.99889	0.99892	0.99896	0.99900
3.30	0.99903	0.99907	0.99910	0.99913	0.99916	0.99919	0.99922	0.99925	0.99928	0.99930
3.40	0.99933	0.99935	0.99937	0.99940	0.99942	0.99944	0.99946	0.99948	0.99950	0.99952
3.50	0.99953	0.99955	0.99957	0.99958	0.99960	0.99961	0.99963	0.99964	0.99966	0.99967
3.60	0.99968	0.99969	0.99971	0.99972	0.99973	0.99974	0.99975	0.99976	0.99977	0.99978
3.70	0.99978	0.99979	0.99980	0.99981	0.99982	0.99982	0.99983	0.99984	0.99984	0.99985
3.80	0.999855	0.999861	0.999867	0.999872	0.999877	0.999882	0.999887	0.999891	0.999896	0.999900
3.90	0.999904	0.999908	0.999911	0.999915	0.999919	0.999922	0.999925	0.999928	0.999931	0.999934
4.00	0.999937	0.999939	0.999942	0.999944	0.999947	0.999949	0.999951	0.999953	0.999955	0.999957

附表 2　T 分布临界值表

$$P[|t(v)>t_a(v)|]=\alpha$$

单侧	$\alpha=0.10$	0.05	0.025	0.01	0.005
双侧	$\alpha=0.20$	0.1	0.05	0.02	0.01
$v=1$	3.078	6.314	12.706	31.821	63.657
2	1.886	2.920	4.303	6.965	9.925
3	1.638	2.353	3.182	4.541	5.841
4	1.533	2.132	2.776	3.747	4.604
5	1.476	2.015	2.571	3.365	4.032
6	1.440	1.943	2.447	3.143	3.707
7	1.415	1.895	2.365	2.998	3.499
8	1.397	1.860	2.306	2.896	2.355
9	1.383	1.833	2.262	2.821	3.250
10	1.372	1.812	2.228	2.764	3.169
11	1.363	1.796	2.201	2.718	3.106
12	1.356	1.782	2.179	2.681	3.055
13	1.350	1.771	2.160	2.650	3.012
14	1.345	1.761	2.145	2.624	2.977
15	1.341	1.753	2.131	2.602	2.947
16	1.337	1.746	2.120	2.583	2.921
17	1.333	1.740	2.110	2.567	2.898
18	1.330	1.734	2.101	2.552	2.878
19	1.328	1.729	2.093	2.539	2.861
20	1.325	1.725	2.086	2.528	2.845
21	1.323	1.721	2.080	2.518	2.831
22	1.321	1.717	2.074	2.508	2.819
23	1.319	1.714	2.069	2.500	2.807
24	1.318	1.711	2.064	2.492	2.797
25	1.316	1.708	2.060	2.485	2.787

续表

单侧	$\alpha=0.10$	0.05	0.025	0.01	0.005
双侧	$\alpha=0.20$	0.1	0.05	0.02	0.01
26	1.315	1.706	2.056	2.479	2.779
27	1.314	1.703	2.052	2.473	2.771
28	1.313	1.701	2.048	2.467	2.763
29	1.311	1.699	2.045	2.462	2.756
30	1.310	1.679	2.042	2.457	2.750
40	1.303	1.684	2.021	2.423	2.704
50	1.299	1.676	2.009	2.403	2.678
60	1.296	1.671	2.000	2.390	2.660
70	1.294	1.667	1.994	2.381	2.648
80	1.292	1.664	1.990	2.374	2.639
90	1.291	1.662	1.987	2.368	2.632
100	1.290	1.660	1.984	2.364	2.626
125	1.288	1.657	1.979	2.357	2.616
150	1.287	1.655	1.976	2.351	2.609
200	1.286	1.653	1.972	2.345	2.601
∞	1.282	1.645	1.960	2.326	2.576

附表 3 χ^2 分布临界值表

$$P[\chi^2(v)>\chi_\alpha(v)]=\alpha$$

显著性水平 (α)

v	0.99	0.98	0.95	0.90	0.80	0.70	0.50	0.30	0.20	0.10	0.05	0.02	0.01
1	0.0002	0.0006	0.0039	0.0158	0.0642	0.148	0.455	1.074	1.642	2.706	3.841	5.412	6.635
2	0.0201	0.0404	0.103	0.211	0.446	0.713	1.386	2.403	3.219	4.605	5.991	7.824	9.210
3	0.115	0.185	0.352	0.584	1.005	1.424	2.366	3.665	4.642	6.251	7.815	9.837	11.341
4	0.297	0.429	0.711	1.064	1.649	2.195	3.357	4.878	5.989	7.779	9.488	11.668	13.277
5	0.554	0.752	1.145	1.610	2.343	3.000	4.351	6.064	7.289	9.236	11.070	13.388	15.068
6	0.872	1.134	1.635	2.204	3.070	3.828	5.348	7.231	8.558	10.645	12.592	15.033	16.812
7	1.239	1.564	2.167	2.833	3.822	4.671	6.346	8.383	9.803	12.017	14.067	16.622	18.475
8	1.646	2.032	2.733	3.490	4.594	5.527	7.344	9.524	11.030	13.362	15.507	18.168	20.090
9	2.088	2.532	3.325	4.168	5.380	6.393	8.343	10.656	12.242	14.684	16.919	19.679	21.666
10	2.558	3.059	3.940	4.865	6.179	7.267	9.342	11.781	13.442	15.987	18.307	21.161	23.209
11	3.053	3.609	4.575	5.578	6.989	8.148	10.341	12.899	14.631	17.275	19.675	22.618	24.725
12	3.571	4.178	5.226	6.304	7.807	9.304	11.340	14.011	15.812	18.549	21.026	24.054	26.217
13	4.107	4.765	5.892	7.042	8.634	9.926	12.340	15.119	16.985	19.812	22.362	25.472	27.688
14	4.660	5.368	6.571	7.790	9.467	10.821	13.339	16.222	18.151	21.064	23.685	26.873	29.141
15	5.229	5.985	7.261	8.547	10.307	11.721	14.339	17.322	19.311	22.307	24.996	28.259	30.578

续表

显著性水平(α)

v	0.99	0.98	0.95	0.90	0.80	0.70	0.50	0.30	0.20	0.10	0.05	0.02	0.01
16	5.812	6.614	7.962	9.312	11.152	12.624	15.338	18.413	20.465	23.542	26.296	29.633	32.000
17	6.408	7.255	8.672	10.035	12.002	13.531	16.338	19.511	21.615	24.769	27.587	30.995	33.409
18	7.015	7.906	9.390	10.865	12.857	14.440	17.338	20.601	22.760	25.989	28.869	32.346	34.805
19	7.633	8.567	10.117	11.651	13.716	15.352	18.338	21.869	23.900	27.204	30.144	33.687	36.191
20	8.260	9.237	10.851	12.443	14.578	16.266	19.337	22.775	25.038	28.412	31.410	35.020	37.566
21	8.897	9.915	11.591	13.240	15.445	17.182	20.337	23.858	26.171	29.615	32.671	36.343	38.932
22	9.542	10.600	12.338	14.041	16.314	18.101	21.337	24.939	27.301	30.813	33.924	37.659	40.289
23	10.196	11.293	13.091	14.848	17.187	19.021	22.337	26.018	28.429	32.007	35.172	37.968	41.638
24	10.856	11.992	13.848	15.659	18.062	19.943	23.337	27.096	29.553	33.196	26.415	40.270	42.980
25	11.524	12.697	14.611	16.473	18.940	20.867	24.337	28.172	30.675	34.382	37.652	41.566	44.314
26	12.198	13.409	15.379	17.292	19.820	21.792	25.336	29.246	31.795	35.563	38.885	42.856	45.642
27	12.897	14.125	16.151	18.114	20.703	22.719	26.336	30.319	32.912	36.741	40.113	44.140	46.963
28	13.565	14.847	16.928	18.930	21.588	23.647	27.336	31.391	34.027	37.916	41.337	45.419	48.278
29	14.256	15.574	17.708	19.768	22.475	24.577	28.336	32.461	35.139	39.087	42.557	46.693	49.588
30	14.593	16.306	18.493	20.599	23.364	25.508	29.336	33.530	36.250	40.256	43.773	47.962	50.892

附表 4-1 F 分布临界值表

$$P[F(v_1,v_2)>F_a(v_1,v_2)]=\alpha \quad (\alpha=0.05)$$

v_2 \ v_1	1	2	3	4	5	6	8	10	15
1	161.40	199.50	215.70	224.60	230.20	234.00	238.90	241.90	245.90
2	18.51	19.00	19.16	19.25	19.30	19.33	19.37	19.40	19.43
3	10.13	9.55	9.28	9.12	9.01	8.94	8.85	8.79	8.70
4	7.71	6.94	6.59	6.39	6.26	6.16	6.04	5.96	5.86
5	6.61	5.79	5.41	5.19	5.05	4.95	4.82	4.74	4.62
6	5.99	5.14	4.76	4.53	4.39	4.28	4.15	4.06	3.94
7	5.59	4.74	4.35	4.12	3.97	3.87	3.73	3.64	3.51
8	5.32	4.46	4.07	3.84	3.69	3.58	3.44	3.35	3.22
9	5.12	4.26	3.86	3.63	3.48	3.37	3.23	3.14	3.01
10	4.96	4.10	3.71	3.48	3.33	3.22	3.07	2.98	2.85
11	4.84	3.98	3.59	3.36	3.20	3.09	2.95	2.85	2.72
12	4.75	3.89	3.49	3.26	3.11	3.00	2.85	2.75	2.62
13	4.67	3.81	3.41	3.18	3.03	2.92	2.77	2.67	2.53
14	4.60	3.74	3.34	3.11	2.96	2.85	2.70	2.60	2.46
15	4.54	3.68	3.29	3.06	2.90	2.79	2.64	2.54	2.40
16	4.49	3.63	3.24	3.01	2.85	2.74	2.59	2.49	2.35
17	4.45	3.59	3.20	2.96	2.81	2.70	2.55	2.45	2.31
18	4.41	3.55	3.16	2.93	2.77	2.66	2.51	2.41	2.27
19	4.38	3.52	3.13	2.90	2.74	2.63	2.48	2.38	2.23
20	4.35	3.49	3.10	2.87	2.71	2.60	2.45	2.35	2.20
21	4.32	3.47	3.07	2.84	2.68	2.57	2.42	2.32	2.18
22	4.30	3.44	3.05	2.82	2.66	2.55	2.40	2.30	2.15
23	4.28	3.42	3.03	2.80	2.64	2.53	2.37	2.27	2.13
24	4.26	3.40	3.01	2.78	2.62	2.51	2.36	2.25	2.11
25	4.24	3.39	2.99	2.76	2.60	2.49	2.34	2.24	2.09
26	4.23	3.37	2.98	2.74	2.59	2.47	2.32	2.22	2.07
27	4.21	3.35	2.96	2.73	2.57	2.46	2.31	2.20	2.06
28	4.20	3.34	2.95	2.71	2.56	2.45	2.29	2.19	2.04
29	4.18	3.33	2.93	2.70	2.55	2.43	2.28	2.18	2.03
30	4.17	3.32	2.92	2.69	2.53	2.42	2.27	2.16	2.01

续表

v_1 v_2	1	2	3	4	5	6	8	10	15
40	4.08	3.23	2.84	2.61	2.45	2.34	2.18	2.08	1.92
50	4.03	3.18	2.79	2.56	2.40	2.29	2.13	2.03	1.87
60	4.00	3.15	2.76	2.53	2.37	2.25	2.10	1.99	1.84
70	3.98	3.13	2.74	2.50	2.35	2.23	2.07	1.97	1.81
80	3.96	3.11	2.72	2.49	2.33	2.21	2.06	1.95	1.79
90	3,95	3.10	2.71	2.47	2.32	2.20	2.04	1.94	1.78
100	3.94	3.09	2.70	2.46	2.31	2.19	2.03	1.93	1.77
125	3.92	3.07	2.68	2.44	2.29	2.17	2.01	1.91	1.75
150	3.90	3.06	2.66	2.43	2.27	2.16	2.00	1.89	1.73
200	3.89	3.04	2.65	2.42	2.26	2.14	1.98	1.88	1.72
∞	3.84	3.00	2.60	2.37	2.21	2.10	1.94	1.83	1.67

附表 4－2　F 分布临界值表

$$P[F(v_1,v_2)>F_\alpha(v_1,v_2)]=\alpha \quad (\alpha=0.01)$$

v_1 v_2	1	2	3	4	5	6	8	10	15
1	4052	4999	5403	5625	5764	5859	5981	6056	6157
2	98.50	99.00	99.17	99.25	99.30	99.33	99.37	99.40	99.43
3	34.12	30.82	29.46	28.71	28.24	27.91	27.49	27.23	26.87
4	21.20	18.00	16.69	15.98	15.52	15.21	14.80	14.55	14.20
5	16.26	13.27	12.06	11.39	10.97	10.67	10.29	10.05	9.72
6	13.75	10.92	9.78	9.15	8.75	8.47	8.10	7.87	7.56
7	12.25	9.55	8.45	7.85	7.46	7.19	6.84	6.62	6.31
8	11.26	8.65	7.59	7.01	6.63	6.37	6.03	5.81	5.52
9	10.56	8.02	6.99	6.42	6.06	5.80	5.47	5.26	4.96
10	10.04	7.56	6.55	5.99	5.64	5.39	5.06	4.85	4.56
11	9.65	7.21	6.22	5.67	5.32	5.07	4.74	4.54	4.25
12	9.33	6.93	5.95	5.41	5.06	4.82	4.50	4.30	4.01
13	9.07	6.70	5.74	5.21	4.86	4.62	4.30	4.10	3.82
14	8.86	6.51	5.56	5.04	4.69	4.46	4.14	3.94	3.66

续表

v_2 \ v_1	1	2	3	4	5	6	8	10	15
15	8.86	6.36	5.42	4.89	4.56	4.32	4.00	3.80	3.52
16	8.53	6.23	5.29	4.77	4.44	4.20	3.89	3.69	3.41
17	8.40	6.11	5.19	4.67	4.34	4.10	3.79	3.59	3.31
18	8.29	6.01	5.09	4.58	4.25	4.01	3.71	3.51	3.23
19	8.18	5.93	5.01	4.50	4.17	3.94	3.63	3.43	3.15
20	8.10	5.85	4.94	4.43	4.10	3.87	3.56	3.37	3.09
21	8.02	5.78	4.87	4.37	4.04	3.81	3.51	3.31	3.03
22	7.95	5.72	4.82	4.31	3.99	3.76	3.45	3.26	2.98
23	7.88	5.66	4.76	4.26	3.94	3.71	3.41	3.21	2.93
24	7.82	5.61	4.72	4.22	3.90	3.67	3.36	3.17	2.89
25	7.77	5.57	4.68	4.18	3.85	3.63	3.32	3.13	2.85
26	7.72	5.53	4.64	4.14	3.82	3.59	3.29	3.09	2.81
27	7.68	5.49	4.60	4.11	3.78	3.56	3.26	3.06	2.78
28	7.64	5.45	4.57	4.07	3.75	3.53	3.23	3.03	2.75
29	7.60	5.42	4.54	4.04	3.73	3.50	3.20	3.00	2.73
30	7.56	5.39	4.51	4.02	3.70	3.47	3.17	2.98	2.70
40	7.31	5.18	4.31	3.83	3.51	3.29	2.99	2.80	2.52
50	7.17	5.06	4.20	3.72	3.41	3.19	2.89	2.70	2.42
60	7.08	4.98	4.13	3.65	3.34	3.12	2.82	2.63	2.35
70	7.01	4.92	4.07	3.60	3.29	3.07	2.78	2.59	2.31
80	6.96	4.88	4.04	3.56	3.26	3.04	2.74	2.55	2.27
90	6.93	4.85	4.01	3.53	3.23	3.01	2.72	2.52	2.42
100	6.90	4.82	3.98	3.51	3.21	2.99	2.69	2.50	2.22
125	6.84	4.78	3.94	3.47	3.17	2.95	2.66	2.47	2.19
150	6.81	4.75	3.91	3.45	3.14	2.92	2.63	2.44	2.16
200	6.76	4.71	3.88	3.41	3.11	2.89	2.60	2.41	2.13
∞	6.63	4.61	3.78	3.32	3.02	2.80	2.51	2.23	2.04